Kosmische Horizonte

Johannes Viktor Feitzinger

Kosmische Horizonte

Bausteine einer neuen Astronomie

Illustrationen von Pellegrino Ritter

Spektrum Akademischer Verlag
Heidelberg · Berlin

Die Deutsche Bibliothek - CIP-Einheitsaufnahme

Kosmische Horizonte : Bausteine einer neuen Astronomie / Johannes Viktor Feitzinger.
Ill. von Pellegrino Ritter. - Heidelberg ; Berlin : Spektrum, Akad. Verl., 2002
ISBN 3-8274-1326-5

Der Verlag dankt der Firma Heitkamp-Deilmann-Haniel GmbH, Herne,
die dieses Buch initiiert hat.

Lektorat: Katharina Neuser-von Oettingen, Ulrike Finck
Produktion: Katrin Frohberg
Umschlaggestaltung: WSP Design, Heidelberg
Gesamtherstellung: MOHN Media · Mohndruck GmbH, Gütersloh

Für Franziska und Alexander,
die von sich sagen,
selbst im Sturze wüchsen ihnen noch Flügel.
Ich glaube ihnen.

Kreuz des Südens
Chamäleon
LMC
SMC
Wasser-schlange
Betelgeuse
Sirius
LEPUS
ERIDANUS
Sabik
Spica
Gienah
CRATER
VIRGO
Ecliptic
LEO
1. Haus
AC
MC

Vorwort

Kaum eine andere Wissenschaft hat unser Weltbild in den letzten Jahrzehnten mehr geprägt als die Astronomie. Die gewaltigen Wissenszuwächse und neuen Erkenntnisse über den Aufbau des Kosmos beginnen sich auszuwirken und haben klassische Weltsichten auf teilweise neue und fremdartige Grundmauern gestellt. Neue Marksteine grundsätzlicher Art wurden für den Bau des Universums aufgedeckt. Ziel dieses Buches ist es, jene neuen kosmischen Marksteine und Umbrüche darzustellen und bekannt zu machen.

Es dauerte Jahrhunderte, bis sich – gestützt auf die Beobachtung – die Erkenntnis durchsetzen konnte, dass fremde Sterneninseln die Bausteine des Kosmos sind. Unser eigenes Sternsystem, die Milchstraße, hat hierbei weder einen bevorzugten Platz in Raum und Zeit, noch spielt diese Sternansammlung auf irgendeine Art eine kosmische Ausnahmerolle. Der Stern Sonne, mit zur Zeit neun großen Planeten, ist ein massearmer Stern am Rande einer Galaxie, nämlich der Milchstraße. Milliarden anderer Galaxien bestimmen die Größe der beobachtbaren Welt. Dunkelmaterie unbekannter Art hat Einfluss auf die Dynamik der Sternsysteme und den gesamten Kosmos.

Warum ist der Nachthimmel dunkel? Wir verstehen ihn als Folge einer endlichen kosmischen Entwicklungszeit für Sterne und Sternsysteme in einem sich ausdehnenden Universum. Der Blick in die Tiefen des Alls ist stets ein Blick zurück in der Zeit, auf die Anfänge des Kosmos. Die physikalische Beschreibbarkeit der Welt und das menschliche Eingebundensein in eine direkt erfahrbare Umwelt führen zu Verständnisbrüchen bei Anfang und Ende, höher dimensionalen Räumen und Ursache-Wirkung-Beziehungen.

Sternentstehung und Sternentwicklung strukturieren die Galaxien. Spiralstruktur in Galaxien ist inniglich mit Sternentstehung verwoben. Sterne erzeugen ihre Eigenenergie durch Umwandlung von Wasserstoff in Helium und höhere Elemente. Sternentstehung ist stets begleitet von Planetenentstehung. In kalten Gas- und Staubscheiben um frisch entstandene Sterne kondensieren kalte Körper, die Planeten. Die geglückten Entdeckungen zahlreicher fremder Planetensysteme in unserer Milchstraße nehmen unserem eigenen System die Einzigartigkeit. Grundsätzlich ist dadurch die Möglichkeit verschiedener biologischer Evolutionen gegeben, die auf diesen kalten kosmischen Plattformen Fuß fassen können.

Der Raum zwischen den Sternen ist nicht leer. Gewaltige Gas- und Staubwolken, als Geburtsstätten neuer Sterne, finden wir in allen Galaxien. In diesen Gas- und Staubwolken entstehen auch organische Moleküle: einfache Kohlenstoffketten, Alkohole, Ameisensäuren und andere organische Grundsubstanzen. Sie bilden die chemischen Bausteine von Leben, so wie wir es auf der Erde kennen. Auch in den auf die Erde herabgefallenen Meteoriten wurden organische Substanzen – frei im Weltraum entstanden – nachgewiesen. Chemische Evolution hat an vielen Stellen im Kosmos stattgefunden, eingesetzt und läuft sehr erfolgreich auf der organischen Stufe.

Mit welcher Wahrscheinlichkeit hat sich im Kosmos Leben entwickelt? Auf der Folie gegenwärtiger Beobachtungssachverhalte kann diese Wahrscheinlichkeit abgeschätzt werden. Die

Weite der kosmischen Räume macht jede materielle Kontaktaufnahme zwischen extraterrestrischen Zivilisationen unmöglich. Von entscheidender Bedeutung ist die Zeitskala für das Überleben technischer, aggressiver Kulturen wie der unseren. Endliche Kulturstabilität und Zivilisationsdauer setzten enge Grenzen für interstellare Kommunikation.

Warum gibt es überhaupt etwas und nicht vielmehr nichts? In welchem Umfange können wir mit menschlicher Logik die Welt abbilden und begreifen? Hat die Zeit einen Nullpunkt, etwa so wie die Temperatur? Derartige Grundfragen führen zurück zur unbesonderen Stellung des Menschen im Kosmos. Andererseits zeigt nur eine begrenzte Zahl aller theoretisch möglichen Universen für die Entwicklung intelligenten Lebens geeignete Voraussetzungen. Die Existenz höher dimensionaler Räume, in denen unsere Zeit und unser Raum aufgehoben sind, die Energie des Vakuums und Quanteneffekte – sie bilden die Ansatzpunkte zur Beantwortung solcher Grundfragen.

Himmlische Entdeckungen haben sich in den letzten Jahrzehnten gehäuft und liegen derzeit in der Luft, so sagt man und dennoch sind sie nicht vorhersagbar. Steigerung von Auflösung, Lichtempfindlichkeit und Erschließung neuer Wellenlängenbereiche sind Schlüsselbegriffe, wenn über Neuentdeckungen und Entwicklungsrichtungen der Astronomie im angebrochenen Jahrhundert nachgedacht wird. Immer stehen jedoch astronomische Entdeckungen im Zusammenhang mit der Anwendung neuer technischer Beobachtungskonzepte und Beobachtungsverfahren. Die befruchtende Wechselwirkung zwischen naturwissenschaftlichen Disziplinen darf ebenfalls nicht vergessen werden. Der Blick in die Tiefe des Kosmos führt stets zurück zum Menschen. Der Blick in den Kosmos endet mit dem Blick auf die Erde.

Die gewaltige Stofffülle und ihr teilweise erheblicher Schwierigkeitsgrad bedeuteten für mich eine didaktische Herausforderung. Wesentlich zu bleiben und den Stoff in einem allgemein-verständlichen Maß von fünf Kapiteln zu bündeln, das war das Ziel. Vereinfachungen und Analogievorstellungen sind stets dabei so weit getrieben, dass keine Falschaussagen auftauchen. Andererseits kann an einigen Stellen auf sprachliche Ausformulierung mathematisch-physikalischer Zusammenhänge nicht verzichtet werden, gerade um Unrichtigkeiten zu vermeiden und um exakt zu bleiben.

Bei den aufgegriffenen wissenschaftstheoretischen und philosophischen Fragen wird man sicher die Einflüsse von Karl Popper, Thomas Kuhn, Nicholas Rescher, R. K. Merton und Bernulf Kanitscheider spüren. Ihre Untersuchungen öffneten neue philosophische Einblicke in Natur- und Wissenschaftsverständnis. Diesen Denkern bin ich wesentlich zugetan.

Bei den Vereinfachungen von wissenschaftlichen Sachverhalten und ihrer Darstellung zog ich Nutzen aus meiner jahrelangen Mitarbeit bei den zwei populärwissenschaftlichen astronomischen Monatszeitschriften *Sterne und Weltraum* sowie *Astronomie und Raumfahrt im Unterricht*. Bei letzterer bin ich Mitherausgeber. Manche Abbildung und viele geschickte Formulierungen wurden dort erprobt. Erprobt und in einem andauernden Härtetest immer wieder verbessert wurde der dargestellte Stoff in schier unzählbaren Veranstaltungen im Zeiss Planetarium der Sternwarte Bochum. Den Herausgebern und Verlagen beider Zeitschriften sowie den Mitarbeitern der Sternwarte Bochum danke ich für die vertrauensvolle Zusammenarbeit. Professor Dr. H. U. Keller, Stuttgart, Dr. U. Lemmer, Nürnberg, Dr. J. Staude, Heidelberg und Dr. H. Bernhard, Sohland, verdanke ich viele Hinweise zu Arbeitstechniken, Fragestellungen und Darstellungsweisen. Ich danke Ingrid Buchmeier, Simone Jentsch und Brigitte Marquardt für die Schreibarbeiten und besonders meinem Betreuer seitens des Verlages, W. Meier-Faust. Es war eine glückliche Zusammenarbeit.

space one.

xsterne sind nicht als ein ohne sichtbare Ordnung

s Gewimmel, sondern als ein System anzusehen,

nem Planetischen die größte Ähnlichkeit hat."

eine große Menge Fixsterne um ein Zentrum

sterne beziehen sich alle auf einen gemein-

(Rotationszentrum) und machen dadurch ein

Die Entdeckung der Galaxien

Beginnen wir aufzuschreiben, wo wir uns befinden: Auf einem hoffentlich bequemen Lesestuhl, in einem Zimmer, in einem Haus. Das Haus steht in einer Straße, die Straße gehört zu einer Stadt oder einem Dorf, in einem Land, auf der Erdoberfläche. Die Erde ist eine kalte Gesteins- und Wasserkugel, durch Anziehungskräfte an einen Stern gebunden. Wir gaben dem Stern den Namen Sonne. Licht und Wärme erhalten wir von diesem Stern. Und dieser Stern in einem Sternsystem, dessen schwacher Abglanz am Firmament von uns als Milchstraße bezeichnet wird, verliert sich in einer schier unzählbaren Sternenflut. Das Sternsystem Milchstraße selbst wiederum gehört zu einem kleinen Haufen von Sternsystemen und dann tauchen in unvorstellbaren Weiten neue Sternsysteme auf, und nochmals neue Sternsysteme, getrennt von gewaltigen Leerräumen, und neue Haufen von Sternsystemen. Leere und Unendlichkeit, dahinein verflüchtigt sich unsere Vorstellungskraft... Unendlichkeit und Leere....

Der irdische Sternenhimmel

Einen Stern kennt jeder beim Namen. Es ist die Sonne. Sterne sind ferne Sonnen. Dass wir diese Sonnen nur als schwache Lichtpünktchen am nächtlichen Himmel sehen, gibt uns eine Vorstellung von den gewaltigen Entfernungen, in denen sie sich befinden. Die Entfernungen sind groß, daher erscheinen uns die Sternbilder nur flächenhaft. Dieser flächenhafte Eindruck darf uns nicht darüber hinwegtäuschen: wir blicken in eine ungeheure Raumtiefe. Mit unbewaffnetem Auge und auch bei einem Blick durch die größten Teleskope ist keine Raumtiefenauflösung für uns zu erkennen. Erst ausgefeilte Winkel- oder Helligkeitsmessverfahren erschließen den Astronomen die Sternentfernungen.

Die Entfernung der Sterne wird in Lichtjahren angegeben. Ein Lichtjahr ist keine Zeiteinheit, sondern eine astronomische Entfernungseinheit. Ein Lichtjahr ist die Strecke, die das Licht während eines Jahres zurücklegt. Mit Hilfe der Buchstabenzahl des Wortes *Lichtjahresweg* können wir uns die Strecke in Kilometern merken. Setzen wir für L eine 1 und für die übrigen Buchstaben 0, so erhalten wir 10 Billionen Kilometer. Genau genommen ist ein Lichtjahr nicht 10, sondern nur 9,5 Billionen Kilometer lang; wir errechnen uns diese Strecke durch Multiplikation der Zahl der Kilometer, die das Licht in einer Sekunde durcheilt, mit der Zahl der Sekunden des Tages mal der Zahl der Tage des mittleren Sonnenjahres: also

300 000 x 86 400 x 365,242

Je heller ein Stern am Himmel erscheint, desto geringer ist im Allgemeinen seine Entfernung. Die mit freiem Auge sichtbaren Sterne sind unsere Nachbarsterne. Wir finden für sie Entfernungen bis zu einigen Tausend Lichtjahren. Unter den mit freiem Auge sichtbaren Sternen ist der nächste Stern Alpha im Centaurn mit 4,3 Lichtjahren Abstand. Der hellste Stern am Himmel, Sirius, oder Alpha im Sternbild Großer Hund, ist rund 8,7 Lichtjahre weit entfernt.

Alle mit unbewaffnetem Auge sichtbaren Sterne gehören zu unserem eigenen Sternsystem, der Milchstraße. Die Milchstraße besteht

1 Die Andromedagalaxie (M 32 = NGC 224) ist eine Spiralgalaxie. Die zwei kleineren Begleitsysteme sind elliptisch und tragen die Katalognamen NGC 205 (oben rechts) und NGC 221 = M 32 (am Rande des Sternkörpers, Bildmitte)

aus Sternen, Gas- und Staubwolken und der sogenannten Dunklen Materie. Ein Teil der Sterne ist in Sternhaufen zusammengeklumpt. Der Raum zwischen den Sternen ist nicht leer. Er wird von Gas- und Staubwolken erfüllt. Gaswolken leuchten, wenn sie von Sternen bestrahlt oder zum Eigenleuchten aufgeheizt werden. Bei den Gas- und Staubwolken spricht man dann auch von Gasnebeln. Dem unbewaffneten Auge erscheint das Sternsystem Andromeda, eine weit entfernte Sterneninsel, genau so als Nebelfleckchen wie leuchtende Gaswolken der Milchstraße.

Das mit unbewaffnetem Auge sichtbare weitentfernteste Objekt am irdischen Himmel ist eine Sterneninsel im Sternbild Andromeda, der Andromedanebel. *(1)* Er ist eine rund 2,2 Millionen Lichtjahre entfernte Galaxie, ähnlich aufgebaut wie die Milchstraße. In stockdunkler Nacht als schwach glimmendes Nebelfleckchen in den Herbst- und Wintermonaten am Firmament gut auszumachen, geriet es erst im 10. Jahrhundert durch den persischen Astronomen Al-Sufi in einen Sternkatalog. Allerdings erscheint auch schon in spätrömischer Zeit, um das Jahr 350, in einem astronomischen Lehrgedicht des Edelmanns Rufus Festus Avienus ein Hinweis auf den Andromedanebel: „Dünne Wolken binden ihre (Andromedas) Arme in verdrehten Knoten zusammen". Möglicherweise ist mit den Wolken der Andromedanebel gemeint.

Man wundert sich, dass die griechische oder ägyptische Astronomie Nebelflecke gänzlich unbeschrieben ließ, denn Sternhaufen, wie die Hyaden oder die Plejaden, finden sich sehr wohl in den Sternkatalogen von Hipparch, um 130 vor unserer Zeitrechnung, und Ptolemäus, um 100 bis 160. Der Orionnebel, ein Gasnebel unserer Milchstraße, und der Andromedanebel, ein fernes Sternsystem, dem Auge als weißlich schimmernde nebelartige Objekte erscheinend, wurden offenbar nicht angesprochen. Ursache hierfür könnte sein, dass diesen Objekten das sternartige Aussehen fehlte. Nebelartige Objekte wurden nicht zur himmlischen Sphäre gezählt, wie es die aristotelische Naturlehre feststellt; sie wurden am Himmel augenscheinlich als eine Art von unbeweglichen Kometen verstanden, die Ausdünstungen der irdischen Atmosphäre sein sollten. Erst ab dem Jahre 1000 begann die Astronomie wolkenartige Flecke an der Himmelssphäre dauerhaft zu katalogisieren und sie als nebelartige Objekte zu beschreiben.

Als von unserer Milchstraße unabhängige Sterneninseln sind mit unbewaffnetem Auge der Andromedanebel und die Magellanschen Wolken *(2)* zu erspähen, beide schon erwähnt. Letztere finden wir am Südhimmel. Der Weg ihrer Entdeckung war lang und die Entdeckungsgeschichte ist mit der Erstbeschreibung des Kreuzes des Südens verknüpft. Beginnen wir diesen Weg zu verfolgen; denn dabei werden wir schnell erkennen, wie philosophisch vorgefasste Meinungen astronomische Beobachtungen deuten und missdeuten.

Was ist ein Canopus?

Eine aus der Ferne im Weltraum aufgenommene Erde eröffnet dem Beobachter auf der gefühlsmäßigen Ebene eine neue Dimension. Ein abgeschlossenes Etwas, die Erde, schwebt im Raum. Unsere allgemeine Vorstellung von der Bewegung ist zweidimensional. Sie umfasst die Fortbewegung von einer Stelle der Erdoberfläche zu einer anderen. Bewegung nach außen bedeutet eigentlich nichts für uns. Sobald wir aber einmal die Bewegung nach außen und somit die Bewegung in einen dreidimensionalen Raum klar vor Augen haben, wird dadurch eine neue Vorstellungswelt erzeugt.

Von der festen Erdoberfläche aus ist dies möglich, wenn wir eine Zeitrafferaufnahme des Himmelsumschwunges erzeugen. Ein Fotoapparat bei drei Stunden Belichtung nachts auf den Himmelspol gerichtet, liefert die Sternspuren als offene Kreisbögen, die vom Horizont beschnitten werden. An welchem Himmelsnagel scheint die Erde im Raum zu hängen, und was wirbelt da um wen? In den Schöpfungsmy-

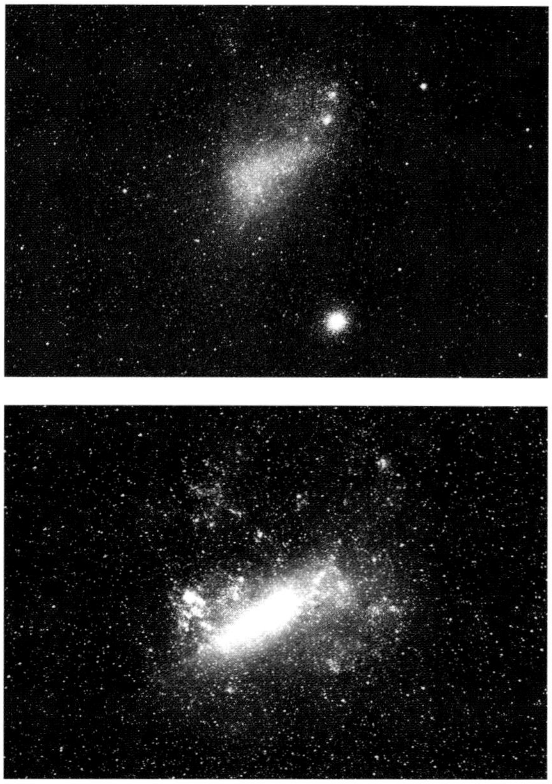

2 Große (unten) und Kleine (oben) Magellansche Wolken; zwei Sternsysteme in unmittelbarer Nachbarschaft unseres eigenen Sternsystems, der Milchstraße. Beide Systeme sind nur von der Südhalbkugel aus beobachtbar

then vieler Kulturen wird die Drehbewegung des Himmels, oft der Himmel selbst, gleichgesetzt mit einer Mühle, einem Wasserschöpfrad, einer Töpferscheibe. Der Zapfen der Drehbewegung kann ein Polarstern sein. Die Mühle des Himmels mahlt die Zeit. Auf genügend vergrößerten Aufnahmen lassen sich die zu den Kreisbögen der Sternspuren gehörigen Mittelpunkte am Nord- und Südhimmel bestimmen. Die Mittelpunkte sind die Himmelspole. Sie bleiben bei der scheinbaren täglichen Drehbewegung der Gestirne in Ruhe. Zu ihrem Grundkreis, dem Himmelsäquator, haben sie 90 Grad Abstand. Als Schnittpunkt der verlängerten Erdachse mit der Himmelskugel können sich diese Punkte auf oder in der Nähe von Sternen abbilden. Der nördliche Himmelspol liegt im Sternbild Kleiner Bär und hat vom hellsten Stern dieses Sternbildes, Polaris, gegenwärtig 0.9 Grad Abstand. Der südliche Himmelspol liegt in einer sehr sternarmen Gegend des Sternbildes Oktant. Mit einem Grad Abstand kommt ihm der Stern Sigma Octantis am nächsten. Seine Helligkeit von 5,5 Größenklassen liegt an der unteren Sichtbarkeitsgrenze für das unbewaffnete Auge.

Die Winkelhöhen der Himmelspole entsprechen den jeweiligen Winkeln der geografischen Breite des Beobachters. Eine Höhenmessung erlaubt also die Feststellung der geografischen Breite; dies war für die Seefahrer von entscheidender Wichtigkeit.

Wie verstanden die ersten europäischen nach Süden über den Äquator vorstoßenden Seefahrer im 15. und 16. Jahrhundert ihre neuen Beobachtungen? Sollte nicht tief im Süden ein Sternenloch sein? Oder gab es auch einen Südpolstern? Natürlich führte die Entdeckung der neuen südlichen Welt im 15. und 16. Jahrhundert durch europäische Seefahrer und Händler zur Ausweitung des vorhandenen Wissens. Aber der Wissensfortschritt über den südlichen, bisher ungesehenen Himmel kam nur sehr langsam voran. Die ersten Seefahrer, die den südlichen Himmel jenseits des Äquators beschrieben und deren Aufzeichnungen auf uns gekommen sind, waren Alvise da Mosto und Maître Joáo. Alvise da Mosto war der erste, der über die Beobachtung südlicher Sterne, die von Europa aus nicht sichtbar waren, berichtete. Er war ein venezianischer Kapitän, der am 22. März 1455 in portugiesischen Diensten zu einer Afrikaumschiffung aufbrach. Seine Aufzeichnungen finden sich in einer um 1470 datierten Abschrift. Er schreibt, dass er während eines kurzen Aufenthaltes in Gambia 1455 seine Beobachtungen tätigte „...wir bemerkten 6 Sterne knapp über dem Seehorizont ... Nach dem Kompass standen sie in genau südlicher Richtung. Wir betrachteten sie als den südlichen Wagen ...“.

Elly Decker, eine Astronomin, die sich mit Astronomiegeschichte befasst und am Boer-

3 Der Himmelsumschwung, eine Folge der Erddrehung

have-Museum für Geschichte der Wissenschaft in Leiden in Holland arbeitet, kommt hinsichtlich der beschriebenen Sternanordnung zu einer verblüffenden Feststellung. Da Mosto *(4)* musste in südlicher Richtung blicken. Die Sterne Alpha und Beta des Sternbildes Centaur kamen dann links vom Kreuz des Südens zu liegen, wie es in der Abbildung wiedergegeben ist. Solch ein Unterschied in der Sternanordnung zu der Skizze im Manuskript ist nur schwerlich als Kopierfehler zu verstehen. Die Zeichnung kann nicht das Abbild einer Skizze von da Mosto sein, denn solch ein elementarer Fehler ist einem geübten Navigator nicht zuzutrauen. Folgerichtig kann die dem Manuskript hinzugefügte Zeichnung nicht vom Original da Mostos stammen. Wenn die Zeichnung keiner wahren Beobachtung entspricht, was bedeutet sie dann? Eine plausible Erklärung scheint zu sein, dass der „südliche Wagen“ aus Symmetriegründen zum „nördlichen Wagen“ erdacht wurde. Da Mosto oder seine Manuskript-Vervielfältiger erwarteten, am südlichen Himmel ein Abbild des nördlichen Himmels zu erblicken.

Erst einige Jahrzehnte später berichteten Seeleute immer wieder von der Verschiedenheit des Südhimmels. Dazu gehört Joáo Faras, genannt Maître Joao, ein Spanier, der in portugiesischen Diensten nach Brasilien segelte und am 27. April 1500 die dortige Küste bei 18 Grad Süd erreichte. Er sandte an König Manuel von Portugal einen Brief, datiert 1. Mai 1500, dem er eine Sternkarte mit Teilen des südlichen Himmels beifügte. Das Kreuz des Südens ist als solches benannt, wenn auch der Winkelabstand zu dem Stern Beta Centauri zu klein ist; leider fehlt der Sternkarte jede Maßstabsangabe. Sie muss in größter Eile entworfen worden sein, denn in ihrer Beschreibung wird von zirkumpolaren Sternen gesprochen, obwohl die Sterne des Kreuzes und des Centaurn, bei 18 Grad südlicher geografischer Breite beobachtet, noch auf- und untergehen. Zirkumpolarsterne hingegen bleiben immer über dem Horizont des Beobachters bei der jeweiligen geografischen Breite.

Amerigo Vespucci bringt nachprüfbare Ordnung in die südliche Sternensphäre. Von allen früheren Seefahrern kann ihm als einzigen das Prädikat „ausgebildeter Astronom“ zugeschrieben werden. Er benutzte astronomische Verfahren, um die geografische Länge der neuentdeckten Kontinente zu bestimmen und seine Seekarten zu entwerfen. Vespucci unternahm zwei Entdeckungsreisen, die eine in spanischen, die andere in portugiesischen Diensten. Von diesen Reisen berichtete er in einem Brief seinem florentinischen Schirmherrn Lorenzo di Pierfrancesco de Medici. Im so genannten Sevilla-Brief, der 1500 datiert ist und nach seiner ersten Reise geschrieben wurde, lässt er keinen Zweifel an seinen astronomischen Bemühungen: „Ich bin sehr begierig danach, der erste Beschreiber des Polarsterns der anderen Himmelssphäre zu sein. Ich verlor viele Nächte Schlaf bei der Betrachtung der Sternbewegung um den Südpol, um herauszufinden, welcher von ihnen die kleinste Bewegung besäße und welcher dem Pol am nächsten stünde. Ich hatte keinen Erfolg, da viele Nächte schlechten Wetters aufeinander folgten. Ich beobachtete keinen Stern, der vom Pol weniger als 10 Grad Abstand hatte“.

Er kommt dann auf die Beschreibung des Fegefeuers in Dantes „Göttlicher Komödie“ zu sprechen: „...der Dichter möchte den Pol des anderen Firmaments durch vier Sterne beschreiben...“ Er, Vespucci, habe keine Gründe, daran zu zweifeln, dass Dantes Aussage richtig sei; er hätte vier Sterne in der Anordnung einer Raute beobachtet, die kaum am Himmelsumschwung teilhätten....

Dieser Brief macht uns deutlich, dass Amerigo Vespucci bei seiner ersten Reise nicht sehr viele Sterne beobachtete. Er hatte dazu auch kaum Gelegenheit. An seinem Standort 3 Grad südlich des Äquators steht der Südpol in extremer Horizontnähe und ist daher sehr schlecht zu betrachten. Andererseits wird deutlich, welch großes Interesse dafür bestand, den Himmelssüdpol zu lokalisieren. Denn in gleicher Weise, wie der Polarstern des Nordhimmels

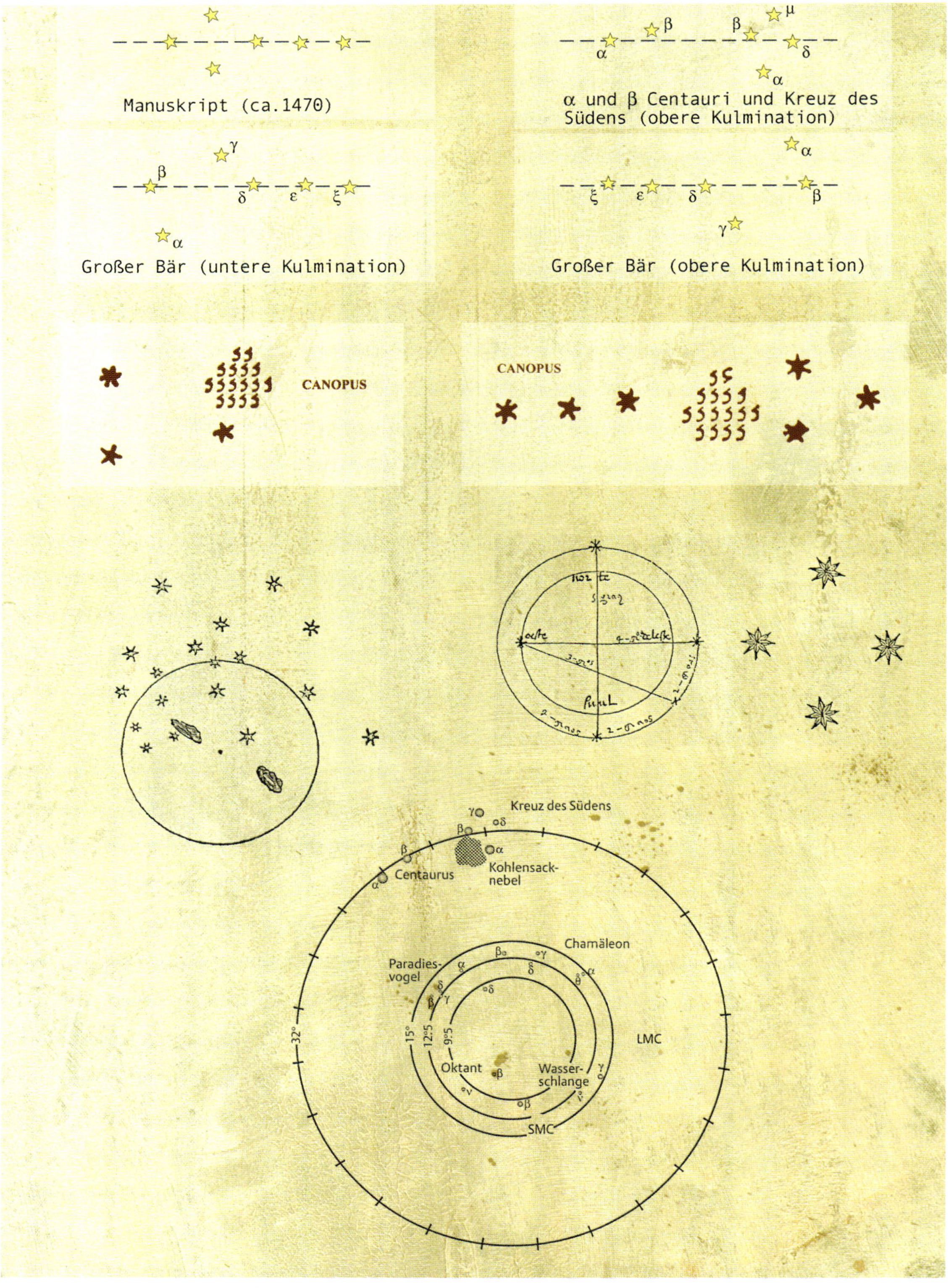

4 *Die Sternkarte Da Mostos (1470); Sterne des Kreuz des Südens nach dem Manuskript (oben links) und die in Gambia sichtbare Sternanordnung (oben rechts). Unten zum Vergleich der Große Wagen in oberer und unterer Himmelsstellung; zweite Reihe: Die Sternkarte Vespuccis (1500); Kleine Magellansche Wolke (links), Kohlensack (rechts); dritte Reihe: Corsali (1516) links, rechts Lisboa (1514) das Kreuz des Südens; unten: eine moderne Darstellung des Südhimmelspols*

eine ideale Navigationshilfe war, um annähernd Nord zu peilen, erhoffte man sich, auch in der Nähe des südlichen Himmelspols einen günstigen Navigationsstern zu finden.

Das verlässlichste Dokument über Vespuccis Reise ist der 1502 datierte Lissabon-Brief. Darin berichtet er, dass bei dieser Reise für die Beobachtung des südlichen Himmels genügend Zeit zur Verfügung stand. Auch waren die Umstände günstiger als bei der ersten Reise. Er hielt sich von 1501 bis 1502 weit südlicher vom Äquator auf: „...bis der Südpol 50 Grad über meinem Horizont stand.... Wir navigierten in der südlichen Hemisphäre 9 Monate und 20 Tage lang vom 1. August bis 27. Mai." Vespucci berichtete über viele helle und prächtige Sternanordnungen, die alle von der nördlichen Hemisphäre aus nicht zu sehen sind. „Ich beobachtete die herrliche Ordnung ihrer Bewegung und ihre Helligkeit, maß die Durchmesser ihrer Kreisbögen und notierte ihre relativen Positionen."

Die Aufzeichnungen Vespuccis, die diesen Brief sicherlich begleiteten, sind leider verloren gegangen. Vermutlich wurde das Navigationswissen von seinen Auftraggebern nicht direkt freigegeben. Seerouten, die ja stets auch Handelsrouten waren, hielt man gern geheim. Die erste Bekanntmachung von Vespuccis Beobachtung findet sich in der äußerst seltenen Druckschrift Mundus Novus von Anfang 1504. Der Druck basiert teilweise auf Vespuccis Briefe an Lorenzo di Pierfrancesco de Medici sowie auf apokryphen Quellen *(4, zweite Reihe)*. In dieser Druckschrift heißt es:

„Der Himmel ist mit herrlichen Zeichen und Figuren geschmückt, unter denen ich über 20 Sterne so hell wie Venus und Jupiter beobachtete. An diesem Himmel sah ich drei ‚Canopos', zwei erklärtermaßen strahlend hell, einen dritten dunkel *(Vidi in eo celo tres canopos, duos quidem claros, tertium obscurum)*. Der antarktische Pol hat weder einen großen noch einen kleinen Bären. Auch gibt es keinen hellen Stern als Polarstern. Von den Sternen, die in kleinen Bögen um den Pol laufen, gibt es drei in Form eines rechtwinkligen Dreiecks. Ihr Kreisbogen hat einen Radius von 9,5 Grad. Zusammen mit diesen Sternen sieht man einen weißen ‚Canopos' von wahrlich großer Ausdehnung. Nach diesen Sternen kamen zwei andere. Ihr Kreisbogen hat einen Radius von 12,5 Grad, und sie werden von einem anderen weißen ‚Canopos' begleitet. Diesen Sternen wiederum folgen 6 Sterne im Laufe der Nacht nach. Es sind die prächtigsten der Himmelssphäre. Der Radius ihres Kreisbogen beträgt 32 Grad. Zusammen mit diesen Sternen bewegt sich ein schwarzer ‚Canopos' von beachtlicher Größe. Solches erscheint in der Milchstraße und hat im Meridian folgende Anordnung."

5 Eine moderne Farbaufnahme von Teilen des Milchstraßenbandes mit dem Kreuz des Südens und dem Kohlensack

Der Vergleich *(5)* mit einer modernen Sternkarte und die genauen Angaben der Abstandsmessungen enthüllen sofort, was hier beschrieben wurde. Es sind die Große und die Kleine Magellansche Wolke, also zwei Nachbarsternsysteme der Milchstraße, der Kohlensack, eine Staubwolke in der Milchstraße, und die hellsten Sterne der entsprechenden Regionen. Beim Kohlensack handelt es sich um Alpha und Beta Centauri und um die vier Sterne im Kreuz des Südens. Die Achse dieses Sternbildes trifft, in etwa über den Pol laufend, die Kleine Magellansche Wolke. Ein spitzwinkliges Dreieck mit der Basislinie Kleine und Große Magellansche Wolke und Alpha und Beta Centauri überdeckt in seiner Mitte den Himmelspol. Damit sind geometrische Navigationshilfen festgelegt.

Vespucci beschreibt also als erster den Kohlensack, die Magellanschen Wolken, Alpha und Beta Centauri und das Kreuz des Südens. Der Vergleich der Wolken mit einem „Canopos" ist naheliegend. Canopos bedeutet lateinisch wörtlich Flussdelta, im übertragenen Sinne ausgebreitetes Tuch, Baldachin. Die Farbzuordnungen Schwarz oder Weiß stützen eindeutig die Interpretation als Kohlensack, dunkel, und Magellansche Wolken, hell, zumal es sich um ausgedehnte Objekte handelt. Canopos darf hier nicht mit dem Sternnamen Canopus im Sternbild Kiel verwechselt werden. Canopus war der Steuermann des Menelaos auf der Rückfahrt von Troja. Er stammte aus einem Dorf in der Nilmündung; daher die Namensübertragung von der Gegend – Flussdelta – auf die Person.

Die Kenntnis der südlichen Sterne und des Kreuz des Südens sind für die Navigation wichtig. Kurze und schnelle Seefahrtsrouten bringen merkantile Vorteile, ein Grund also, weswegen die Kapitäne ihr Wissen zurückhielten. Hinzu kommt, dass diese ersten Sternkarten des Südhimmels an ungeeigneten Stellen veröffentlicht wurden. Vorgefasste Meinungen zum Aussehen des südlichen Himmels in der Polregion erschwerten zusätzlich das Erstellen von verlässlichen Himmelskarten. Zehn Jahre nach Vespuccis Bericht, 1514, erscheint die erste genauere Sternkarte von Joáo de Lisboa *(4, dritte Reihe rechts)*. In seinem Traktat wird „vom Regiment des Kreuz des Südens" gesprochen. Darunter versteht man die Kunst, die geografische Breite aus Sternpositionen abzuleiten. Er gibt zum ersten Mal die Polabstände der helleren Sterne an, mit deren Hilfe ist der Südhimmelspol dann festzulegen.

Die wahrscheinlich am besten bekannte Himmelskarte des 16. Jahrhunderts stammt von Andrea Corsali *(4, dritte Reihe links)* aus dem Jahre 1516. Im Gegensatz zu den genauen Positionsangaben von Joao de Lisboa ist diese Karte sehr grob. Das Kreuz des Südens ist stark vergrößert dargestellt, die meisten anderen Sterne können nicht identifiziert werden. Die Lage der Magellanschen Wolken, bezogen auf den Südpol, ist falsch eingezeichnet *(4, unten, heutige Darstellung)*. Es dauerte bis zum Ende des Jahrhunderts, bis das Kreuz des Südens und erst recht auch die übrigen Sterne des südlichen Himmels ihre genauen Positionen fanden. 1598 fertigte der Amsterdamer Globusmacher Jodocius Hondius einen solchen genauen Sternglobus. Das Kreuz des Südens erscheint an den Hinterfüßen des ptolemäischen Sternbildes Centaur. Es ist das Ergebnis der ersten systematischen Durchmusterung des Südhimmels in den Jahren 1595 bis 1597 durch holländische Seefahrer auf Initiative des Kartografen Petrus Plancius. Es sollte aber nochmals mehr als hundert Jahre dauern, bis man dahinter kam, dass diese neuen Sterne schon längst von Ptolemäus mit Nummern versehen und katalogisiert worden waren. Die Sterne des neuen Sternbildes Kreuz des Südens, das von so vielen Seefahrern beobachtet wurde, erwiesen sich als Teil der längst schon bekannten Sterne des Ptolemäischen Sternbildes Centauer. In seinem Atlas von 1603, der Uranometria, übernimmt der süddeutsche Astronom Johann Bayer die Daten der holländischen Durchmusterung gemäß dem Sternglobus von Hondius 1600 und 1601. Bayer ersetzt jedoch nicht die Positionen der entsprechenden ptolemäischen Sterne durch die neu eingemessenen Positionen der Sterne des Kreuzes des Südens. Die wissenschaftliche Autorität von Ptolemäus wurde mehr anerkannt als die Messkunst der holländischen Seeleute. Eine neuerliche Vermessung auf Veranlassung des Globusmachers Wilhelmus Blaeu durch den holländischen Kapitän de Houtman im Jahre 1603 wurde als Anhang eines Wörterbuches der malaiischen Sprache publiziert. Diese Vermessung blieb völlig unbekannt. Und erst die neue Durchmusterung des Engländers Halley 1678, veröffentlicht 1681, brachte Ordnung in die südlichen Sternpositionen. 1690 lässt Hevelius das Kreuz des Südens als eigenständige Sternanordnung in seinem Himmelsatlas erscheinen. Die Frage nach den Positionen der Südsterne und die genaue Kartografie der Südhemisphäre beschäftigte also rund zweihundert Jahre lang Seefahrer, Kartografen und Astronomen.

Die Erstbeschreibung der Nachbarsternsysteme Große und Kleine Magellansche Wolke ist arabischen Seefahrern zuzuschreiben. Sie nannten die Wolken Al Bakar, die Weißen Ochsen, eine Bezeichnung, die auf Al Sufi, 903 bis 986, zurückgeht. Wir hörten schon, dass die Magellanschen Wolken erst wieder von Amerigo Vespucci 1502 in der Literatur erwähnt wurden. Er spricht von zwei hellen Canopi, also hellen Flecken. So wie die Beschreibung von Al Sufi ging auch seine Erstentdeckung der beiden Sternsysteme verloren.

Der Begleiter und Reiseberichterstatter des ersten Weltumseglers Magellan, 1518, nämlich Antonia Pigafetta, 1491–1534, beschreibt später die beiden Wolken in seinem gewaltigen Reisebericht von 1521 ausführlicher. Als Folge dieses Reiseberichts und weil offenbar der portugiesische Offizier Nunno de Sylva als Teilnehmer der späteren Drake'schen Südreisen im Jahre 1578 den Namen Magellan für die Wolken verwendete, wurde dann allmählich im 17. Jahrhundert – exakt ab 1620 – die heute übliche Benennung Allgemeingut. Von Magellan selbst gibt es keine Notiz zur Namensgebung. Vierhundert Jahre sollte es noch dauern, bis man erkannte, was die Unterschiede sind zwischen den Nebelflecken und den Sternzusammenklumpungen, den Sternhaufen, in unserer eigenen Milchstraße, und den Nebelflecken, die man Magellansche Wolken nennt. Es sind keine Nebelflecken aus Gas, sondern es sind Sternwolken, die nicht zur Milchstraße gehören. Weit außerhalb unseres eigenen Sternsystems sind es kleinere eigenständige Sternsysteme.

Der mühsame Weg zu den Galaxienkatalogen

Das Wissen Al Sufis über neblige Objekte am Himmel ging verloren und tauchte erst allmählich zu Beginn des 17. Jahrhunderts wieder auf. 1612 wurde der Sternennebel Andromeda von Simon Marius, zuerst Kapellmeister des Markgrafen von Ansbach, später Astronom des Kurfürsten von Brandenburg-Anhalt, wieder entdeckt. Marius arbeitete schon mit einem aus Belgien stammenden Fernröhrchen. Er war ein guter und gewitzter Beobachter, der seine Entdeckungen veröffentlichte, aber dennoch verschwand das Wissen um den Andromedanebel nochmals für fünfzig Jahre aus dem Gesichtskreis der europäischen Geisteswelt. 1664 wurde das Sternsystem von dem Franzosen Ismael Bulian aufs Neue beschrieben. Da der Nebel aber weder in den Arbeiten von Tycho Brahe noch von Johann Bayer in dessen Sternverzeichnis Uranometria von 1603 und verschiedenen Nachdrucken erwähnt wurde, machte sich der Glaube breit, dieser Nebel ändere seine Helligkeit sporadisch.

Die genaue Beschreibung der Magellanschen Wolken von Alberto Korsali, 1508 in seinem Reisebericht „Reise nach Ostindien" lautete: „Wir erblickten zwei helle Wolken von bedeutender Größe, welche in kreisförmiger Umdrehung (um den südlichen Himmelspol) ziemlich regelmäßig auf- und untergingen."

Im Jahre 1755 werden die Magellanschen Wolken dann endlich in einem Katalog von La Bait de la Caille aufgeführt. Der Abbé, der von 1713 bis 1762 lebte, war Professor für Mathematik und Astronomie in Paris und stand einer erfolgreichen Expedition zum Kap der Guten Hoffnung vor. Er entdeckt ferner 1752 die erste teleskopisch erfasste Spiralgalaxie. Sechs Jahre vorher beschreibt Les Gentilles eine elliptische Galaxie in unmittelbarer Nachbarschaft des Andromedanebels. Les Gentilles arbeitete am Pariser Observatorium.

Die Mitte des 18. Jahrhunderts wurde für die weitere Entwicklung der kosmischen Physik aus einem anderen Grunde ein Markstein des

Umbruchs. 1755 ist das bedeutende Jahr, denn Immanuel Kant formulierte seine Theorie der Welteninseln: „Allgemeine Naturgeschichte und Theorie des Himmels". Sechzig neblige Objekte waren zu dieser Zeit bekannt. Nur fünf davon waren echte Sternsysteme, waren also selbstständige Welteninseln, was man nicht wusste. Davon wurden drei von der Südhalbkugel der Erde beobachtet. Kant hätte also nur die Möglichkeit gehabt, die zwei echten Galaxien im Sternbild Andromeda zu sehen: den Andromedanebel und die elliptische Galaxie, von Les Gentilles beschrieben. Vermutlich hat er sie wirklich beobachtet. Kant konnte außerdem das Band der Milchstraße bestaunen, das sich bei einem Blick durch kleinere Fernrohre in Sterne auflöste. Die Kant'sche Vermutung, es gäbe Welteninseln neben der Milchstraße, war in der Tat eine kühne Spekulation.

Kant ging von einer Struktur der Milchstraße aus, ähnlich der des Planetensystems. Um eine zentrale Masse kreisen Hunderte von Millionen Sterne. Der Gesamtdurchmesser beträgt einige Tausend Lichtjahre. Er schreibt: „... Die Fixsterne sind nicht als ein ohne sichtbare Ordnung zerstreutes Gewimmel, sondern als ein System anzusehen, welches mit einem Planetischen die größte Ähnlichkeit hat..."

Er nahm an, „dass eine große Menge Fixsterne um ein Zentrum rotiere. Die Fixsterne beziehen sich alle auf einen gemeinschaftlichen Plan (Rotationszentrum) und machen dadurch ein zusammen geordnetes Ganzes, welches eine Welt von Welten ist ... Milchstraßen, die in verschiedenen Stellungen gegen das Auge mit einem ihren unendlichen Abstande gemäßen geschwächten Schimmer elliptische Gestalten darstellen". Kants „Allgemeine Naturgeschichte" bleibt zunächst in Astronomenkreisen unbekannt, bis endlich ein Auszug im Anhang einer Herschelschen Veröffentlichung 1791 erschien. Sechsunddreißig Jahre waren also schon bis dahin vergangen. Es sind immer einzelne, die versteinerte Vorstellungen aufsprengen. Wagt der erste Denker, Neuland zu betreten, ist der Damm gebrochen. Dann folgt der breite Strom der Nach-Denker und eifrigen Beobachter. Doch so weit war es zu dieser Zeit noch nicht. Daten sammeln, darum ging es zunächst, und einer der Fleißigsten davon war Charles Messier, 1730 bis 1817, der die Theorie nicht liebte und wenig seine mathematischen Fähigkeiten pflegte. Messier war zunächst Beobachtungsassistent am kleinen Marineobservatorium auf dem Turm des Hotels De Cluny in Paris. 1761 wurde er Direktor dieser Beobachtungsstation und widmete sich mit ungebrochener Leidenschaft der Entdeckung und Beobachtung von Kometen. Zwischen 1759 und 1798 entdeckte er sechzehn neue Kometen. Die Leidenschaft Messiers für nebelartige Himmelsobjekte rührte von seiner Hauptbeschäftigung her, der Kometenbeobachtung. Bei der Kometensuche stieß er oft auf unidentifizierte neblige Objekte, die oft fälschlicherweise für Kometen gehalten wurden. Er entschloss sich daher, diese Nebel zu katalogisieren, um Missverständnisse auszuschließen. 1771 veröffentlichte er seinen ersten und 1784 – zusammen mit seinem Mitbeobachter und Freund – den endgültigen Katalog, heute Messier-Katalog genannt. Hundertdrei Einträge sind verzeichnet.

Messiers Beitrag zur Nebelforschung lag nicht nur in seinen vierzig Neuentdeckungen, sondern auch in folgender Tatsache: er beobachtete sorgfältig alle vorher schon genannten Objekte und durch kritische Überprüfung konnte er Fehlbenennungen ausschließen. Messier führte sehr genaue Positionsmessungen durch, und seine vorzüglichen Objektbeschreibungen übertreffen die vorangehender Beobachter. Sein Katalog enthält alle hellen Objekte, die von Paris aus sichtbar sind. Die einzige bemerkenswerte Auslassung ist der Doppelsternhaufen Persei im Milchstraßengebiet des Sternbildes Perseus. Das Erscheinen seines Katalogs füllte für die beobachtende Astronomie eine bis dahin große Lücke.

1784 war durch die Katalogarbeiten von Charles Messier und seinem Freund Pierre Francoise Merchais die Anzahl der bekannten nebligen Objekte auf hundertdreißig angestiegen. Eine hart eingebrachte Ernte für mehr als hundertsiebzig Jahre Teleskoparbeit auf Nord- und Südhalbkugel des Himmels. Die Liste der nebligen Objekte enthielt ein kunterbuntes Gemisch von Gaswolken, offenen und kugelförmigen Sternhaufen und echten Galaxien. Im Messier-Katalog von 1784 kann man neununddreißig Galaxien zählen. In der Erweiterung dann von Merchais etwa zur gleichen Zeit zählt man einundvierzig Sternsysteme. In den folgenden Jahren, beim Übergang vom 18. zum 19. Jahrhundert, schnellte durch die Herschelfamilie, die mit einer neuen Generation von Teleskopen arbeitete, die Zahl der Nebel schlagartig in die Höhe.

Neue Teleskope – neue Beobachtungstechniken

Zunächst meinte Friedrich Wilhelm Herschel, 1738 bis 1822, dass bei Verwendung genügend großer Teleskope alle Nebel in Sterne auflösbar seien. 1776 verfügte er über ein Teleskop von dreißig Zentimetern Öffnung und sechs Metern Brennweite, 1787 endlich über ein Teleskop von hundertzweiundzwanzig Zentimetern Öffnung und zwölf Metern Brennweite. Über Sternzählungen leitete er die Struktur der Milchstraße als flache linsenförmige Scheibe mit vielen Millionen Sternen ab. Von diesen Messergebnissen geleitet, wurde seine Theorie der Welteninseln in der Art ferner Sternsysteme gestützt. Diese Vorstellung über den Bau des Himmels, die im wesentlichen mit Kants Meinungen übereinstimmte, nahm Herschel später allerdings teilweise zurück.

1785 berichtete er über die Beobachtung des Ringnebels *(6)* im Sternbild der Leier. Es ist ein Gasnebel und er spekulierte über die Natur dieser Nebel. Herschel führte für dieses und andere Objekte gleicher Art den Begriff planetarische Nebel ein, weil ihm das Aussehen an den Planeten Uranus erinnerte. Er hatte diesen Planeten am 13. März 1781 im Sternbild Zwillinge gefunden. Eine Beobachtung von 1790, bei der er einen Zentralstern im Ringnebel entdeckte, führte schließlich zu einem Wechsel in seiner Anschauung nebliger Objekte. Er betrachtete nun planetarische Nebel nicht mehr als Sternsysteme, sondern als Endpunkte einer Sternbildung. Sie sollten sich aus nebligen Massen kondensieren. Zu Anfang des 19. Jahrhunderts war Herschels Idee immer noch nicht Allgemeingut geworden: Nebel sollten einerseits Milchstraßensysteme sein oder Welteninseln, andererseits Gasnebel, in denen Sterne entstehen.

Geschult an den Beobachtungen der Milchstraßenfelder, die sich in Sterne auflösten, erkannte man mit hinlänglich großen Teleskopen bald, dass viele der Nebel Sternhaufen waren. Die echten Galaxien sind jedoch zu weit entfernt, um von Teleskopen der vorigen Jahrhunderte in Sterne aufgelöst werden zu können. Sie blieben, wie die Gasnebel der Milchstraße, milchige Flecke.

Der Schritt aus unserem eigenen Sternsystem hinaus zu anderen Sternsystemen, zu anderen Galaxien, war ja auch aus philosophischen Gründen gehemmt. Vom Universum wurden Einfachheit und Gleichförmigkeit gefordert, und dem stand eine unterschiedliche Natur der Nebel entgegen. Gefordert waren gleiche Natur, gleiche Entfernung und gleiche Geschwindigkeit der kosmischen Objekte. Dieses philosophische Postulat verbot die Annahme von sich unterscheidenden und im Raum getrennt liegenden Sternsystemen.

Derartige Positionen wiederum wurden durch einen Fortschritt im Teleskopbau in Frage gestellt. 1845 errichtete William Parsons, der spätere Earl of Rosse, ein 183 Zentimeter großes Spiegelteleskop. Es war fast doppelt so groß wie das Riesenteleskop von Herschel. Lord Rosse entdeckte damit in einigen Nebeln eine spiralige Struktur. Der Bann war gebrochen. Es musste also unterschiedliche Nebelsysteme geben.

1864 veröffentlichte John Herschel, der Sohn von Friedrich Wilhelm Herschel, ein

Nebelverzeichnis mit 6245 Nebeln und Sternhaufen. Dieser Katalog ist der Vorläufer des heute noch benutzten New General Catalogue, kurz NGC. In diesem Katalog werden die Galaxien durchnummeriert und in einer Koordinatenordnung aufgelistet. Der erste von Lord Rosse als Spiralnebel erkannte Galaxie trägt heute die Nr. 5194 im New General Catalogue. In der Mitte des 19. Jahrhunderts begann ein Argument Risse zu bekommen. Es war das Argument der Einheitlichkeit kosmischer Objekte. Die Beobachtung begann es aufzubrechen. Es gab Nebel mit unterschiedlichem Aufbau. Die neuen Teleskope hatten Strukturen in den nebligen Objekten gezeigt. Das entscheidende Grundproblem trat immer mehr in den Vordergrund: Es gab zu dieser Zeit keine Verfahren der Entfernungsbestimmung zu jenen nebligen Flecken. Eine neue Beobachtungstechnik, nämlich die spektrale Zerlegung des Lichts, brachte schließlich den Durchbruch.

Die Einführung der Spektralanalyse in die Astronomie durch Gustav Robert Kirchhoff und Robert Bunsen im Jahre 1859 begründete die Astrophysik. Spektralanalyse – das ist die Zerlegung des Lichts in seine spektralen Bestandteile. Spektroskopie wurde natürlich auch auf die Nebel angewandt, und es zeigte sich, dass einige Nebel Emissionslinienspektren aufwiesen, wie man sie von erhitzten Gasen im Labor kannte. Andere zeigten Absorptionslinien, ähnlich den Spektren der Einzelsterne. Dies waren gerade die Spiralnebel. Es dauerte weitere sechzig Jahre, bis 1912 die unterschiedlichen spektralen Eigenschaften der Nebel als gesicherte Beobachtungstatsachen hingenommen wurden.

Schon 1845 hatte Lord Rosse mit Hilfe seines 183-Zentimeter-Reflektors Zeichnungen von Spiralnebeln anfertigen können. Bis zur Wende vom 19. zum 20. Jahrhundert belief sich ihre Zahl auf einige Hundert. Spiralnebel zeigten immer Absorptionslinienspektren. Das reichte jedoch nicht aus, um zu dem Schluss zu gelangen, es handle sich um weiter entfernte Sternsysteme. Man stellte zudem fest, dass diejenigen Spiralnebel, denen man den Namen Welteninseln zu geben zuneigte, das helle Band der Milchstraße mieden. Man fragte sich, warum diese Nebel so eigentümlich um die Welteninsel Milchstraße verteilt seien, da doch eine gleichförmige Verteilung der Nebel viel natürlicher wäre. Zur weiteren Verwirrung trug eine im Jahr 1885 im Andromedanebel erschienene Sternexplosion bei, eine Supernova. Was eine Supernova ist, wusste man nicht. Ein Stern jedoch, der plötzlich die Helligkeit des gesamten Nebels hatte, der heller als Millionen Sterne zusammen sein sollte, schloss die Möglichkeit aus, sich den Andromedanebel aus Sternen bestehend vorzustellen. Er konnte keine Welteninsel sein. Um die Wende des neunzehnten Jahrhunderts also, 1895 bis 1905, waren sich die Astronomen einig: Nur eine Welteninsel ist der Wissenschaft bekannt und das ist die Milchstraße.

6 Der Ringnebel im Sternbild Leier; ein alter Stern bläst Teile seiner Materie ab. Sie wird in Form einer Hülle sichtbar und ist mit schwereren Elementen als Wasserstoff und Helium angereichert

Neben der Spektralanalyse gab es aber eine zweite Technik, welche die Astronomie in diesen Jahrzehnten revolutionierte: es war die Fotografie. Astronomen mussten das, was sie beobachteten, nicht mehr zeichnen, sondern sie setzten an ihre Teleskope Kameras. Und diese Kameras fotografierten die himmlischen Objekte. Wenn man aber eine Fotoplatte stundenlang belichten kann, werden immer schwächere Objekte, schwächere Strukturen erkennbar. Fotografie und Spektroskopie zusammen, sie waren die entscheidenden Beobachtungstechniken, die das Rätsel um die nebligen Flecke lösten.

Es dauerte nochmals fast fünfundzwanzig Jahre, bis der endgültige Durchbruch zum Verständnis der Spiralnebel gelang. Dieser Durchbruch ging Hand in Hand mit einem besseren Verständnis des Aufbaus unserer Milchstraße. 1913 wurde von Vestus Slipher aus der Verschiebung der Spektrallinien im Spektrum des

Andromedanebels eine Geschwindigkeit von dreihundert Kilometern in der Sekunde auf die Milchstraße zu abgeleitet. Es war die größte Geschwindigkeit, die man von einem astronomischen Objekt kannte. Auch andere Spiralnebel zeigten solche Geschwindigkeiten in Sichtlinienrichtung. Diese Geschwindigkeiten übertrafen alle Geschwindigkeiten von Objekten, die man glaubte, sicher der Milchstraße zurechnen zu können. Viele Astronomen begannen daher, die Spiralnebel nicht dem dynamischen System der Milchstraße zuzuordnen. Es mussten Welteninseln sein.

Der endgültige Durchbruch – Sterneninseln im All

1917 entdeckte der amerikanische Astronom Webber Curtis in den bekannten Spiralgalaxien Sterne mit plötzlichen Lichtausbrüchen. Sie tragen den Namen Novae. Die absolute Helligkeit der Novae in der Milchstraße war annähernd bekannt. So war es möglich, durch Helligkeitsvergleiche die Entfernung der Spiralnebel abzuschätzen. Sie lagen weit außerhalb der Milchstraße. Curtis löste 1918 auch das Problem der ungleichförmigen Verteilung der Spiralnebel im Bereich des Milchstraßenbandes. Die Mittelebenen der Milchstraße und der anderen Spiralnebel sind von Staubwolken durchsetzt. Diese interstellare Materie, das Material zwischen den Sternen unserer Milchstraße, also Gas- und Staubwolken, verschluckt das Licht der fernen Spiralgalaxien, die zufällig in Richtung der Hauptebene unseres eigenen Sternsystems angeordnet sind. Die ungleichförmige Verteilung der Nebel konnte somit als Absorptionseffekt unseres Milchstraßensystems erklärt werden. Diesen schon fast zwingenden Gründen für das Vorhandensein von Welteninseln standen entscheidend noch Fehlmessungen an den Bewegungen der Nebel gegenüber.

Sternsysteme bewegen sich im Raum. Nichts ruht. Dabei überlagern sich zwei Bewegungsarten: eine transversale und eine radiale Bewegung. Die Ortsveränderungen transversal an der Himmelskugel sind wegen der riesigen großen Entfernungen der Sternsysteme nicht feststellbar. Man kann daher keine Winkelverschiebungen beobachten. Um die Jahrhundertwende musste man durch Fehlmessungen dieser Eigenbewegungen an Sternen in Spiralnebeln eine sehr große Nähe der Spiralnebel annehmen, sie also unserer Milchstraße zugehörig betrachten. Die Fehlmessungen beruhten zum Teil darauf, dass beim Vergleich von zu unterschiedlichen Zeiten aufgenommenen Fotoplatten sich Positionsverschiebungen ergaben. Diese Positionsverschiebungen rührten aber zum größten Teil daher, dass die Fotoschicht auf den Glasplatten geschrumpft war. Es dauerte mehr als fünfzehn Jahre, bis diese Fehlmessungen als solche erkannt wurden. Die bei Spiralnebeln beobachtbare Bewegungsart ist ausschließlich eine Bewegung in der Sichtlinie. Es sind Radialgeschwindigkeiten, die aufgrund der Linienverschiebungen in den Spektren der Sternsysteme gemessen werden können. Dabei bedeutet die Verschiebung der Spektrallinien zum langwelligen roten Bereich des Spektrums eine Bewegung von uns weg, eine Verschiebung der Spektrallinien zum kurzwelligen blauen Bereich eine Bewegung auf uns zu. Slipher führte hierzu die Messungen durch, ohne eine Systematik zu erkennen.

Doch dann kam die Wende. 1908 wurde auf dem Berg Mount Wilson in den USA das 152-Zentimeter-, 1918 das 254-Zentimeter-Teleskop in Betrieb genommen. Und wie so oft in der Wissenschaft, folgen Neuentdeckungen zwangsläufig, wenn durch neue Messgeräte die Empfindlichkeit oder das Auflösungsvermögen um Größenordnungen verbessert werden kann. Mit diesen Reflektoren gelang es Edwin Hubble im Jahre 1923, die äußeren Bereiche des Andromedanebels und der Galaxie NGC 598 in einzelne Sterne aufzulösen. Einige Sterne waren helligkeitsveränderliche Sterne, nämlich Cepheiden, die ihre Helligkeit in bestimmten zeitlichen Rhythmen ändern.

Um die Entdeckung für die Entfernungsbestimmung der Nebel ausnützen zu können, bedurfte es jedoch noch anderer Vorarbeiten. 1908 hatte die Astronomin Henrietta Swan-Leavitt einen Zusammenhang zwischen der Helligkeit und den schon genannten periodischen Helligkeitsänderungen veränderlicher Sterne in der Großen Magellanschen Wolke gefunden. 1913 wurde diese Sternklasse auch in unserem eigenen Milchstraßensystem als Cepheiden beschrieben und 1916 gelang es dann, eine erste Eichung durchzuführen, das heißt, einen Zusammenhang zwischen der zeitlichen Helligkeitsänderung und der absoluten Helligkeit der Sterne herzustellen. Die gemessene Periode der Helligkeitsänderung legt die absolute Helligkeit fest. Aus den Unterschieden zwischen den stets gemessenen scheinbaren Sternhelligkeiten dieser veränderlichen Sterne und den aus der Periodenhelligkeitsbeziehung errechneten absoluten Helligkeiten der Sterne ist dann die Entfernung bestimmbar: Die große Magellansche Wolke und der Andromedanebel waren die ersten beiden Galaxien, für die dies gelang.

Hubble errechnete für den Andromedanebel eine Entfernung von 929.000 Lichtjahren. Damit stand fest, dass es ferne Welteninseln gibt. Die Galaxien sind gewaltige Sternsysteme von ähnlichem Aufbau wie unser eigenes Milchstraßensystem. Die Diskussion wogte zwar in den Jahren nach 1925 noch hin und her; als aber 1936 Hubbles Buch *Im Reich der Nebel* erschien, war die Auseinandersetzung entschieden. Seit 1930 wissen wir also, dass neben unserer eigenen Milchstraße der Kosmos von Milliarden anderer Milchstraßensysteme bevölkert wird. Um 1930 weitete sich so unser beobachteter Kosmos von rund sechzigtausend Lichtjahren auf Millionen Lichtjahre.

Die Erforschung der Galaxien und natürlich auch die Erforschung des Aufbaus des Kosmos hängen eng mit der Bestimmung der Galaxienentfernung und der Festlegung ihrer Verteilung im Raum zusammen. Astronomische Entfernungsbestimmung bedient sich des Verfahrens von System und Anschluss. Zunächst werden Entfernungen von nahen Sternen trigonometrisch eingemessen. An die geeichten astrophysikalischen Eigenschaften dieser nahen Sterne – das ist vor allem ihre absolute Helligkeit – werden dann entferntere Sterne angeschlossen. Anschließen bedeutet, diese Sterne in die Eichskala einzuordnen. Der Schlüssel dieser Eichungen sind Verfahren der Lichtzerlegung, der Spektroskopie. Die Spektroskopie verschafft den Zugang zu den physikalischen Eigenschaften der Sterne. So wird ein Maßstabsystem in unserer eigenen Milchstraße aufgebaut. Zum Beispiel gelangt man über die Sternklasse der veränderlichen Cepheiden, deren absolute Helligkeit zunächst in unserer Galaxie festgelegt wurde, in einem nächsten Schritt bis zu den Nachbargalaxien. In ihnen sucht man sich wiederum Objekte, die schon in unserer eigenen Galaxie bekannt sind, und baut ein zweites Eichsystem auf, an das noch weiter entfernte Sternsysteme angebunden werden.

Die kosmische Entfernungsleiter schleppt natürlich alle Eichfehler von Stufe zu Stufe mit. Es wundert daher nicht, wenn die heute bekannte Entfernung des Andromedanebels zwei Millionen zweihunderttausend Lichtjahre beträgt, denn die ursprüngliche Eichung der absoluten Helligkeit der Cepheiden und anderer Entfernungsindikatoren konnte im Verlaufe der vergangenen siebzig Jahre verbessert werden. Heute sind etwa sechsundzwanzig verschiedene Methoden bekannt, die Entfernung von Galaxien festzulegen.

Was ist die Milchstraße?

Stellen wir uns vor, wir würden zum ersten Mal ein Wohnhaus betreten und hätten noch nie etwas von Häusern gehört. Wer dann wissen will, wie andere, fremde Häuser von innen aussehen, der täte gut daran, sein eigenes Haus gründlich und verallgemeinernd zu studieren. Schwieriger würde es, wenn man in einem unbekannten Haus in einem Zimmer gefangen wäre oder gar in einem Bett liegen müsste, und nur der Blick aus dem Fenster erlaubt ist. Wie erführe man etwas übers eigene Haus? Ein Blick aus dem Fenster auf andere Häuser könnte da helfen; zumindest von außen ließe sich nun aus Form und Größe, Zahl der Fenster und Türen etwas über die Häuserinnenwelt erschließen. Auch das eigene Haus könnte so von innen und außen in seinem Aufbau erahnt werden.

Dies entspricht unserer Beobachtungssituation auf der Erde. Das Planetensystem mit dem Stern Sonne in der Mitte gehört zur Milchstraße, unserem eigenen Heimatsternsystem. Der Blick in unser eigenes Sternsystem ist uns teilweise durch Staub- und Gaswolken verstellt. Auch bei Beobachtungen in anderen Wellenlängen können wir nur unvollständig seine Struktur erschließen. Andere Wellenlängen – das können Radiostrahlung oder Infrarotstrahlung oder Röntgenstrahlung sein. Nichts desto trotz sind wichtige Detailstudien, zum Beispiel über Sternentstehung und -entwicklung, nur in unserer unmittelbaren kosmischen Nachbarschaft möglich. Andererseits verrät uns der Blick auf andere Sternsysteme deren Gesamtstruktur, die Bewegungsverhältnisse der Rotation, großräumige Massenverteilung und vieles mehr. Nur durch eine Wechselbeziehung der Blickrichtung von innen nach außen und umgekehrt und im Lernen und Übertragen des Erkannten von außen nach innen und umgekehrt erschließen sich uns die fernen Sterneninseln und unser eigenes Sternsystem.

Fernab großer Städte in mondlosen Nächten, besonders einprägsam im Sommer und im Herbst, fällt ein milchiges Band auf, das sich über unsere Köpfe hinweg am Himmelsgewölbe aufspannt: die Milchstraße. Das matt schimmernde Band ist zerfasert und zerrissen, gabelt sich im Sternbild Adler und läuft im Sternbild Skorpion wieder zusammen. Es umrundet die gesamte Himmelskugel. Wenn man ein Fernglas zur Hand nimmt, wird aus dem milchigen Band eine unendliche Anzahl schwach leuchtender Sterne. Da diese Sterne so zahlreich sind, reicht ihr Licht aus, um den dunklen Himmelshintergrund zu erhellen. In einer einzigen Nacht ist es nicht möglich, mehr als die Hälfte dieses Bandes zu sehen. Während des Jahreslaufs kann man auch Teile sehen, die man bei der ersten Beobachtung nicht erblicken konnte.

Um über das gesamte Milchstraßenband den Blick schweifen lassen zu können, müssen wir die Erde umrunden. Dabei erkennen wir, dass das Lichtband nicht gleichmäßig hell ist, sondern in einigen Himmelsregionen kräftig ausgedünnt. Die geschilderten Beobachtungstatsachen führen uns zu einem ersten Verständnis der Milchstraße. Die schwachen Sterne sind in einem schmalen Band, den Stern Sonne umschlingend, angeordnet. Der Stern Sonne muss also ein Teil dieses Sternenmeeres sein. Die räumliche Verteilung seiner Sterne ist sicherlich nicht gleichförmig, sondern scheibenförmig, denn wir sehen ja nur ein schmales Band. Den Ort der Sonne in dieser Sternscheibe können wir noch etwas genauer festlegen, wenn wir die Ausgeprägtheit des Milchstraßenbandes im Laufe eines Jahres verfolgen. So ist der südliche Sommer-Ast der Milchstraße außergewöhnlich reich an Sternen, sehr breit und leuchtend. Umgekehrt ist der Ast, der sich über das Sternbild Kassiopeia und die Wintersternbilder erstreckt, viel weniger reich an schwach leuchtenden Sternen und diffuser Helligkeit. Der Sternort der Sonne wird also in dieser Sternscheibe nicht zentral, sondern seitlich versetzt zu suchen sein. Somit ist das Milchstraßenband Folge eines Projektionseffektes. Schauen wir in die Ebene der Sternscheibe, liegen viele ferne Sterne hintereinander und verschmelzen für unser Auge, sodass wir einen milchigen Streifen sehen. Blicken wir senkrecht zur Milchstraßenebene in den Raum, nimmt die Sternenanzahl ab und auch andere Sternsysteme werden sichtbar. Die Milchstraße ist unsere Sterneninsel, alle mit freiem Auge sichtbaren Sterne gehören zu ihr.

Bei der Entschleierung *(7)* der Milchstraße – der Aufdeckung ihres räumlichen Aufbaus – waren die Gas- und Staubwolken zwischen den Sternen ein großes Hindernis. Wie Nebelbänke verstellen sie den Astronomen den Blick in die

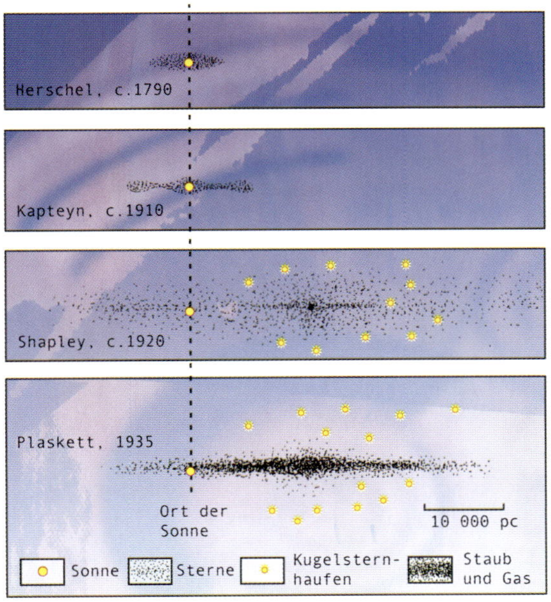

7 Die Entschleierung der Milchstraße

Tiefe des Raums. Wir erkennen sie als jene Sternenleeren, welche die Zerrissenheit des Lichtbandes der Milchstraße hervorrufen. In der Abbildung ist die allmähliche Entschleierung unseres Sternsystems dargestellt. Bis zum Beginn der ersten quantitativen Sternzählungen wurde das einzige Sternsystem – die Milchstraße – als unendlich ausgedehnt angesehen. Herschel begann dann um 1790 durch Sternzählungen die Grenzen des Milchstraßenbandes auszuloten. Er kam zur Vorstellung einer Sternenscheibe, in deren Mittelpunkt der Stern Sonne residierte. Es bedurfte dann noch mehr als hundert Jahre Forschung, bis sich zu Anfang des vergangenen Jahrhunderts durch den Holländer Kapteyn die Sternscheibe in Untergruppen aufzuspalten begann. Die genauere Untersuchung einer solchen Untergruppe, der kugelförmigen Sternhaufen nämlich, beförderte schließlich die Sonne aus dem Mittelpunkt des Milchstraßensystems heraus.

Shapley beschäftigte sich mit der Verteilung und Bewegung der Kugelsternhaufen. Dieser amerikanische Astronom fand heraus, dass die Untergruppe der Kugelsternhaufen völlig asymmetrisch zur Sonne lag. Die Sonne konnte also nicht Mittelpunkt der Kugelsternhaufenverteilung sein, und er schloss daraus, dass die Kugelsternhaufen symmetrisch zum Milchstraßensystem liegen müssten. Wiederum fünfzehn Jahre später, um 1920, wurde es zur Gewissheit: Durch Gas und Staub zwischen den Sternen waren die Entfernungsbestimmungen verfälscht. Stellt man die Absorptionen geeigneterweise in Rechnung, so entpuppt sich die Milchstraße als eine linsenförmige Scheibe mit der Sonne in exzentrischer Lage zur Scheibenmitte. Zu diesem Schluss kam man umso leichter, als zwischenzeitlich auch andere Sterneninseln, zum Beispiel der Andromedanebel, als solche erkannt wurden. Durch Vergleich mit diesen Inseln konnte die verborgene Struktur der Milchstraße erschlossen werden. Hier bewahrheitete sich die alte Erkenntnis: wer im Sternenwald steht, sieht nicht die Größe des Waldes.

Stillschweigend fand eine gewaltige Revolution in den zwanziger und dreißiger Jahren statt. Unser Weltbild änderte sich schlagartig. Die Sonne nicht im Mittelpunkt eines Sternsystems, sondern ein Stern unter Milliarden Sternen in einem Sternsystem, das wiederum nur eines – ein unwesentliches – unter Milliarden anderer Sternsysteme ist. Die Öffnung dieser kosmischen Horizonte beförderte uns aus dem bequemen Mittelpunktsdenken heraus. Am Stern Sonne hängen neun dunkle Körper, die Planeten. Sie erhalten Wärme und Licht vom Stern Sonne. Auf einem dieser Planeten hat die Evolution uns hervorgebracht. Und wir beobachten Milliarden anderer Milchstraßensysteme, ähnlich dem unseren. Auch deren Verteilung im Raum besitzt keinen Mittelpunkt.

Die Entschleierung unseres eigenen Sternsystems bedurfte der Entfernungsbestimmung von unzähligen Objekten. Die Gas- und Staubwolken mit ihrer nicht erkannten Wirkung narrten die Astronomen. Durch Vergleiche mit anderen Sternsystemen erschloss sich allmählich der Aufbau unserer eigenen Galaxis. In der Abbildung *(8)* ist der Ort der Sonne mit den benachbarten Spiralarmen auf ein ähnliches

Sternsystem projiziert. Bei diesem Blick von oben wird die Randlage der Sonne sehr deutlich. Für das Erarbeiten solcher Vergleiche bedurfte es wiederum einer Zeitspanne von mehr als dreißig Jahren. Durch mühsame Vermessung der Helligkeit von jungen Sternhaufen konnte man mehr oder weniger eindeutig einige Spiralarme in der Sonnenumgebung lokalisieren; dies war 1950. Solche Spiralarme sah man auch in anderen Sternsystemen. Es war eine zündende Idee, ebenfalls in unserem eigenen Milchstraßensystem nach diesen Strukturen zu suchen. Im Gegensatz zu den Kugelsternhaufen, die sphärisch symmetrisch um und in unserer Milchstraße verteilt sind, findet man die jungen offenen Sternhaufen vor allem in Spiralarmen. Unser Vergleichsbild macht auch deutlich, wie eingeschränkt der Umfang dessen ist, was wir im sichtbaren Wellenlängenbereich überblicken. Weniger als 25 Prozent unseres Sternsystems sind uns bei optischen Wellenlängen zugänglich. Den Rest verstellen die Nebelbänke aus interstellarem Staub durch Absorption. Solche Staubwolken können wir im Vergleichsbild an den Innenkanten der Spiralarme als dunkle Streifen erkennen. Trotz aller Anstrengungen war es der optischen Astronomie nicht möglich, weit in die Tiefen unseres Sternsystems zu blicken; Gas und Staub absorbieren zu viel Licht. Immer war nur der Nahbereich um die Sonne erfassbar. Das änderte sich schlagartig mit dem Aufkommen der Radioastronomie am Ende der vierziger Jahre. Die längeren Radiowellen, vom Gas zwischen den Sternen ausgestrahlt, durchdringen die dunklen Staubwolken. Weil das Gas in etwas höherer Konzentration in den Spiralarmen angesammelt ist, war es möglich, die großräumige Spiralstruktur unseres Milchstraßensystems grob zu kartieren. Im Gefolge dieser Kartierung wurde dann die optische Astronomie bei der Strukturfestlegung erfolgreich. Die Radioastronomie nutzte für ihre Kartierung der Galaxis deren Rotationsgesetz. Wie ein Feuerrad rotiert das Sternsystem um eine zentrale Achse, im Innenbereich schneller als im Außenbereich.

Unser Milchstraßensystem, wie andere Sternsysteme, ist aus vier Hauptkomponenten aufgebaut. Sie halten sich durch ihre gegenseitigen Anziehungskräfte im Wechselspiel mit den Zentrifugalkräften der Rotation das Gleichgewicht. Drei von ihnen sind gut bekannt: die flache Scheibe, der sphäroidale Zentralkörper und ein alles umhüllender Halo. Dieser Halo ist von den Kugelsternhaufen besetzt. Die vierte Komponente ist zur Zeit die geheimnisvollste: wir sehen überhaupt nichts von ihr; gleichgültig, bei welcher Wellenlänge wir beobachten. Sie heißt deshalb „Dunkle Materie". Dennoch ist sie vorhanden: unser Milchstraßensystem spürt sie durch die von ihr ausgehenden Anziehungskräfte. Die Rotationskurve unseres Sternsystems ist nur erklärbar, wenn wir annehmen, dass rund 80 Prozent aller Materie Dunkelmaterie ist, die von uns nicht beobachtet werden kann. Es ist die größte Herausforderung für die Astronomie nach der Jahrtausendwende, herauszufinden, was diese Materie ist. Es wird eine genauso wichtige Entdeckung sein wie die Entdeckung der Gas- und Staubwolken zwischen den Sternen.

Wechseln wir noch einmal die Wellenlänge und versuchen einen Blick in den Sternenwald der Milchstraße im fernen Infraroten. Auch mit diesen Wellenlängen können wir die Absorptionswände durchdringen. Die Beobachtungen sind allerdings nicht vom Erdboden aus möglich, sondern nur außerhalb der Erdatmosphäre. Ein Infrarot-Satellit hat bei 1.2, 2.2 und 3.4 mal 10^{-3} Millimetern Wellenlänge den ganzen Himmel abgetastet. Ein von ihm geliefertes Bild *(9)* in die Tiefen der Milchstraße gibt den Blick frei auf den Zentralkörper und den Kern unseres Sternsystems. Was uns sonst schon im Vordergrund verstellt ist, das Milchstraßenzentrum, es wird auf dieser Infrarot-Aufnahme wunderbar deutlich. Unser Sternsystem ist eine Diskusscheibe. Der Zentralkörper ist der Diskusbuckel. Hier leuchtet im Infraroten vor allem der kühle Staub, der in der Grundebene unserer Milchstraße konzentriert ist. Übrigens, wer es genau wissen will: die Entfernung der

8 Der Sonnenort, dargestellt in einer der Milchstraße ähnlichen fernen Spiralgalaxie

Sonne vom Milchstraßenzentrum beträgt rund vierundzwanzigtausend Lichtjahre und die Rotationsgeschwindigkeit der Sonne um das Zentrum sind zweihundertzwanzig Kilometer in der Sekunde.

Dunkle Materie

Dunkelmaterie ist für die heutige Astrophysik und Kosmologie so wichtig, dass wir ihr zwei Kapitel widmen werden. Daher – Dunkelmaterie zum ersten!

Das ist der endlose Weg der Wissenschaft: Ist eine Frage beantwortet, tauchen neue Fragen auf. Fragen, die durch neue Beobachtungen ausgelöst werden, oder Fragen, die sich im Rahmen eines theoretischen Modells ergeben. Diesmal waren es Beobachtungen, die zum Umdenken zwangen. Sie sind mit dem Namen einer Frau verknüpft, Vera Rubin. 1965 erhielt Vera Rubin als erste Frau die Erlaubnis, am Paloma Observatorium zu beobachten. Ihr Arbeitsschwerpunkt war die Dynamik von Sternsystemen, und sie begann deren Rotationskurven zu vermessen. An vielen Dutzenden von Galaxien untersuchte sie, wie sich die Drehgeschwindigkeit der Sterneninseln in Abhängigkeit von ihrem Radius verändert. Erwartet wurde das Gleiche wie bei der Drehbewegung unseres Planetensystems. Mit zunehmendem Abstand vom Massenzentrum, der Sonne, bewegen sich die Planeten immer langsamer auf ihren Ellipsenbahnen. Die Rotationskurve des Planetensystems ist also nach außen fallend. Ein Sternsystem mit seiner größeren Sternenverdichtung zum Zentrum hin sollte nun einen ähnlichen Verlauf seiner Rotationskurve zeigen. Die Rotationskurven der Sternsysteme sollten alle nach außen abfallen.

9 Die Milchstraße im Licht der Infrarotstrahlung. Unser Sternsystem ist eine Spiralgalaxie mit diskusförmiger Scheibe und einem ausgeprägten Zentralkörper

Vera Rubin beobachtete jedoch das Gegenteil. Die Rotationskurven blieben entweder auf dem gleichen Maximalwert der Geschwindigkeit oder stiegen sogar noch zum Rande der sichtbaren Galaxienscheibe hin an. Die Rotationsgeschwindigkeiten wurden also größer. Rotationskurven werden durch die Masse bestimmt. Je größer die Zentralmassen sind, und je mehr Masse in Scheibe und Hülle vorhanden ist, umso größer wird die Umlaufgeschwindigkeit von Sternen und Gaswolken, damit zwischen Anziehungs- und Fliehkräften Gleichgewicht herrscht. Das Nichtkleinerwerden der Drehgeschwindigkeit *(10)* bedeutet also folgerichtig die Existenz von unsichtbarer, nicht leuchtender Masse in allen Sternsystemen. Die Massenanteile müssen die Galaxien gleichförmig umhüllen und durchdringen, damit die Rotationskurven nicht absinken. In welchen Wellenlängenbereichen auch immer versucht wurde, diese Massenverteilungen nachzuweisen – sie blieben unsichtbar. Weder sendet diese Materie Radiostrahlung aus noch Röntgenstrahlung. Es ist also wirklich nichtleuchtende, dunkle Materie. Wir dürfen sie nicht verwechseln mit den Staubwolken zwischen den Sternen, die wir im Milchstraßenband als dunkle

Löcher sehen. Diese Staubwolken stehen wie Nebelbänke zwischen den Sternen und verschlucken deren sichtbares Licht, sind aber im Infrarotlicht ihrer Wärmestrahlung gut erkennbar.

Aus der Helligkeitsverteilung einer Galaxie lässt sich die Verteilung der leuchtenden Stern- und Gasmassen berechnen. Diese Massenverteilung sollte nach außen abfallende Rotationskurven zeigen. Da aber die Rotationskurven nach außen nicht abfallen, die Geschwindigkeiten also größer werden, muss nicht sichtbare Masse in den Sternsystemen vorhanden sein. Drehen wir jetzt den Spieß um. Aus den Rotationskurven der Galaxie lassen sich deren Gesamtmasse und die Massenverteilung innerhalb des Sternsystems errechnen; denn es wurde schon gesagt, dass Rotationskurven das Gleichgewicht zwischen der Anziehungskraft und der Fliehkraft beschreiben. Die Größe der Anziehungskraft ist aber durch die Masse bestimmt. Die aus den flachen Rotationskurven abgeleiteten Massen ergaben sich nun als bis zu neunzig Prozent größer als herkömmliche Massenbestimmungen über die Sternhelligkeiten. Aus der Summe der Sternhelligkeiten oder den Gesamtleuchtkräften einer Galaxie lässt sich, wie wir sahen, ebenfalls die Masse ableiten; es ist die Masse der leuchtenden, sichtbaren Materie.

Die Masse der leuchtenden Materie in einem Sternsystem beträgt im Mittel nur zwanzig Prozent der aus den Rotationskurven abgeleiteten Gesamtmasse. Diese nicht sichtbare und deshalb Dunkelmaterie genannte Masse zeigt sich uns nur durch die Wirkung ihrer Anziehungskraft über die ausmessbaren Rotationskurven der Sternsysteme.

Die astronomische Welt begann in den neunziger Jahren immer mehr den Atem anzuhalten. Es gab die Dunkle Materie; an ihr führte kein Weg vorbei. Woraus sie besteht, weiß bis heute niemand. Aber eines wurde auf das Dramatischste klar. Nur zehn bis zwanzig Prozent der Materie, aus der Sternsysteme bestehen, aus der letztendlich der gesamte Kosmos besteht, sind über die Abstrahlung elektromagnetischer

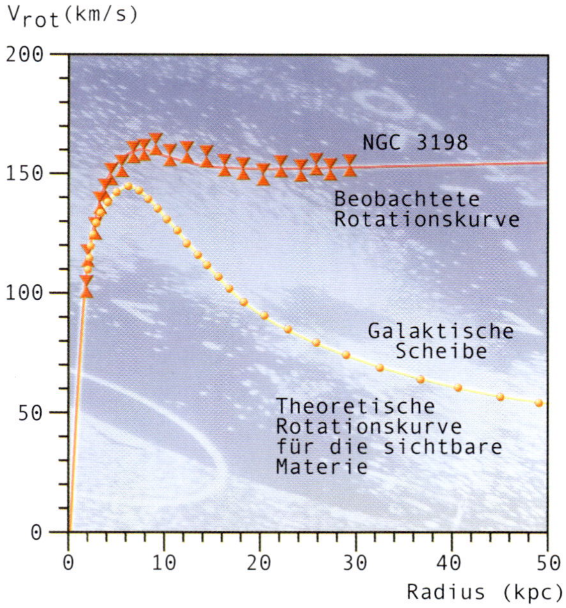

10 Die flache Rotationskurve eines Sternsystems

Wellen beobachtbar. Der Rest entzieht sich zur Zeit unserer direkten beobachtungstechnischen Betrachtung. Die leuchtenden Galaxien sind also nur Schaumkronen in einem Ozean aus Dunkler Materie. Rund achtzig Prozent der Masse des Weltalls sind uns verborgen, vielleicht sogar noch mehr! Sie können nur indirekt über die Rotationskurven der Galaxien oder über Galaxienbewegungen errechnet werden.

Mit Hilfe physikalischer Gesetze erklären wir astronomische Beobachtungen. Diese physikalischen Gesetze führen uns plötzlich in unbekannte Wissensgegenden. Die Entschlüsselung der Rotationskurven zwingt uns, die Existenz gewaltiger Mengen nicht leuchtender Materie anzunehmen. Dies wiederum bedeutet: wir begreifen und erfassen nur einen Bruchteil der Weltmaterie. Es bilden also nicht Sterne, Sonnen wie unsere Sonne, den Hauptteil der Masse des Weltalls, sondern ein uns bisher noch nicht zugängliches Substrat. Von diesem wissen wir nur, dass es Anziehungskräfte ausübt.

Ein neuer Markstein unserer Welt wird erkennbar. Und es ist wie so oft in der Astronomie: nicht der direkte Sinneseindruck hat recht.

11 Ein sehr ferner Galaxienhaufen und die gemessene räumliche Galaxienverteilung für einen kleinen Himmelsausschnitt; der Beobachter in der Milchstraße (Position Sonnenort) sitzt in der Mitte des Doppelkegels und blickt in den Raum hinaus. 106.688 Galaxien sind hier erfasst

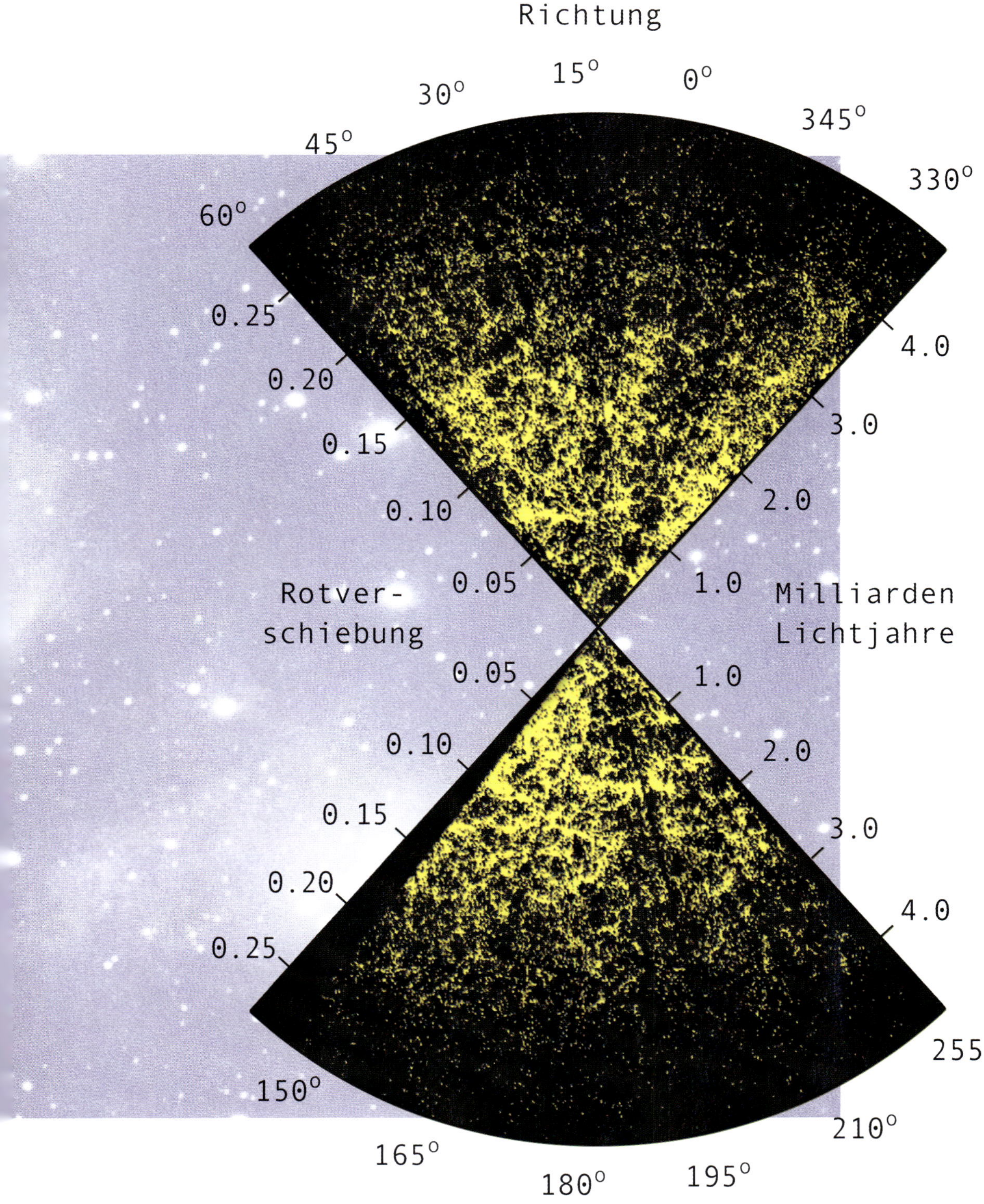
Richtung
15°
0°
30°
345°
45°
330°
60°
0.25
4.0
0.20
3.0
0.15
2.0
0.10
0.05
1.0
Rotver-
schiebung
Milliarden
Lichtjahre
0.05
1.0
0.10
2.0
0.15
3.0
0.20
4.0
0.25
255
150°
210°
165°
180°
195°

Der direkte Sinneseindruck täuscht. Wir haben dies in der Geschichte der astronomischen Wissenschaft schon oft erfahren. Die Erde erleben wir mit unseren Sinnen als Scheibe. Der direkte Sinneseindruck sieht eine über den Horizont aufsteigende Sonne, und die Scheibenerde scheint zu ruhen.

Die leuchtenden Galaxien, sie sind nicht die wahren Bausteine des Kosmos, sondern die dahinter liegende Dunkelmaterie. Die Galaxien sind lediglich kleine Leuchtfeuer, kosmischer Puderzucker auf einem unbekannten Teiggemisch. Wir müssen uns heute mit diesem Puderzucker begnügen, um etwas über die Welt im Großen zu erfahren. Es fällt schwer, anzuerkennen, dass es Materie geben soll, die unsichtbar ist und dennoch alles Sichtbare beeinflusst. Um uns daran zu gewöhnen, suchen wir weitere Orte, wo Dunkelmaterie nachweisbar wird. Nicht nur bei Einzelgalaxien ist sie im Spiel, auch auf der nächst höheren Stufe der kosmischen Hierarchie taucht Dunkelmaterie als Gestalterin auf, nämlich bei den Galaxienhaufen.

Die räumliche Struktur des Kosmos erschließt sich uns durch die Verteilung der Galaxien in der Himmelssphäre und durch Messung der Galaxienentfernungen. Es ist ähnlich wie bei der räumlichen Einordnung von Landschaftsmerkmalen. Für Hügel, Haus, Baum und Wasserlauf finden wir über unsere Blickrichtung deren Verteilung entlang dem Horizont. Unser Sehapparat schätzt dann die Entfernungen und vermittelt die räumliche Einordnung: Haus näher als Wasserlauf, dahinter der Hügel mit Baum. Nach diesem Schema wird auch die räumliche Struktur des Kosmos, seine Materieverteilung, vermessen.

Das uns durch Beobachtung zugängliche Universum ist teilweise klumpig. Die einzelnen Sterninseln stehen nicht allein im Raum; sie sind, anschaulich gesprochen, zu Inselgruppen, zu Galaxienhaufen *(11)* zusammengeklumpt. Und selbst diese Galaxienhaufen sind in einer noch höheren Hierarchiestufe zu Superhaufen geordnet, als Haufen von Haufen. Erst nach dieser höchsten Ordnungsstufe scheint die Inhomogenität in eine Homogenität überzugehen. Doch die Beobachtungen können täuschen. Da wir nicht weiter als bis zu den großen Strukturen der Superhaufen blicken können, ist die gleichförmige Verteilung von komplexen Strukturen im Kosmos nur eine rechnerische Vermutung.

In Galaxienhaufen stehen tausend bis zehntausend Galaxien in unmittelbarer Nähe zueinander. Nähe heißt hier aber immer noch Abstände von ein bis zwei Millionen Lichtjahren. Die Untersuchung der Galaxienhaufen begann um 1960 und gipfelte um 1981 in der Entdeckung gewaltiger Leerräume im Kosmos. In der Tat, der Raum des Universums ist leer und nur von den Galaxien-Superhaufen durchsetzt. Die leuchtende Materie des Universums ist in diesen Superhaufen enthalten. Dazwischen tun sich galaxienfreie Leerräume auf. Die Superhaufen können langen gewundenen Ketten ähneln, in denen die Galaxienhaufen sich wie die Perlen einer Halskette reihen. Die Größe der Superhaufen kann bis zu einer Milliarde Lichtjahre betragen. Die Leerräume haben Durchmesser von einigen hundert bis zweihundert Millionen Lichtjahren. Es wäre zu erwarten, dass in solchen Leerräumen ungefähr zehntausend Galaxien zu finden sind; jedoch – verblüffend genug – gibt es dort keine Galaxien. Der räumliche Schnitt durch das Universum enthüllt eine schwammartige Materieverteilung. Die Schwammwände stellen die Galaxienhaufen und Superhaufen dar; dazwischen leere große Blasen, in denen keine Materie nachgewiesen werden kann.

Dunkelmaterie taucht für unsere Beobachtung nicht nur in einzelnen Galaxien und deren Umgebung auf, sondern auch in und um Galaxienhaufen und dazwischen. Die Galaxien in Galaxienhaufen bewegen sich auf komplizierten Bahnen. Ein Vergleich mit einem Ameisenhaufen bietet sich an. Das Zentrum der Ameisenwege ist der Ameisenhügel, an den die Tiere kraft ihrer Art gebunden sind. Die Galaxien sind über ihre gemeinsamen Anziehungskräfte gleichfalls an den Haufen gebunden. Ihre Gesamtheit ist das, was der Beobachter als Galaxienhaufen erkennt. Die individuellen Fliehkräfte sollen den Anziehungskräften das Gleichgewicht halten, um einen stabilen Haufen zu garantieren. Die Größe der Anziehungskraft verhält sich wiederum proportional zur Gesamtmasse des Galaxienhaufens. Misst man die Geschwindigkeiten der Galaxien, so stellt man fest, dass diese Geschwindigkeiten weitaus größer sind, um eine Anziehungskraft zu kompensieren, die nur von der Menge der leuchtenden Materie im Haufen bestimmt wird. Die sichtbare Anzahl der Galaxien ist zu klein, um ihre individuellen Haufengeschwindigkeiten zu erklären. Es muss daher, um die Gleichgewichtsverteilung zwischen Anziehungskräften und Fliehkräften zu sichern, noch unsichtbare Materie in den Galaxienhaufen vorkommen: die Dunkle Materie, wiederum in einer Menge von rund achtzig Prozent, bezogen auf die leuchtende Materie. Dunkle Materie scheint auf allen kosmischen Hierarchiestufen aufzutreten. Wo leuchtende Materie von uns beobachtet wird, dort wird auch Dunkelmaterie nachweisbar.

Dreihundert Jahre hat es gedauert, bis unser astronomisches Weltbild von einer unendlich ausgedehnten Sternscheibe zu einem Sternsystem, der Milchstraße, schrumpfte. Rund siebzig Jahre dauerte es, um aus unserer Milchstraße heraus die dreidimensionale Materieverteilung des Kosmos abzuleiten. Aus den rund hunderttausend Lichtjahren Durchmesser unserer eigenen Galaxie wurden einige zehn Milliarden Lichtjahre beobachtbaren Kosmos.

Und dieser beobachtbare Kosmos ist zu achtzig Prozent Dunkle Materie, die heute noch all unseren Beobachtungsbemühungen verschlossen ist. Seit zwanzig Jahren wissen wir um diese Eigenschaft des Weltalls. Die kopernikanische Revolution, die unsere Erde aus dem Mittelpunkt des Sonnensystems herausnahm, ist harmlos gegen das, was wir heute bewältigen müssen: die uns zugängliche Materie, die sichtbare Welt ist die Schaumkrone eines überall vorhandenen, uns unbekannten Materiesubstrats.

Die bedeutenden Weitungen unserer kosmischen Horizonte hingen stets zusammen mit neuen technischen Entwicklungen und dem Fortschreiten wissenschaftlicher Erkenntnis. Ohne verbesserte größere Teleskope und empfindlichere Empfangseinrichtungen, aber auch ohne die Ausnutzung anderer Wellenlängen im Infrarot-, im Röntgen- und im Radiobereich wäre unser Blick beschränkt geblieben auf die engen Räume der eigenen Milchstraße.

ε
δ
β
γ

E O
Aug 15
Regulus
SEXTANS
Alphard
H Y D R A
P Y X I S

Raum und Zeit – ohne Anfang, ohne Ende

Wenn etwas keinen Anfang und kein Ende hat, dann sprechen wir von Unendlichkeit. Unendlichkeit ist natürlich nicht vorstellbar. Beim Zählen können wir uns noch am leichtesten mit einer stetigen Fortsetzung vertraut machen. Wir denken uns eine sehr große Zahl, aber stets lässt sich diese Zahl um eine Einheit vergrößern. Und schon sind wir auf dem Zahlenstrahl eine Stufe weitergerückt. Und so fort, oder wie es so schön heißt, in alle Ewigkeit. Wir gelangen zählend in die Unendlichkeit.

In der Geometrie gibt es eine ähnliche Überlegung mit zwei sich schneidenden Geraden. Wann schneiden sich zwei parallele Geraden? Wenn wir die Geraden stark gegeneinander neigen, dann am Ende der Wandtafel – wir erinnern uns an die Schulzeit! Kippen wir sie schwächer, so lässt sich vorstellen, dass sie sich irgendwo auf dem Schulhof oder am Stadtrand schneiden. Lassen wir die Neigung gegen Null gehen, also parallel werden, so leiten uns die Anschauung oder unser geometrisches Gefühl, dass sie sich nie schneiden – oder vielleicht doch im Unendlichen? Gerade dieses Schneiden wird in der uns vertrauten euklidischen Geometrie durch das Parallelenaxiom ausgeschlossen. Zwei parallele Gerade schneiden sich nie, und die Winkelsumme in einem Dreieck ist stets 180 Grad. Unsere dreidimensionale euklidische Geometrie, an die wir gewöhnt sind, macht dies plausibel. Doch Achtung! Denken wir uns eine Kugel. Wir umschreiben der Kugeloberfläche *(12)* einen Äquator. Senkrecht zum Äquator, der beliebig gewählt ist, zeichnen wir nun zwei Geraden ein. Sie liegen auf der Kugeloberfläche an. Verlängern wir sie Stückchen um Stückchen, werden wir feststellen, dass sich auf der gekrümmten Oberfläche die beiden Geraden am Pol schneiden. In dieser nicht euklidischen Geometrie auf der gekrümmten Kugeloberfläche ist die Winkelsumme in einem Dreieck größer als 180 Grad. Vorsichtig geworden beim blinden Vertrauen in unsere unmittelbaren Sinneseindrücke, stellen wir also fest, dass allen Anschein nach in diesem Falle Unendlichkeit etwas mit der Geometrie zu tun hat, mit der wir die Welt zu beschreiben versuchen.

Die Zeit und der dreidimensionale Raum sind die Träger der Welt unserer Sinne. Unsere Sinne wiederum werden von materiellen Strukturen – Molekülen – getragen. Die tatsächliche Welt, die Welt außerhalb unserer Sinne, ist für uns nicht wahrnehmbar.

Eine eindimensionale Figur kann eine Linie sein; in zwei Dimensionen wird daraus zum Beispiel ein Quadrat. Um einen Kubus entstehen zu lassen, benötigen wir drei Dimensionen. Durch hinzufügen beliebig vieler Dimensionen ist dies verallgemeinerbar. Ein Hyperkubus, der sich in vier Richtungen erstreckt, wäre ein Gebilde, bei dem jede Richtung auf den anderen dreien senkrecht steht. Die Mathematik kann solche geometrischen Eigenschaften beschreiben. Formal gibt es keinen Grund, warum eine Vierer-Welt nicht existieren sollte. Die Eigenschaften höher dimensionaler euklidischer Räume lassen sich mathematisch darstellen. Unsere Vorstellungskraft, eingefangen in einen euklidischen Dreier-Raum und versehen mit einem einzigen vorwärtseilendem Zeitpfeil, der biologischen Lebensuhr, diese Vorstellungskraft kann Vierer-Räume nicht anschaulich werden lassen. Was mathematisch höher dimensional exakt beschreibbar ist, das muss von uns in unsere Dreier-Räume rückübersetzt werden, um anschaulich zu sein.

Zwischen 1825 und 1830 entdeckten unabhängig voneinander Janos Bolyai, Carl Friedrich Gauß und Nikolai Lobatschewski geometrische Formalismen, die das Parallelenaxiom nicht enthalten. Alle übrigen Axiome und Sätze der euklidischen Geometrie blieben jedoch erfüllt. Die Möglichkeit solcher Geometrien beweist so die Existenz nichteuklidischer Geometrien überhaupt. Sie zeigt aber auch die Notwendigkeit, ein Parallelenaxiom postulieren zu müssen, um die euklidische Geometrie widerspruchsfrei zu machen. Die Anwendung dieser Geometrien auf den Kosmos wurde 1850 von dem Berliner Astronom Zöllner erwogen. Aber erst 1917 konnte Albert Einstein diese Geometrien erfolgreich auf die Welt im Großen, den Kosmos, anwenden.

Astronomische Beobachtungen des zwanzigsten Jahrhunderts brachten eine neuerliche entscheidende Änderung unserer Weltsicht auf den Weg. Zeit und Raum auf kosmischen Skalen entziehen sich unserem sinnlichen Vorstellungsvermögen. Wie müssen sie beschrieben und verstanden werden, um die Beobachtungen der Astronomen zu deuten?

Der dunkle Nachthimmel

Das Weltall und die kosmische Materieverteilung darin sind räumlich und zeitlich unendlich. Dies behaupten wir. Sehr schön, denn wenn das Weltall unendlich ist, erübrigt sich die Frage, was daneben oder dahinter oder dort zu finden ist, wo das Weltall aufhört und was im Anfang oder am Ende sein wird. Lukrez, ein Naturphilosoph in römischer Zeit, 75 vor unserer Zeitrechnung, vertrat diese Meinung und später, 1600, Giordano Bruno und Newton, 1700. Die Endlichkeit der kosmischen Materieverteilung behaupteten hingegen Aristoteles, 386 bis 322 vor unserer Zeitrechnung, oder 1542 Kopernikus, 1610 Kepler und viele andere Denker und Astronomen der vorigen Jahrhunderte.

Um zu einer Entscheidung oder zumindest zu einem weiterführenden Denkansatz zu kommen, fragen wir, weshalb der Nachthimmel dunkel ist. Weil sich die Erde dreht, die Sonne untergeht und wir als Nacht den Erdschatten erleben können; diese Antwort ist sicher zu einfach. Denn es gibt doch auch andere Sterne und Galaxien. Wo bleibt deren Licht? Deren Licht ist zu schwach, um die Nacht zu erhellen, behaupten wir naiv.

Stellen wir uns vor, ein Spaziergang führt uns in einen tiefen Wald. Unser Blick stößt mit zunehmender Entfernung auf immer mehr Baumstämme und schließlich verstellt eine fast gleichförmige Baumwand den Blick. Wir sehen in die Tiefe des Waldes hinein, aber nur bis in eine Entfernung, die abhängig ist vom gegenseitigen Abstand der Bäume und den Baumdurchmessern. Beträgt die Fläche des Waldbodens, die im Mittel von einem Baum abgedeckt wird, 25 Quadratmeter und haben die Baumstämme einen Durchmesser von einem halben Meter, so ist die maximale Blickweite 25 durch 0,5 gleich 50 Meter. Die weiter entfernten Bäume sind nicht mehr sichtbar. Sie sind durch die Vordergrundbäume verstellt.

Wir stellen uns jetzt ein unendlich großes Universum vor, das gleichförmig mit Sternen angefüllt ist. Dabei sehen wir davon ab, dass einzelne Sternsysteme die kosmischen Bausteine

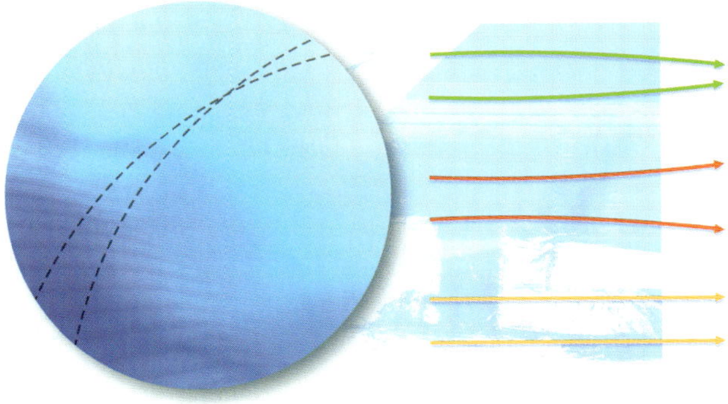

12 Die Geometrie auf einer Kugel weicht von der euklidischen Geometrie ab

13 Die aufeinander folgenden Kugelflächen mit stets gleicher Sternenanzahl bei den Überlegungen zum dunklen Nachthimmel

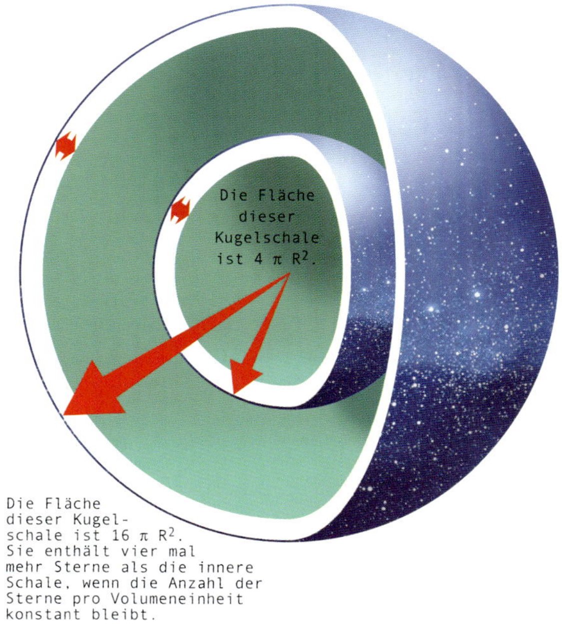

sind. Wir verstreichen deren Sterninhalte gleichförmig im Raum. Dieses unendliche, gleichförmig mit Sternen besetzte Universum teilen wir nun in Kugelschalen gleicher Dicke. Wir wissen, dass diese Kugelschalen *(13)* gleichmäßig mit Sternen besetzt sind. Die Oberflächen solcher geschachtelter Kugelschalen um uns herum wachsen mit dem Quadrat der Entfernung an. Da die Sterne auf jeder Kugelschale gleichförmig verteilt sind, wächst die Sternanzahl N auf jeder Kugelschale ebenfalls mit dem Quadrat des Kugelschalenradius r; N verhält sich also proportional zu r^2.

In einem unendlichen Universum gibt es unendlich viele Kugelschalen. Der Nachthimmel müsste also unendlich hell sein. Da er dies nicht ist, kann auch das Universum nicht unendlich groß sein.

In diesem Sachverhalt liegt mehr als der Schlüssel zum Verständnis der Dunkelheit des Nachthimmels verborgen. Dieser Sachverhalt wird uns zu vielen grundsätzlichen Fragen führen. Wie alt werden Sterne überhaupt? Ist der Raum wirklich euklidisch oder ist er gekrümmt? Was bedeutet die Expansion des Universums? Nun, eines ist schon sicher: der Nachthimmel ist dunkel. Ein unendlich großes oder ein unendlich altes Universum gibt es also nicht; denn so lauteten unsere Annahmen. Wo liegen aber nun die räumlichen und zeitlichen Grenzen des Universums? Um darauf eine Antwort zu finden, müssen wir zunächst noch einige Wissensbausteine zusammentragen.

Warum leuchten die Sterne?

Wie die Beobachtung des dunklen Nachthimmels uns etwas über den Kosmos als Ganzes verrät, so können uns Sternbeobachtungen mit unbewaffnetem Auge ebenfalls etwas Wichtiges über die Sterne verraten und viele Fragen auslösen. In dunkler Nacht erkennt man die Farben der Sterne; sie erscheinen uns weißlich, bläulich, gelblich und rötlich. Also sind nicht alle Sterne gleichartig. Die Farben der Sterne geben uns Auskunft über ihre Oberflächentemperatur. Weißlich oder bläulich schimmernde Sterne haben Oberflächentemperaturen bis vierzigtausend Grad und mehr. Gelblich schimmernde Sterne werden von Temperaturen zwischen zehntausend und sechstausend Grad geprägt und rötlich leuchtende Sterne sind immer noch zwischen fünftausend und viertausend Grad heiß. Der Stern Sonne hat eine Oberflächentemperatur von rund sechstausend Grad. Er würde uns in der Entfernung von einigen Lichtjahren leicht gelblich erscheinen.

Sterne strahlen Licht ab. Wir wollen hierunter aber auch elektromagnetische Wellen in anderen Wellenlängenbereichen verstehen: Wärmestrahlung, Radiostrahlung oder Röntgenstrahlung. Sterne geben also Energie ab. Wir nennen diese Energieabgabe Leuchtkraft, und daher müssen Sterne auch Energie erzeugen. Die unterschiedlichen Farben, das heißt Oberflächentemperaturen, weisen darauf hin, dass unterschiedlich große Energiemengen von den Sternen abgestrahlt werden.

Obwohl Pflanzen in den unterschiedlichsten Varianten vorkommen können, so besitzen sie dennoch strukturelle Gemeinsamkeiten: Wurzeln, Blätter, Leitungssysteme für Flüssigkeiten, Energieumsetzung. Dies gilt auch für die Sterne. Alle Sterne haben einen ähnlichen inneren Aufbau. Das wesentlichste Kennzeichen eines Sterns ist seine Energieerzeugung. Dieses Kriterium erlaubt auch eine eindeutige Unterscheidung zu den Planeten. Planeten erhalten ihre Energie von den Sternen. Der kalte Planet Erde wird vom Stern Sonne beleuchtet und erwärmt. Aus der Erdgeschichte wissen wir, das die Energieabstrahlung der Sonne über Milliarden von Jahren im Großen und Ganzen unveränderlich gewesen sein muss. Sterne müssen daher gewaltige Energievorräte besitzen. Die stellare Energieerzeugung muss ferner so arbeiten, dass der innere Gleichgewichtszustand *(14)* eines Sterns nicht gestört wird.

Masse und chemische Zusammensetzungen eines Sterns sind die Grundparameter, die den Aufbau eines Sterns festlegen. Die Masse steuert die Energieerzeugung und diese wiederum Temperatur und Leuchtkraft eines Sterns. Sterne sind Gaskugeln; deren Gleichgewichtsfigur durch das Wechselspiel zwischen Innendruck und eigener Anziehungskraft entsteht. Die eigene Massenanziehung des Sterns will die Gaskugeln weiter verdichten, der Innendruck, aufrechterhalten durch die Temperatur der Energieerzeugung, versucht den Stern auseinander zu drücken. Folge dieses Wechselspiels ist ein stabiler Stern, eine heiße, selbstleuchtende Gaskugel mit einem bestimmten Durchmesser.

Neben der Energieerzeugung ist die gleiche oder fast gleiche chemische Zusammensetzung der Sterne bemerkenswert. Ein typischer Stern wie die Sonne besteht aus 75 Prozent Wasserstoff und 23 Prozent Helium, alle übrigen chemischen Elementen zusammengenommen machen nur rund zwei Prozent der Gesamtmasse aus.

Um den physikalischen Zustand eines Sterns zu beschreiben, fehlt uns noch ein Begriff: das Sternalter. Zu unserem besseren Verständnis machen wir wiederum eine Begriffsanleihe in der Biologie. Dort wird die zeitliche Entwicklung eines Individuums als Altern bezeichnet. Was verstehen wir unter der zeitlichen Entwicklung eines Sterns? Unter Altern oder Sternentwicklung verstehen wir, wie sich Sterneigenschaften – Durchmesser, Helligkeit, chemische Zusammensetzung – unter dem Einfluss der Energieerzeugung, also des Brennstoffverbrauches, ändern. Sterne bilden sich neu, Sterne altern, Sterne verlöschen!

Beim Aufpumpen eines Fahrradschlauches ist es uns schon aufgefallen: die Luftpumpe wird warm. Gas, das heftig zusammengedrückt wird, erwärmt sich. Gas in einem Sternzentrum, unter dem Druck der darüber geschichteten Gasmassen, wird heiß und immer heißer. Im Sonnenzentrum zum Beispiel herrschen rund zwölf Millionen Grad. Die Temperatur ist aber nichts anderes als Bewegungsenergie, also hohe Geschwindigkeit der Gaspartikel der Wasserstoff- und Heliumatome, die natürlich bei die-

14 Gleichgewicht eines Sterns zwischen Innendruck und eigener Anziehung

sen Temperaturen ihre Elektronenhüllen verloren haben. Da Wasserstoff das häufigste chemische Element im Stern ist, werden die Wasserstoffkerne im Sternzentrum überwiegen. Der Wasserstoffkern ist das Proton. Es wirbeln also die Protonen durcheinander und dabei stoßen diese Teilchen zusammen.

Zwischen 1930 und 1940 wurde das Rätsel der stellaren Energieerzeugung gelöst. Sterne gewinnen ihre Energie aus Atomkernreaktionen. In den Sternzentren liegen die Temperaturen im Mittel bei zwölf Millionen Grad und mehr. Die Atomkerne bewegen sich mit riesigen Geschwindigkeiten und stoßen häufig miteinander zusammen. Protonen und Heliumkerne stoßen nicht gleich häufig; denn je leichter ein Kern ist, desto häufiger finden Stöße statt. Einerseits, weil die leichteren Protonen sich schneller bewegen, andererseits, weil sie nur eine positive Ladung tragen; Heliumkerne hingegen tragen zwei positive Ladungen, stoßen sich deswegen stärker ab und sind obendrein schwerer und viel seltener als Protonen. Die Protonen wechselwirken miteinander. Somit besteht eine bestimmte Wahrscheinlichkeit dafür, dass sie ihre abstoßende gleichnamige Ladung überwinden und von den sogenannte Kernkräften zusammengehalten werden. Sie bleiben aneinander kleben. Diesen Vorgang nennt man Kernfusion, und die Kernfusion ist der Schlüssel der Energiegewinnung der Sterne. Bei der stellaren Kernfusion wird aus vier Wasserstoffkernen, aus vier Protonen, ein Heliumkern:

$$4\,H \rightarrow He$$

Die dabei frei werdende Energie speist die Sterne.

Ein Sternenleben

Es wurde schon einmal angedeutet: Sterne entstehen, Sterne altern, Sterne verlöschen. Die letzten siebzig Jahre astronomischer Forschung deckten die endliche Lebensdauer eines Sternenlebens auf. Die sich auf Grund von eigener Energieerzeugung entwickelnden kosmischen Gaskugeln, die Sterne, können nur endliche Zeitspannen Energie erzeugen und von ihren Wasserstoffvorräten zehren. Fortlaufend neue Sternentstehung, und damit verbunden die Entstehung von Planetensystemen, und das Sterben der Sterne – das ist heute durch Beobachtungen gut belegt. Wir werden im nächsten Kapitel über Sternentstehung ausführlicher zu reden haben. Nun schauen wir uns an, wie Sterne altern. Das Altern der Sterne ist abhängig von der Energieumsetzung und den Brennstoffvorräten, dem Wasserstoff, den ein Stern besitzt.

Sterne erzeugen ihre Energie durch den Prozess einer selbstkontrollierten Kernfusion. Sterne sind in sich rückgekoppelte Energieerzeugungsmaschinen. Stellen wir uns eine Störung in der stellaren Energieerzeugung vor. Es wird mehr Energie erzeugt, als der Stern abstrahlen kann. Zusätzlich erzeugte Energie würde den Stern zur Vergrößerung seines Radius zwingen; der Stern vergrößert dadurch aber auch seine Oberfläche. Es kann das Zuviel an Energie abgestrahlt werden. Gleichzeitig wird durch die Ausdehnung des Sterns die Temperatur im Kernbereich herabgesetzt. Damit wird die Energieerzeugungsrate verkleinert; der Innendruck sinkt, der Radius schrumpft und der alte Zustand wird wiederhergestellt. Denn wenig Energie, das heißt geringerer Innendruck, lässt den Stern zusammensacken. Bei einer Energieunterproduktion findet der umgekehrte Vorgang statt. Der Stern schrumpft leicht, die Temperatur steigt im Kern an, die Energieproduktion nimmt zu. In allen Sternen ist diese Selbstregelung eingebaut. Sie sorgt auch dafür, dass Sterne keine größeren Massen als hundert Sonnenmassen haben können.

Die Energieerzeugung im Stern und damit dessen Leuchtkraft ist zur dritten Potenz der Sternmasse proportional. Je mehr Masse ein Stern besitzt, um so verschwenderischer geht er bei der Energieerzeugung damit um. Ein Stern von hundert Sonnenmassen verfügt über eine Leuchtkraft, die eine Million mal größere ist als die eines Sternes von einer einzigen Sonnenmasse. Die Energieerzeugung bei noch größeren Massen als hundert Sonnenmassen würde einen so großen zusätzlichen Innendruck über Strahlung erzeugen, dass der Stabilitätsmechanismus nicht funktionieren könnte. Die eigene Massenanziehung des Sterns kann dann dem nach außen gerichteten Innendruck nicht mehr das Gleichgewicht halten. Der Stern löst sich selbst auf. Ein Stern wird nicht zum Stern, wenn seine Masse kleiner als ein Zehntel der Sonnenmasse ist. In solch einer Gaskugel ist der Innendruck und die Temperatur zu klein, um die Kernfusion in Gang zu setzen. Für eine Gaskugel mit weniger als einem Hundertstel Sonnenmasse schließlich öffnet sich der Entwicklungsweg zum Planeten. Alle bisher vermessenen Sterne haben Massen zwischen einem Zehntel und hundert Sonnenmassen. Die Mehrzahl der Sternmassen liegt im Bereich kleiner als eine Sonnenmasse. Im Zwischenbereich von einem Zehntel bis einem Hundertstel Sonnenmassen wurden neuerdings Objekte entdeckt, denen die Entwicklung einerseits zum Stern verwehrt ist, während andererseits ihre Masse und eine damit verknüpfte minimale Energieerzeugung noch zu groß ist, um sie als Planeten ansprechen zu können. Man nennt sie Braune Zwergsterne.

Braune Zwergsterne

Nicht im Märchenland befinden sich die Astronomen, wenn sie nach Braunen Zwergen suchen. Braune Zwerge, genauer gesagt, Braune Zwergsterne, sind Sterne, die weder vollwertige Sterne sind noch zu den Riesenplaneten gezählt werden können. Ist die Masse der Gaskugel kleiner als ein Zehntel Sonnenmasse, ist keine Kernfusion möglich. Der Gasball zieht sich zwar unter der eigenen Anziehungskraft weiter zusammen, bleibt aber eine höchstens warme Gaskugel mit entsprechend kleiner Abstrahlung. Braune Zwergsterne haben Oberflächentemperaturen zwischen dreitausend und zweitausend Grad und eine um das tausend- bis hunderttausendfache geringere Helligkeit als die Sonne.

Braune Zwergsterne sind lediglich sternähnliche Objekte sehr kleiner Masse. Da sie ihre Energie nicht über Kernfusionsprozesse erzeugen, sind sie im eigentlichen Sinn keine Sterne. In den Gas- und Staubwolken unserer Milchstraße entstehen fortlaufend neue Sterne. Es gibt keinen Grund, weshalb Gaskugeln mit einer Masse kleiner als ein Zehntel Sonnenmasse nicht auch entstehen sollten. In den Planeten und den kürzlich neu entdeckten Planetensystemen beobachten wir kosmische Gaskugeln, die ein Tausendstel Sonnenmassen und weniger besitzen, also massenmäßig noch kleiner sind als Braune Zwergsterne.

Die Braunen Zwergsterne passen also genau in eine Masselücke bei der Entstehung von Sternen und Planeten. Grund genug für die Astronomen, sich an ihrer Beobachtung und somit ihrem Nachweis zu versuchen. Für eine Massenlücke von rund zwei Zehnerpotenzen zwischen den massenärmsten Sternen und den massenreichsten Planeten gibt es keine plausible Erklärung.

Die geringe Temperatur der Braunen Unsterne lässt sie ihre Restenergie bei infraroten Wellenlängen abstrahlen. Braune Zwerge sollten aber auch das Element Lithium im Übermaße enthalten. Da die Temperaturen im Sterninneren niedrig sind, wird dieses Element nicht zerstört. Infrarotstrahlung und Lithiumhäufigkeit sind also die Suchkriterien, mit denen zum Beispiel der Sternhaufen der Plejaden nach Braunen Zwergsternen durchforscht wurde. Zwei Forscherteams wurden dort fündig. Eines arbeitete mit Teleskopen, die in dem Teide-Observatorium auf der Insel Teneriffa stehen, das andere arbeitete mit dem zur Zeit größten Teleskop auf Hawai, mit einem Spiegeldurchmesser von zehn Metern. Zwei sternähnliche Objekte wurden entdeckt, deren Massen bei 0,078 und 0,03 Sonnenmassen liegen.

Im Sternbild Hydra, als Begleiter des Sterns TWA-5A, wurde mit dem neuen Großteleskop der Europäischen Südsternwarte ebenfalls ein Brauner Zwerg gefunden. In neunhundert Jahren umkreist dieser nur zwölf Millionen Jahre alte Stern seinen Hauptstern. Die Entfernung dorthin beträgt hundertachtzig Lichtjahre. Für die Leuchtkraft des Braunen Zwergsterns ergibt sich ein Fünfundzwanzigstel der Sonnenleuchtkraft. Die Oberflächentemperatur liegt bei nur 2200 Grad. Dieser Braune Zwergstern ist rund dreißig Mal massenreicher als der größte Planet unseres Sonnensystems, nämlich Jupiter.

Wie kommen die Astronomen eigentlich auf den Namen Braune Zwergsterne? Nun, es gibt Sterne, die sind tausendmal größer als der Stern Sonne. Solche Sterne nennt man Riesensterne. Die Sonne ist im Vergleich dazu ein Zwergstern. Es gibt heiße Zwergsterne, die werden Weiße Zwergsterne genannt. Es gibt kühle Zwergsterne, die heißen Rote Zwerge und es gibt die jetzt entdeckten kalten Unsterne, die keine Fusionsenergie erzeugen, die nannte man Braune Zwergsterne.

Warum altern Sterne?

Die Energieerzeugung im Sterninneren benötigt genügend Wasserstoff – Protonen – und dementsprechend Druck und Temperatur. Druck und Temperatur legen im Stern den Innenbereich fest, innerhalb dessen die Kernfusion laufen kann. Erschöpfen sich die Wasserstoffvorräte im Zentrum, beginnt der jetzt hauptsächlich aus Helium bestehende Innenbereich zusammenzusacken. Dabei tritt eine Temperaturerhöhung ein, der Stern dehnt sich aus und ändert dabei auch Leuchtkraft und Oberflächentemperatur:

Der Stern entwickelt sich. Solche unterschiedlichen Entwicklungszustände sind beobachtbar. Die erhöhte Kerntemperatur und der zunehmende Innendruck bewirken, dass aus Helium schließlich Sauerstoff, aus Sauerstoff Kohlenstoff und letztendlich Eisen über Fusionsprozesse gebildet werden. Im Sterninneren werden chemischen Elemente erzeugt. Nicht alle, denn nur bis zum Eisen wird bei der Elemententstehung Energie frei. Die chemischen Elemente, die schwerer als Eisen sind, benötigen zusätzliche Energie, um sich ineinander umzuwandeln. Diese Energie kann bei der Explosion eines Sterns bereitgestellt werden.

Normale Sterne sind stets ihrer eigenen Anziehungskraft ausgesetzt. Die wesentliche Eigenschaft von Materie ist Anziehungskraft, ist die Gravitation. Sterne müssen daher im Inneren heiß sein, um durch den Innendruck der eigenen Anziehungskraft das Gleichgewicht zu halten. Da der Weltraum kalt und dunkel ist, kann stetig Strahlungsenergie vom Stern in den Weltraum abgestrahlt werden. Nimmt die stellare Strahlungsenergie ab, weil die Energieerzeugung geringer wird im Stern, beginnt der Stern unter seiner eigenen Anziehungskraft zu schrumpfen. Die Energiequelle der Kernfusion kann eine kosmischen Gaskugel, einen Stern, nur eine endliche Zeit vor seinem Erlöschen bewahren. Die Gravitation ist die große Gleichmacherin aller kosmischen Strukturen. Die Gravitation siegt im Kosmos immer. Die Energieerzeugung in den Sternen hält der Gravitation begrenzte Zeitspannen das Gleichgewicht. In dem Wechselspiel zwischen Eigengravitation und der Thermodynamik der Energieerzeugung gibt es schließlich vier mögliche Endzustände für ausgebrannte Sterne.

Ausgebrannte Sterne ab 1.4 Sonnenmassen werden zu sogenannten Weißen Zwergsternen mit einem Radius von rund 10^9 Zentimetern, was Erdgröße entspricht. Bei dieser Größe und einer Dichte von 10^6 Gramm pro Kubikzentimeter hält die Materialfestigkeit des Sternkerns, im Wesentlichen die des Elektronengases, der Gravitation stand. Der Weiße Zwergstern kühlt dann in einigen Millionen Jahren aus und verlischt endgültig – die Sonne wird als Weißer Zwergstern enden. Sterne mit größerer Masse haben ein explosives Ende. Da im Sterninneren durch schrittweise Fusionsprozesse die chemischen Elemente bis Eisen entstanden sind, wird der Stern schließlich einen Eisenkern besitzen, der von Schalen leichterer Elemente umhüllt ist. Der Kernbereich bricht letztendlich unter seinem eigenen Gewicht zusammen. Die äußeren Sternschichten stürzen nach und werden von der freiwerdenden Aufsturzenergie auf den noch immer festen Eisenkern gepresst, schließlich reflektiert und nach außen weggeschleudert. Der Beobachter sieht dann einen gewaltigen Lichtblitz, eine Supernova, *(15)* aufflammen. Schwerere Elemente als Eisen bilden sich bei dieser Explosion. Teile des Sternkerns und die gesamte Sternhülle werden in den interstellaren Raum hinausgestäubt. Die im Stern entstandenen Elemente verteilen sich in den Gaswolken der Umgebung.

Ist die verbleibende Restmasse eines Sterns kleiner als 2,5 Sonnenmassen, wird durch die Gravitation die Verdichtung des Kerns so groß, dass die Elektronen in die Protonen gepresst werden und ein Neutronenstern entsteht. Die Materialfestigkeit der Neutronenmaterie kann der Gravitation bei einem Radius von zehn bis zwanzig Kilometern dann endlich widerstehen. Diese superdichte Materiekugel, ein Neutronenstern, beginnt dann ebenfalls auszukühlen. Ist die Restmasse jedoch größer als 2,5 Sonnenmassen, so bildet sich ein Schwarzes Loch. Die Materie kann der Gravitation keinen Widerstand entgegensetzen; sie wird immer stärker verdichtet. Selbst Licht kann sich dann gegen die Anziehungskräfte der Gravitation nicht mehr behaupten. Neutronensterne und Schwarze Löcher als stellare Endstadien bilden sich stets nach einem Supernova-Ereignis.

Stellen wir uns auf eine Waage, erleben wir die Anziehungskraft als Gewicht. Springen wir in die Höhe, überwinden wir kurzzeitig die Anziehungskraft. Jede Art von Materie übt solche Anziehungskräfte aus; je mehr und je dichter Materie zusammengeballt ist, umso größer sind die Anziehungskräfte. Ein Schwarzes Loch ist ein Raumbereich, in dem die Anziehungskraft von Materie so groß ist, dass nicht einmal Licht aus diesem Bereich entweichen kann. Am Beispiel des Sprunges bedeutet dies, Licht kann aus dem Raumbereich nicht mehr wegspringen, das heißt abstrahlen, die Anziehungskräfte sind zu gewaltig. Licht, das von außen in solch einen Raumbereich eindringt, verschwindet ebenfalls für immer. Der Raumbereich ist daher lichtlos, also schwarz – wir sprechen von diesem Raum als einem Schwarzen Loch. Ursache eines Schwarzen Loches und Ursache der gewaltigen Anziehungskraft ist eine ungeheuer große und dichte Massenkonzentration.

Der deutsche Astronom Karl Schwarzschild, 1873 bis 1916, hat als Erster die Radien solcher Schwarzen Löcher berechnet. Aus der Erde würde ein Schwarzes Loch, wenn es gelänge, sie auf einen Radius von neun Millimetern schrumpfen zu lassen. Schwarze Löcher selbst können niemals direkt beobachtet werden, weil keine Strahlung von ihnen ausgeht. Ihr Vorhandensein lässt sich aus ihren Anziehungskräften auf andere Sterne oder Gaswolken schließen. In unserer Milchstraße und in den Zentren von Milchstraßensystemen sind Schwarze Löcher entdeckt worden.

Endlichkeit

Sterne verbrauchen Energie. Sie leben nicht ewig. Sterne enden als langsam auskühlende Gaskugel oder Schwarze Löcher. Sterne geben auch Teile ihrer Materie in den interstellaren Raum zurück. Dieses Material ist mit schwereren Elementen als Wasserstoff und Helium angereichert. Die Materie, aus der wir Menschen bestehen, die Materie des Sonnensystems, wurde von einer Sternengeneration aufgebaut, die inzwischen erloschen ist. Aus interstellaren Gaswolken, angereichert mit diesem Material, ist vor rund viereinhalb Milliarden Jahren der Stern Sonne mit dem Sonnensystem entstanden.

Die menschliche Existenz ist in kosmische Bedingungen und in kosmische Entwicklungen eingebettet. Die Endlichkeit stellarer Entwicklungen setzt auch eine prinzipielle Endlichkeit für menschliche Entwicklung. Sternentwick-

15 Der Krabben-Nebel (M 1); Reste einer Sternexplosion (Supernova) vor rund tausend Jahren. Das Bild ist zusammengesetzt aus Aufnahmen des Röntgenteleskops Chandra, des Weltraumteleskops und eines ESO-Teleskops

lung schuf aber auch die chemische Voraussetzung für die Bildung von Molekülen. Moleküle ihrerseits sind die Voraussetzung für die Entwicklung von Leben.

Die Schwärze des Nachthimmels ist für die Entwicklung stellarer Objekte Voraussetzung. Die frei werdende atomare Bindungsenergie im Sterninneren wird als Sternenlicht in einen kalten und dunklen Weltraum abgeführt. Der Weltraum, als umgebendes kälteres Wärmeband für Sterne, ist in der Lage, diese Energie aufzunehmen. Wenn der Weltraum heiß wäre, also hell, so hell wie eine Sternoberfläche, dann könnte keine Sternenergie abfließen. Also könnte auch keine stellare Entwicklung stattfinden. Die Sterne würden sich durch die Umgebungsstrahlung immer mehr aufheizen und dabei ausdehnen und so kämen die Energieerzeugungsmechanismen zum Erliegen. Denn der Innendruck und die Dichte im Sternzentrum nähmen bei der Ausdehnung auf Werte ab, die Fusionsprozesse nicht zuließen. In einem heißen Weltraum wären auch die Gaswolken, aus denen sich Sterne bilden könnten, heiß und somit für Sternentstehung ungeeignet. Es gäbe dann keine aufeinander folgenden Sterngenerationen, keine Planeten und keine höheren chemischen Elemente. Damit wäre der irdischen Lebensform, aufgebaut aus der Vielfalt der chemischen Elemente, die Grundlage entzogen. Kosmische Entwicklungen haben Einfluss auf irdische Umweltbedingungen. Dies wiederum eröffnet die Möglichkeit, aus lokalen Beobachtungen etwas über den Kosmos als Ganzes zu erfahren.

Die erste Antwort, weshalb der Nachthimmel dunkel ist, liegt in der endlichen Lebensdauer der Sterne. Um dies zu verstehen, müssen wir uns mit der Verknüpfung von Raum und Zeit beschäftigen. Jeder Blick in den Weltraum ist ein Blick zurück in die Zeit. Wir sehen die Sonne nicht so, wie sie jetzt ist, sondern wie sie vor rund achteinhalb Minuten aussah. Denn das Licht von der Sonnenoberfläche zu uns benötigt diese Zeitspanne für seine Ausbreitung mit der endlichen Geschwindigkeit von dreihunderttausend Kilometern in der Sekunde. Wir blicken also stets in die Vergangenheit zurück, wenn wir Beobachtungen im Weltraum durchführen. Bei der Formulierung des Problems des dunklen Nachthimmels waren wir von der Voraussetzung eines unendlich ausgedehnten Weltraums und unendlich langer Sternenleben ausgegangen. Wir hatten zusätzlich angenommen, dass alle Sterne gleichzeitig zu leuchten begonnen haben. Die größte Blickentfernung in unserem einfachen, unendlich großen Kosmos hatten wir zu 10^{23} Lichtjahren berechnet. Licht dieser am weitesten von uns entfernten Sterne sollte also 10^{23} Jahre lang zu uns unterwegs sein.

Oft gibt es Verständnisprobleme bei der Verknüpfung von Entfernung, Zeit und astronomischer Nachrichtenübertragung. Der Blick in den Kosmos ist ein Blick in die Zeit zurück: Stellen wir uns zwei Briefschreiber im vorigen Jahrhundert vor. Einer sitzt in Europa, der andere in Australien. Der Nachrichtenaustausch mit Briefen braucht per Schiffspost drei Monate. Wir haben hier alle drei Komponenten beieinander, die auch eine stellare Beobachtung prägen. Der beobachtende Astronom empfängt einen Sternbrief, der entsprechend der Sternentfernung vor zehn, hundert oder tausend Jahren abgesandt wurde. Der Briefempfänger in Europa sieht die australische Wirklichkeit beim Briefeingang, wie sie vor drei Monaten war; er sieht in die Vergangenheit. In der Zwischenzeit kann der Briefschreiber krank geworden sein, ein Geschäft kann sich zerschlagen haben und vieles mehr. Der Briefempfänger weiß davon nichts. Er baut sich ein Bild von der australischen Wirklichkeit gemäß der augenblicklichen Briefmeldung.

So verfährt auch der Astronom. Er baut sich sein Bild von den beobachteten kosmischen Objekten gemäß der Information des gerade eingegangenen Lichtsignals, das vor seiner Zeit abgesandt wurde.

Die Sterne in unserer unmittelbaren Umgebung müssen 10^{23} Jahre unverändert leuchten, bis das Licht der entferntesten Sterne ebenfalls bei uns eingetroffen ist. Denn die nahen und die entfernten Sterne werden benötigt, um den Nachthimmel hell zu machen. Nun haben wir erfahren, dass sonnenähnliche Sterne, und das sind die meisten, nur rund 10^{10} Jahre Energie erzeugen können, also Licht aussenden. Sind diese 10^{10} Jahre verstrichen, sind die Sterne der Sonnenumgebung schon verloschen. Die endliche Lichtgeschwindigkeit lässt die Information über das Verlöschen eines Sterns in größerer Entfernung bei uns umso später ankommen, je weiter der Stern entfernt ist. Von den entferntesten Sternen, die schon verloschen sind, ist aber das Licht beim Beobachter noch nicht einmal angekommen. Der Beobachter sieht daher in unserem einfachen kosmischen Modell immer nur das Leuchten von Sternen aus einer Kugelschale der Dicke: Lichtgeschwindigkeit mal Lebensdauer der Sterne. Es können sich daher gar nicht so viele Kugelschalen aufaddieren, um den Nachthimmel hell zu machen. Der Nachthimmel ist dunkel, weil die Sterne eine endliche Lebensdauer haben. Dies ist jedoch noch nicht die vollständige Antwort.

Der dunkle Nachthimmel hat uns auf die endliche Lebenszeit der Sterne gebracht. Die räumliche Unendlichkeit des Weltalls haben wir insofern umgangen, als die endliche Lichtgeschwindigkeit und das endliche Sternenleben einen Beobachtungshorizont schaffen, jenseits dessen es uns nicht möglich ist, Nachrichten zu empfangen. Kepler, 1610, löste das Problem mit einem endlichen Weltall und kümmert sich nicht um die Zeitkomponente. Halley, 1720, beantwortet die Frage mit einer unbewiesenen und wie wir wissen falschen Antwort. Er behauptete, dass ferne Sterne zu wenig Licht aussenden und daher unsichtbar sind. Ein einzelner Stern kann durchaus unsichtbar sein. Die Flächenhelligkeit vieler Sterne, die schon genannte helle Sternwand, müsste sichtbar sein. Denn die Zunahme der Sternanzahl mit der Entfernung gleicht die Abnahme der Strahlungsintensität mit der Entfernung aus. Also ist die Halleysche Antwort nicht richtig.

Wiederum fast hundert Jahre später beginnen Heinrich Olbers, 1823, und John Herschel, 1848, darüber nachzudenken. Olbers argumentiert, dass das Licht ferner Sterne sich im leeren Raum überlagert und dadurch schwächer wird. Solche ausschließlich auslöschenden Überlagerungen der Lichtwellen gibt es jedoch nicht. Ein anderes Argument dieser Zeit lautet: Zwischen den Sternen gibt es Staub und Gas, die das Licht verschlucken. Dies war zu jener Zeit eine rein hypothetische Annahme; sie wurde schon 1740 von Jean-Philipe Cheseaux und später wieder auch von Olbers vorgebracht. Im Bild des Waldes entsprächen als Ursache der verkürzten Sicht die Nebelschwaden. Herschel konnte schon für sein Gegenargument den Energieerhaltungssatz verwenden, der sich ab 1850 in der Physik durchzusetzen begann. Bei einem unendlich alten Weltall würden Gas und Staub durch die Sternstrahlung aufgeheizt und schließlich genau so hell strahlen wie die Sterne. Nur in einem endlich alten Weltall träte eine Verzögerung der Himmelsaufhellung ein; denn das Material zwischen den Sternen müsste dann aufgeheizt werden. Auch diese Erklärungsversuche sind also falsch.

Um 1900 kamen Vorstellungen von einem geschachtelten oder hierarchisch aufgebauten Universum auf. Die Materiedichte sollte darin mit zunehmender Entfernung rasch abnehmen. Die berechnete größte Blickentfernung würde dann unendlich groß. Der Nachthimmel bliebe dunkel. Aber in solch einem Universum würde eine Massenvergrößerung um unseren kosmischen Standort herum zu begründen sein. Dies wäre noch weit unerklärlicher, denn dann käme unserem irdischen Beobachtungsplatz eine ausgezeichnete Stellung im Kosmos zu. Seit Kopernikus sind wir gegen solch einer Vermessenheit gefeit. Die Erde oder die Sonne oder die Milchstraße, sie stehen gewiss nicht im Mittelpunkt der Welt. Und gibt es diesen Mittelpunkt überhaupt?

Sucht man alle Voraussetzungen und Annahmen zusammen, die in die Argumentationsgefüge des dunklen Nachthimmels eingegangen sind, so können wir feststellen: das Weltall wird als räumlich unendlich vorgestellt und somit die kosmische Materieverteilung als ebenfalls unendlich. Das Weltall ist räumlich und zeitlich gleichförmig mit Materie – sprich Sternen – besetzt. Das Weltall ist unendlich alt, der Raum zwischen den Sternen ist leer. Unsere bisherige, von der Beobachtung geleitete Beschreibung des Kosmos hat Teile solcher Annahmen als nicht richtig erwiesen. Das Weltall kann nicht unendlich groß und unendlich alt sein.

Natürlich ist ein Zugang schwierig: der Gegenstand unserer Forschung, unseres Nachdenkens, ist der gesamte Kosmos. Es gibt ihn nur einmal, wir sind Teil dieses Kosmos. Wir können uns nicht außerhalb davon aufstellen. Wir sehen dieses Ganze nur von einer Stelle und zu einer bestimmten Zeit. Trotzdem haben wir bestimmte Beobachtungsmöglichkeiten, die uns sichere Rückschlüsse auf das Ganze erlauben, ja sogar die zeitliche Entwicklung des Kosmos zu rekonstruieren gestatten. Die Kosmologie ist eine Erfahrungswissenschaft. Die Aufgabe der Astronomie ist es, empirisch prüfbare Aussagen hierzu bereitzustellen. Um eine Wissenschaft dahin zu bringen, muss der Druck durch auftauchende Widersprüche im vorherrschenden Gedankengebäude und durch Beobachtungstatsachen immer größer werden. So tauchte sehr früh bei der Betrachtung eines unendlichen, gleichförmig mit Materie gefüllten Universums die Frage auf, ob eine solche Materieanordnung im euklidischen Raum überhaupt stabil sein könnte. Dieser Frage wird nichts an Schärfe genommen, wenn sie in eine etwas andere Variante umformuliert wird: Ist das Universum eine endliche Materieinsel in einem unendlichen leeren Raum?

Ist der Raum homogen, gleichförmig bis ins Unendliche mit ruhenden Sternsystemen angefüllt? Wie wirkt dann die gemeinsame Anziehungskraft aller Systeme auf das Gesamtsystem? Der Astronom Viktor von Seeliger, der um die Jahrhundertwende an der Münchener Sternwarte arbeitete, hat Rechnungen dazu ausgeführt. Die überall wirkende anziehende Kraft der Gravitation ist unvereinbar mit einem dreidimensionalen unendlichen Universum, in dem alle Sternsysteme ruhen. Ein dreidimensionaler euklidischer unendlicher Raum, gleichmäßig mit Masse belegt, in dem das Gravitationsgesetz gilt, ist physikalisch unmöglich. Es war dies eine der ersten und wichtigsten kosmologischen Einsichten zu Beginn des 20. Jahrhunderts, eine Einsicht von größter Tragweite. Sie beinhaltet nichts anderes, als dass Raumgeometrie und Massenverteilung nicht unabhängig voneinander sind.

Welche Richtung, so können wir fragen, hat die Gravitationskraft in einem gleichförmig mit ruhender Materie angefüllten Universum? Es war nicht schwer nachzuweisen, dass solch eine umfassende kosmische Struktur zu einem nicht der Wirklichkeit, also nicht der Beobachtung entsprechenden Ergebnis führt. Ein homogenes, isotropes, statisches, unendliches Universum müsste oder kann nur ein leeres Universum sein. Es dürfte keine Masse enthalten. Da Sie als Leser existieren und ich als Schreiber, kann es solch ein Universum nicht geben.

Das Universum ist unveränderlich. Diese Grundüberzeugung der aristotelischen Philosophie wirkt in die Voraussetzungen unserer bisher diskutierten Weltmodelle hinein und tat dies über fast zweieinhalb Jahrtausende. Und auch Einstein war bei seinen ersten Weltmodellen, von 1910 bis 1920, davon nicht frei. Es musste erst ein von der Beobachtung der Welt im Großen aufgezwungenes Umdenken einsetzen. Und diese Beobachtung der Welt im Großen war die Entdeckung, dass das Weltall sich ausdehnt, dass es eine Galaxienflucht gibt.

Der Kosmos dehnt sich aus

Der Kosmos ist nicht statisch ruhend. Der kosmische Raum dehnt sich aus.

Mit vielerlei Methoden gelang es im 20. Jahrhundert, die Entfernungsbestimmung zu den Galaxien immer weiter zu verbessern. Der amerikanische Astronom Slipher und der Straßburger Astronom Wirtz waren in den zwanziger Jahren die ersten, denen ein Zusammenhang zwischen den Galaxienentfernungen und den an den Galaxien gemessenen Geschwindigkeitsgrößen nach Richtung und Betrag auffiel. Es überwogen Geschwindigkeiten, die von der Milchstraße weggerichtet waren. Der Beitrag von Wirtz, in deutscher Sprache geschrieben, wurde in den Nachkriegsjahren des Ersten Weltkrieges nicht beachtet und vergessen. Die amerikanische Astronomie mit ihren neuen Großteleskopen begann zu dominieren. Edwin Hubble arbeitete in den zwanziger Jahren am Mount Wilson Observatorium mit dem Zweieinhalb-Meter-Teleskop. Er verwendete neun

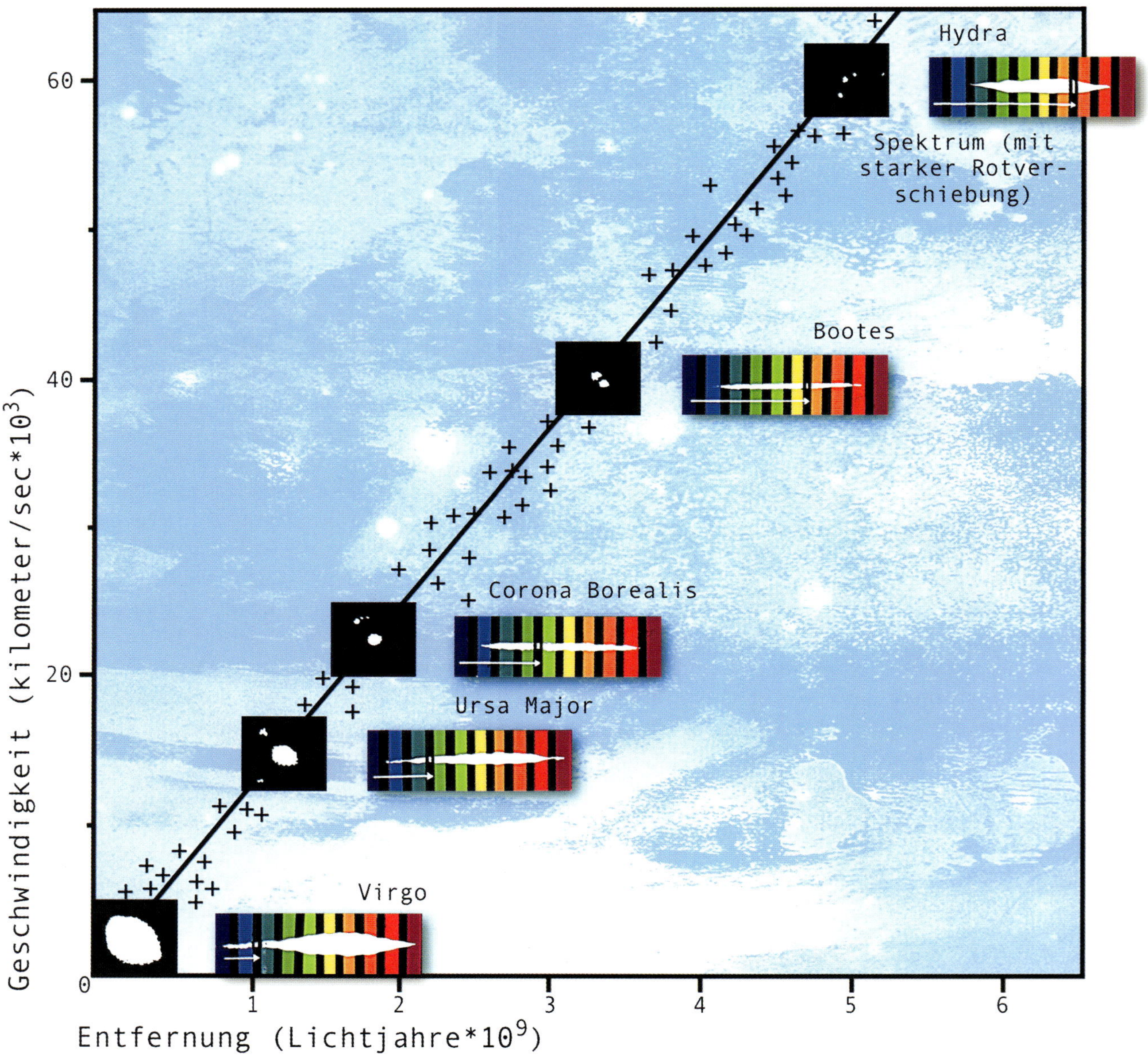

verschiedene Verfahren der Entfernungsbestimmung zu Galaxien.

Sind in einem fernen Sternsystem noch Einzelobjekte beobachtbar, zum Beispiel ihre Helligkeit periodisch ändernde Cepheidensterne oder einzelne leuchtende Gasnebel, so ergibt sich die Entfernung der Galaxie durch den geeichten Anschluss an die gleichen Objekte innerhalb unserer Milchstraße – sei es zum Beispiel über die Helligkeit, sei es über die Winkelausdehnung leuchtender Gaswolken. Sind keine Einzelobjekte mehr unterscheidbar, wird die Helligkeit des gesamten Sternsystems benutzt; wiederum gelangt man durch Vergleich von scheinbarer und absoluter Gesamthelligkeit zu einer Entfernungsfestlegung der Galaxie. Alle Methoden werden benötigt, um die am weitesten in den Raum hinausreichenden Entfernungsbestimmungen sicher zu eichen.

Die großen Radialgeschwindigkeiten der Galaxien waren bekannt. Nachdem die Veränderlichkeit der Cepheiden, ihre Periodenhelligkeitsbeziehung, verlässliche Entfernungen der Sternsysteme zu bestimmen erlaubte, wurde es möglich, den Zusammenhang zwischen Entfernung und Radialgeschwindigkeit einer Galaxie zu untersuchen. 1929 lagen Messungen der Radialgeschwindigkeit an sechsundvierzig Galaxien vor. Hubble hatte für achtzehn davon die Entfernungen bestimmt. Mit diesem geringen Datenmaterial konnte er einen Zusammenhang zwischen Entfernung und Geschwindigkeit einer Galaxie nachweisen. Je größer die Entfernung eines Sternsystems war, desto größer war seine Geschwindigkeit von uns fort. Die Fluchtbewegung *(16)* der Galaxien – das Hubble-Gesetz – war entdeckt. Es besagt: je weiter eine Galaxie von unserem Milchstraßensystem entfernt ist, desto schneller entfernt sie sich von uns. Die Geschwindigkeitszunahme ist proportional zur Entfernung. Die Proportionalitätskonstante heißt heute Hubble-Konstante H.

16 Veranschaulichung des Hubble-Gesetzes: die zunehmende Fluchtgeschwindigkeit der Galaxien als Funktion der Entfernung

Galaxienfluchtgeschwindigkeit
= H x Galaxienentfernung.

Wie nun ist die Hubblesche Galaxienflucht zu verstehen? Die einfachste Interpretation enthüllt schon die richtigen Grundgedanken. Eine Explosion zu einer bestimmten Zeit t treibt den Raum mit den Galaxien auseinander.

Der Astronom erhält durch die Vermessung der Galaxienflucht und Festlegung der Hubble-Konstanten eine Aussage über das Alter des Universums. Der Zeitbeginn überhaupt wird mit dem Beginn der Galaxienflucht zeitgleich gesetzt. Diese Explosion wird auch als Urknall bezeichnet. Wie alt ist nun das Universum? Für H wird heute der Wert 23 Kilometer pro Sekunde pro Millionen Lichtjahre abgeleitet; unter Beachtung der richtigen Maßeinheiten wird somit eine erste Näherung für das Kosmosalter

$t = 1/H = 13$ Milliarden Jahre.

Welch eine Zahl, welche eine gewaltige wissenschaftliche Leistung! Das Universum ist nach Größe und Alter vermessbar!

Verstehen wir aber diese Beobachtungen wirklich richtig? Die Grundidee ist stimmig; unsere einfache Herleitung enthält jedoch Fehler. Da der Weltraum Galaxien und Dunkelmaterie enthält, also Masse mit Anziehungskräften, wird die Fluchtbewegung sicher abgebremst, wenn nicht andere Kräfte für weitere Beschleunigung sorgen. Und wie verhält es sich mit der Geometrie von Raum und Zeit? Steht die Milchstraße wirklich im Mittelpunkt der Welt? Seit Kopernikus die Erde aus dem Mittelpunkt des Sonnensystems nahm, 1543, seit Shapley den Stern Sonne aus dem Mittelpunkt der Milchstraße nahm, 1918, seit die Milchstraße am Rande eines Konglomerats von Galaxienhaufen eingeordnet wurde, 1980, seit diesen wesentlichen Verschiebungen unseres Lebensortes aus

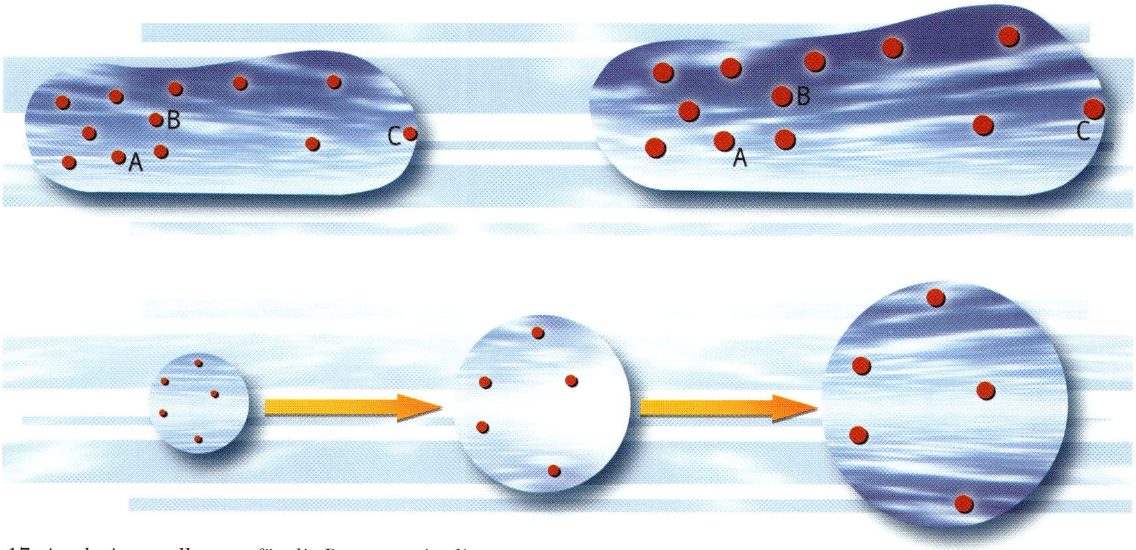

17 Analogievorstellungen für die Bewegung in die vierte Dimension. Ein im Backofen aufgehender Rosinenkuchen und ein sich aufblähender Luftballon

Zentralstellungen heraus, ist das durch die Fluchtbewegung der Galaxien entstandene Mittelpunktsproblem eine höchst fragwürdige Angelegenheit. Wir beseitigen es mit Hilfe des Modells eines Rosinenkuchens. *(17)* Der Kuchen wird in den Ofen geschoben, der Backvorgang beginnt. Den Rosinen sollen die Galaxien entsprechen; der Kuchenteig sei der Raum.

Der Kuchen beginnt aufzugehen, der Raum dehnt sich aus, die Rosinen beginnen sich voneinander immer mehr zu entfernen. Säßen wir auf einer Rosine, könnten wir beobachten, wie sich alle Rosinen unserer Umgebung mit bestimmten Geschwindigkeiten von uns entfernten. Je weiter eine Rosine von uns entfernt wäre, desto größer wäre ihre Geschwindigkeit, denn zwischen ihr und uns befindet sich mehr Teig. Wechseln wir von unserem Rosinenstandort auf eine andere Rosine, wir könnten das Gleiche beobachten: alle Rosinen entfernen sich von uns, es gibt keinen bevorzugten Standort. Wir sitzen nicht im Mittelpunkt einer Expansionsbewegung. Übertragen auf die Galaxien bedeutet dies: Die Milchstraße ruht nicht im Mittelpunkt der Welt. Keine Galaxie ruht im Mittelpunkt des Kosmos. Es gibt schlechterdings keinen Mittelpunkt des Kosmos.

Mit der Hubblekonstanten H gleich 23 Kilometer pro Sekunde pro Millionen Lichtjahre finden wir für die kritische Dichte den Wert 9 mal 10^{-30} Gramm pro Kubikzentimeter.

Sie entspricht sechs Wasserstoffatomen pro Kubikmeter. Wer sich diese Dichte anschaulicher vorstellen will, dem hilft vielleicht die Aussage, dass zwei zermahlene Ziegelsteine in einem Würfel von achthunderttausend Kilometern Kantenlänge diese Dichte hervorrufen würden. Die kritische Dichte, von der es abhängt, ob das Universum sich weiter ausdehnt oder irgendwann einmal gebremst zusammenzuziehen beginnen wird, ist ein extrem kleiner Wert. Die beobachtete Dichte aller Galaxien einschließlich der Dunklen Materie zeigt heute einen Wert von rund 0,8 mal 10^{-30} Gramm pro Kubikzentimeter. Die kritische Dichte ist also mehr als eine Zehnerpotenz größer als der beobachtete Wert der kosmischen Materiedichte. Das von uns beobachtete Universum dehnt sich demnach aus. Der Masseninhalt bremst zwar die

Fluchtbewegung ein wenig, vermag sie aber endgültig nicht zu stoppen. Erst wenn die kosmische Materiedichte gleich oder größer als der kritische Wert wäre, würde sich auf großen Zeitskalen die Expansion immer mehr verlangsamen.

In dem von uns benutzten einfachen Modell des Weltalls können wir dessen mögliche zeitliche Geschichte in drei Fälle unterteilen. Wir sprechen immer noch von möglich, denn die Messwerte sind noch nicht genau genug, um sich für ein Modell des Universums entscheiden zu können. Das Universum *(18 links)* kann offen, flach oder geschlossen sein; je nachdem, wie sich der Gesamtenergieinhalt, gesteuert von den Anziehungskräften des Masseninhaltes, auf die Raumausdehnung auswirkt. Ein offenes Universum findet in seiner Ausdehnung kein Ende. Bei einem geschlossenen Universum hört die Ausdehnung irgendwann in der Zeit auf, und es beginnt wieder kleiner zu werden. Bei einem flachen Universum verlangsamt sich die Ausdehnung ohne ein Ende zu finden. Diesen drei Begriffen offen, flach und geschlossen kann auch eine geometrische Bedeutung gegeben werden. Die Interpretation erlaubt die Relativitätstheorie Einsteins. Aufgrund unserer Energieüberlegungen mag es scheinen, dass es zwischen den Weltmodellen einen stetigen Übergang gibt, abhängig davon, wie viel Masse der Kosmos enthält; zwischen den relativistischen Weltmodellen gibt es jedoch keine Übergänge. Ein offenes Universum kann nicht durch Hinzufügen von Masse in einen geschlossenen Kosmos übergeführt werden. Die drei Weltmodelle unterscheiden sich grundsätzlich vom Augenblick der Entstehung an.

Bevor wir uns endgültig in den fremdartigen Räumen der relativistischen Weltmodelle *(18 rechts)* verlieren, kehren wir nochmals zum dunklen Nachthimmel zurück. Unsere erste Teilantwort auf sein Vorhandensein bedarf einer wichtigen Ergänzung. Der Raum dehnt sich aus, das Volumen nimmt zu; somit hat darin immer mehr elektromagnetische Strahlung Platz. Anders ausgedrückt: durch die Rotverschiebung des Lichts aufgrund der Raumausdehnung kann der Nachthimmel nicht hell sein, denn das Licht wird geschwächt oder verdünnt. Rechnet man diese Lichtschwächung im Rahmen der Weltmodelle durch, so findet man einen zusätzlichen Korrekturfaktor der Größe drei Fünftel. Was heißt das? Wir hatten schon das Verhältnis von mittlerer stellarer Leuchtdauer zur Laufzeit über die maximale Blickentfernung zu 10^{-13} berechnet. Die Nachthimmelshelligkeit wird aufgrund der endlichen Sternleben um den Faktor 10^{-13} vermindert. Die Expansion des Kosmos verursacht einen zusätzlichen Faktor von 0,6. Endliche Lebensdauer der Sterne und die Ausdehnung des Raumes – beide zusammen sind die Ursache der Nachtschwärze.

Vergleichen wir zum Schluss die Blickentfernung für einen strahlend hellen Nachthimmel von 10^{23} Lichtjahren mit dem errechneten Weltalter von dreizehn Milliarden Jahren. Der maximalen Blickentfernung entspricht eine Lichtlaufzeit von 10^{23} Jahren. Unser abgeleitetes Weltalter beträgt dreizehn Milliarden Jahre; das Weltalter ist also rund 10^{13} Jahre zu klein, um grundsätzlich einen hellen Nachthimmel vorhanden sein lassen zu können. Der Nachthimmel ist also auch dunkel, weil das Universum jung ist. Das Licht hatte noch nicht genügend Zeit, um von den entferntesten Sternen zu uns zu gelangen und zum hellen Nachthimmel beizutragen. Der Nachthimmel ist dunkel, aber was ist denn eigentlich die Schwärze der Nacht, auf die wir blicken? Mit dieser Frage machen wir uns jetzt auf, die gekrümmten Räume und den sogenannten Urknall zu beleuchten.

Gekrümmter Raum

Ein geschlossenes Universum, was ist das?

Unser Beispiel des sich ausdehnenden Rosinenkuchens und seiner Rosinengalaxien stammt aus der dreidimensionalen Vorstellungswelt. Ein unendlich großes Raumvolumen und eine unendlich große Galaxienzahl

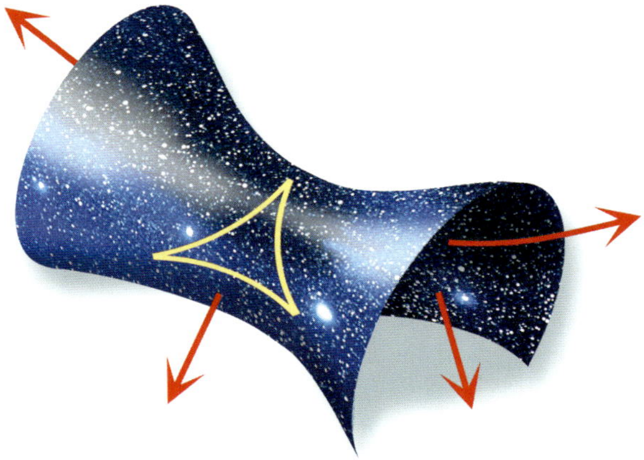

a. offenes Universum

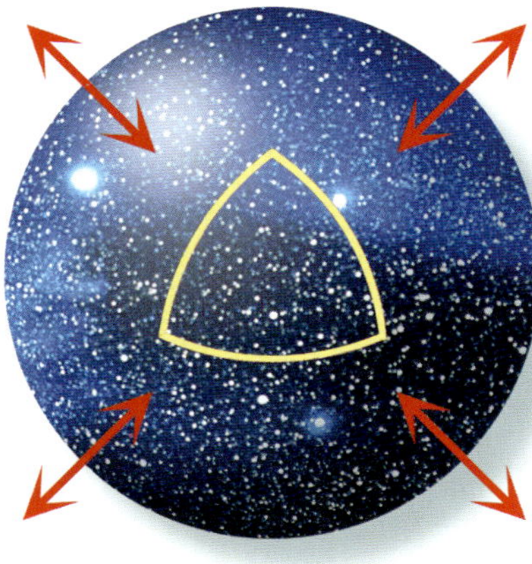

b. geschlossenes Universum

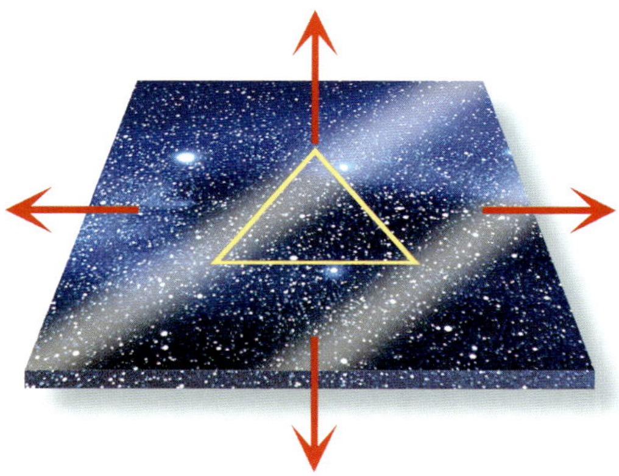

c. flaches Universum

beschrieben solch einen Kosmos, es kann ihn nicht geben. Ein geschlossenes relativistisches Universum besitzt ein endliches Raumvolumen und endlich viele Galaxien. Dieses Volumen hat jedoch keine Grenzen und kein Zentrum. Dies ist nur möglich, wenn der Raum gekrümmt ist. Gegenüber welcher Größe ist der Raum gekrümmt? Er ist gegenüber einer für uns nur mathematisch fassbaren vierten Dimension gekrümmt. Sinnlich vorstellbar ist diese vierte Dimension für uns dreidimensionale Wesen nicht. Nur über Analogien können wir uns solch einer Geometrie nähern. Die vierte Dimension hat auch nichts mit der Zeit zu tun.

Stellen wir uns einen Luftballon vor, der langsam aufgeblasen wird. Wir seien zweidimensionale Wesen, die ausschließlich in der dünnen zweidimensionalen Luftballonhaut leben können. Staubteilchen auf dem Ballon seien Galaxien. Durch das Aufblasen vergrößern sich die Staubteilchenabstände. Wir beobachten eine Fluchtbewegung der Staubteilchen; auf welches Teilchen wir uns auch immer setzen, wir sehen stets das gleiche Bild. Jeder Punkt entfernt sich von den anderen; er fliegt nicht über die Oberfläche, sondern der Raum der Oberfläche wird durch das Aufblasen größer. Dies ist das zweidimensionale Analogon des Hubble-Gesetzes. Wir finden auch keinen Rand auf dem Luftballon. Und einen Mittelpunkt gibt es auch nicht in unserer zweidimensionalen Luftballonwelt. Denn für uns Zweidimensionale ist der Ballonmittelpunkt physikalisch nicht zugänglich; er liegt in der dritten Dimension.

Angst vor dem Rand der Erde plagte ja auch Jahrhunderte lang die Seefahrer. Man stellte sich die Erde als Scheibe vor, von der man herabfallen kann. Doch dann wurde die Erde zur

18 Die drei unterschiedlichen Weltmodelle: Kugel, positiv gekrümmt, Sattel, negativ gekrümmt (oben) und die Ebene für das flache Universum (unten). Weltmodelle und Weltmaßstab als Referenzlänge. Je nach vorgegebener Raumkrümmung ist eine unterschiedliche Entwicklung des Universums zu erwarten

Kugel und der Rand war verschwunden. Oben und unten hörten auf, eine absolute Bedeutung zu haben; jeder Mensch, ob auf der Süd- oder Nordhalbkugel, hat heute sein eigenes Oben und Unten. Dieses Umdenken ist noch leicht. Es geschieht ja im dreidimensionalen Raum.

Unsere Anschauung versagt bei der Vorstellung eines sphärisch gekrümmten Weltraums. Als vorstellbares Analogon haben wir die Kugeloberfläche. Die Kugeloberfläche ist endlos, das heißt ohne Grenzen und Rand, aber nicht unendlich groß. Sie besitzt eine endliche Oberfläche. Bei einer gradlinigen Wanderung in solch einer Kugeloberfläche oder bei einem Flug durch den sphärisch gekrümmten Weltraum käme man an die Ausgangspunkte zurück. Man könnte um solch eine Welt herumgehen. Der unanschauliche, sphärisch gekrümmte Weltraum entspricht also der Welt in einer Luftballonhaut, in der wir als zweidimensionale Wesen leben. Die zweidimensionale Welt der Gummihaut können wir nie verlassen. Daher wissen wir nichts von einem Mittelpunkt, dem Mittelpunkt des Luftballons, und wir kennen keinen Rand.

Der Weltraum ist somit für uns randlos, also unendlich. Trotzdem volumenmäßig begrenzt. Unser Blick in den gekrümmten, randlosen Raum ist vom Welthorizont begrenzt. Er stellt eine prinzipielle Beobachtungsgrenze dar. Licht braucht Zeit, um sich auszubreiten. Das Licht von Sternsystemen, die hinter dem Welthorizont liegen, konnte bisher noch nicht zu uns gelangen.

Das geschlossene Universum ist durch eine Luftballonanalogie vorstellbar. Das offene Universum hat im Gegensatz zum geschlossenen Universum eine negative Raumkrümmung. Je nach Weltmodell lässt sich die zeitliche Ausdehnung des Universums berechnen. Hierbei verwendet man eine sogenannte Referenzlänge als Maß für die Größe des Universums; sie kann der Beobachtung angepasst werden. Beim offenen und flachen Universum nimmt der Weltradius stetig zu; nicht so beim geschlossenen Universum.

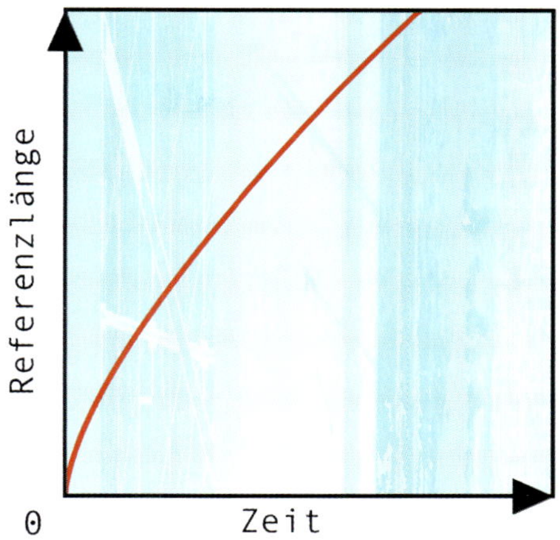

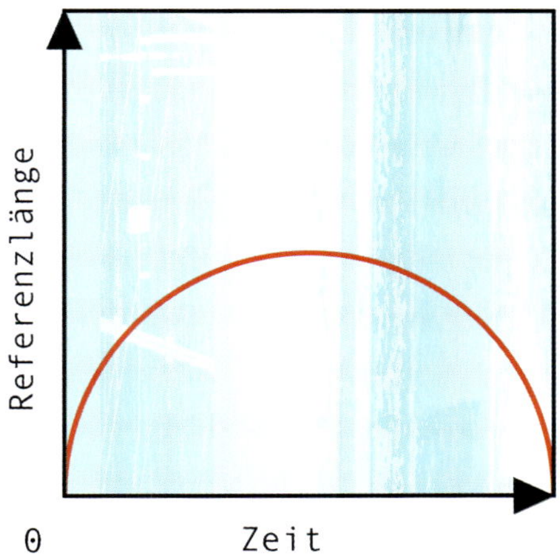

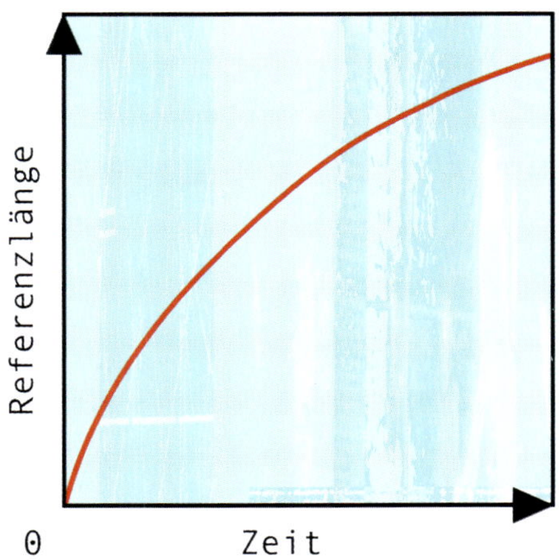

Vorstellbar ist dies durch eine Sattelfläche. Die Raumausdehnung kann hier als eine stetige Vergrößerung des Sattels gedacht werden. In einem flachen Universum ist die Raumgeometrie euklidisch. In beiden Universumstypen ist das Raumvolumen zu allen Zeiten unendlich.

Wohin dehnt sich unser Raum aus, oder in welchen Raum fliegen die Luftballonpunkte, sprich Galaxien? So könnten die zweidimensionalen Wesen der Luftballonhülle fragen. Wir erkennen sofort den Trugschluss. Die Zweidimensionaler verstehen die beobachtete Punktbewegung – für uns eine Folge des Luftballonaufpumpens – als wirkliche Bewegung entlang der Oberfläche ihrer Welt. Die Oberfläche ist aus den zwei Dimensionen gebildet, die ihnen einzig und allein vertraut sind. Sie können sich Bewegung nur in diesen zwei Dimensionen vorstellen, wenn sie über die Expansion ihrer Welt reden. Dies alles eine Dimension höher gedacht, gilt für unseren Kosmos genauso.

Die beobachtete kosmische Expansion verschlingt keinen Raum, der vorher schon da gewesen sein muss. Unser dreidimensionaler Raum dehnt sich in der Zeit in die nicht beobachtbare vierte Dimension aus. Die vierte Dimension braucht uns vorstellungsmäßig überhaupt nicht zu interessieren. Wir sprechen vom gekrümmten dreidimensionalen Raum in der Zeit. In der Zeit deswegen, weil ja eine Entwicklung feststellbar ist. Eine Kurzform hierfür lautet gekrümmte Raumzeit. Die Verteilung von Materie und Energie im Kosmos bestimmt die Krümmung der Raumzeit. Die gekrümmte Raumzeit wiederum legt die Bewegung von Materie und Energie fest. Gleichungen der Relativitätstheorie Einsteins lassen das beschreibbar werden.

Expansionsbewegung wird irdisch menschlich betrachtet gern als Folge einer Explosion gedeutet. Die Expansionsbewegung des Kosmos haben wir zunächst ebenso gedeutet. Und aus der Vorstellung einer Explosion kommt auch der Name für dieses Phänomen. Man sprach und spricht von Urexplosion oder Urknall für den geheimnisvollen Grund und Anfang einer solchen Bewegung. Big Bang, der große Bums, heißt es in der englischen Literatur. Nun, eines soll sofort gesagt sein: geknallt und gebumst hat es nicht vor rund dreizehn Milliarden Jahren, dem heutigen Alter der Welt. Und war das zeitlich gesehen wirklich ein Anfang? Sollten wir uns dabei nicht täuschen – deswegen, weil wir einen menschlichen Zeitbegriff auf den Kosmos anwenden? Ist dieser Anfang wirklich ein Beginn oder ein Ende der Raumzeit?

Betrachten wir kurz den Temperatur-Nullpunkt in der Celsiusskala. Gestern herrschte eine Temperatur von 15 Grad, heute zeigt das Thermometer nur halb soviel an; wir errechnen 7,5 Grad. Gestern war es Null Grad kalt; heute ist es doppelt so warm. Da haben wir die Bescherung. Nichts geht mehr oder doch? Die Temperatursingularität mit Null Grad beseitigen wir, indem wir den Nullpunkt wegtransformieren. Das ist erlaubt ohne etwas falsch zu machen. Dieser Nullpunkt wurde ja von uns durch unsere Begriffsbildung erfunden. Wir setzten willkürlich den Gefrierpunkt von Wasser zu 0. Transformieren wir die Celsius-Temperaturskala in die Fahrenheitskala, so entsprechen 0 Grad Celsius 32 Grad Fahrenheit. Doppelt so warm entspricht dann 64 Grad Fahrenheit, 64 Grad Fahrenheit sind 17 Grad Celsius. Die Nullpunktssingularität ist verschwunden. Nach dieser ersten Einübung in mathematisches Karate – um scheinbar unausweichlichen Singularitäten zu entgehen – wieder ernstere Töne! Der Zeitnullpunkt wird uns aber noch beschäftigen. Am Ende gibt es ihn gar nicht?

Was sich ausdehnt, muss – zeitlich gesehen – früher enger beieinander gewesen sein. Wegen seiner Expansion muss das Universum in den frühesten Zeiten seiner Entwicklung, als Materie und Energie auf engerem Raum zusammengeballt waren, in einem anderen physikalischen Zustand existiert haben. Der Beobachtungszugriff auf diesen Urzustand gelang 1965. Er löste auch die Frage nach der Natur der Schwärze des Nachthimmels auf. Zwei Physiker der Bell Telefongesellschaft, Arno Penzias und

19 Die kosmische 3-Grad-Hintergrundstrahlung; dargestellt ist die geringe Temperaturauflösung gemessen mit dem COBE Satelliten Anfang der neunziger Jahre und als Einblendung die Messungen 1999 mit einem Ballonteleskop. Die hier nachgewiesenen Temperaturunterschiede liegen bei 1/10000 Grad

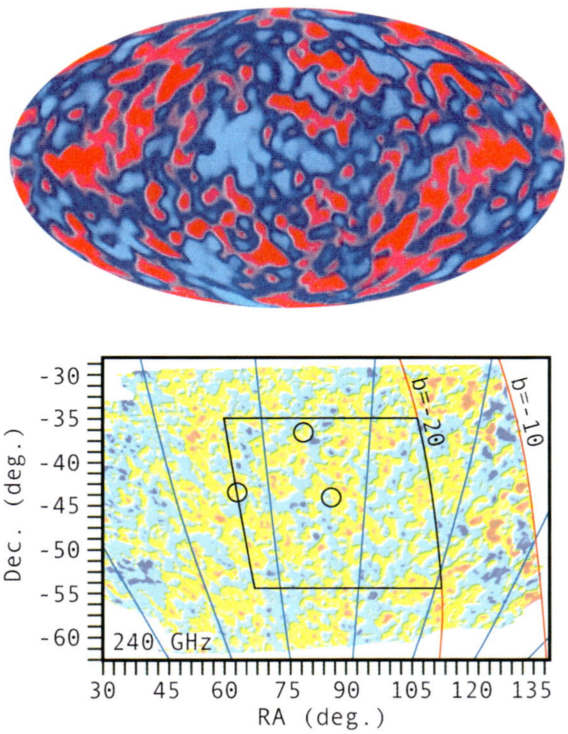

Robert Wilson, waren damit beschäftigt, eine Hornantenne für den Signalaustausch mit Erdsatelliten zu eichen. Sie waren höchst verwundert und verzweifelt über das Vorhandensein eines allgegenwärtigen Rauschsignals bei ihren Eichmessungen. Sie überzeugten sich, dass dieses Signal durch keine irdische, solare, planetare- oder Milchstraßenquelle hervorgerufen wurde. Sie reinigten sogar die Hornantenne von Taubendreck, um alle in der Empfangsanlage zu suchenden technischen Ursachen zu eliminieren. Es nützte nichts. Das Rauschen kam aus der gesamten Himmelssphäre, völlig einheitlich und isotrop verteilt.

Als sie bei dem Astrophysiker Bernhard Burke Rat suchten – er war ein erfolgreich arbeitender Radioastronom –, kam die Lösung an den Tag. Burke erkannte, dass die beiden die von den Theoretikern schon vorhergesagte kosmische Hintergrundstrahlung *(19)* zufällig entdeckt hatten. Andere Radioastronomen begannen gerade solche Experimente zu planen. Penzias und Wilson hatten ein kosmisches, völlig isotropes Strahlungsfeld entdeckt. Es war Mikrowellenstrahlung bei einer Wellenlänge von rund einem Millimeter. Die Intensitätsverteilung dieser Strahlung entspricht minus 270 Grad Celsius oder 3 Grad Kelvin auf der absoluten Temperaturskala. Es war eine Entdeckung von gleicher Tragweite und Wichtigkeit für unser Weltbild wie Hubbles Galaxienflucht. 1978, dreizehn Jahre später, erhielten sie dafür den Nobelpreis für Physik.

Hubbles Galaxienflucht, die kosmische Hintergrundstrahlung und die kosmische Häufigkeit des Elements Helium mit rund 25 Prozent Massenanteil an der sichtbaren Masse des Universums – diese drei Beobachtungstatsachen erlauben uns eine Annäherung an die kosmische Zeitsingularität, den Urknall.

Die kosmische Hintergrundstrahlung ist völlig isotrop, das heißt gleichförmig in allen Raumrichtungen. Dies ist ein absolutes Muss für jegliche Strahlung, die mit den Gesamteigenschaften des Universums zusammenhängen soll und auch wirklich zusammenhängt. Anders gesagt, die direkt messbare Gleichförmigkeit dieses Strahlungsfeldes stützt und rechtfertigt von der empirischen Seite her die Einführung eines kosmologischen Prinzips. Gleichförmigkeit und hohe Intensität der Mikrowellenstrahlung verbieten einen stellaren und erzwingen einen kosmologischen Ursprung. Solche Strahlung entsteht, wenn sich ein Strahlungsfeld im thermischen Gleichgewicht mit Materie bestimmter Temperatur befindet. Die Temperaturgeschichte unseres Universums kann daher mit Hilfe der Hintergrundstrahlung aufgeklärt werden.

Der heiße Urknall

Die Interpretation der kosmischen Ausdehnungsbewegung, zunächst von einem wie immer gearteten zeitlichen Nullpunkt aus, legt es nahe, bei der kosmischen Hintergrundstrahlung einen gleichen Ansatz zu wählen. Die Rückrechnung von dem heutigen Temperaturwert auf den Temperaturwert einer Anfangszeit kann über den Temperaturverlauf im Kosmos Aufschluss geben. Im Gegensatz zum heutigen Kosmos, der als Materie oder Staubkosmos beschrieben wird, bezeichnet man das frühe Universum als Strahlungskosmos. Rechnen wir die durch die kosmische Ausdehnung bewirkte Temperaturerniedrigung zurück, als Folge von Rotverschiebung und Verdünnung, steigen die Anfangstemperaturen ins Unermessliche. Im Strahlungskosmos waren die Temperaturen so hoch, dass alle Materie in ihre Bestandteile zerlegt war und in noch weit mehr, wie wir später sehen werden. Nicht einmal die Atomkerne konnten zusammenhalten, und schon gar nicht konnten die Protonen wegen der hohen Temperatur die Elektronen an sich binden; kein Wasserstoffatom konnte bestehen und entstehen. Die Elektronen schwirrten frei herum, sie waren ein unüberwindbares Hindernis für die Ausbreitung von Strahlung. An den Elektronen wurde die Strahlung ständig gestreut, was für den Urfeuerball im optischen Spektralbereich Undurchsichtigkeit bedeutete. Es war wie bei einem Ofenfeuer, in dessen Mitte die glühenden Kohlen unsichtbar sind. Der Kosmos dehnte sich in dieser Frühzeit ebenso aus wie heute. Die Temperatur des Kosmos sank daher und Wasserstoff konnte sich bilden. Die Streuung des Lichts an den Elektronen hörte auf. Seit dieser letzten Streuung breitete sich die Urstrahlung ungehindert im Raum aus und erlitt dabei eine Rotverschiebung. Das sichtbare Licht der Urstrahlung ist deshalb heute als

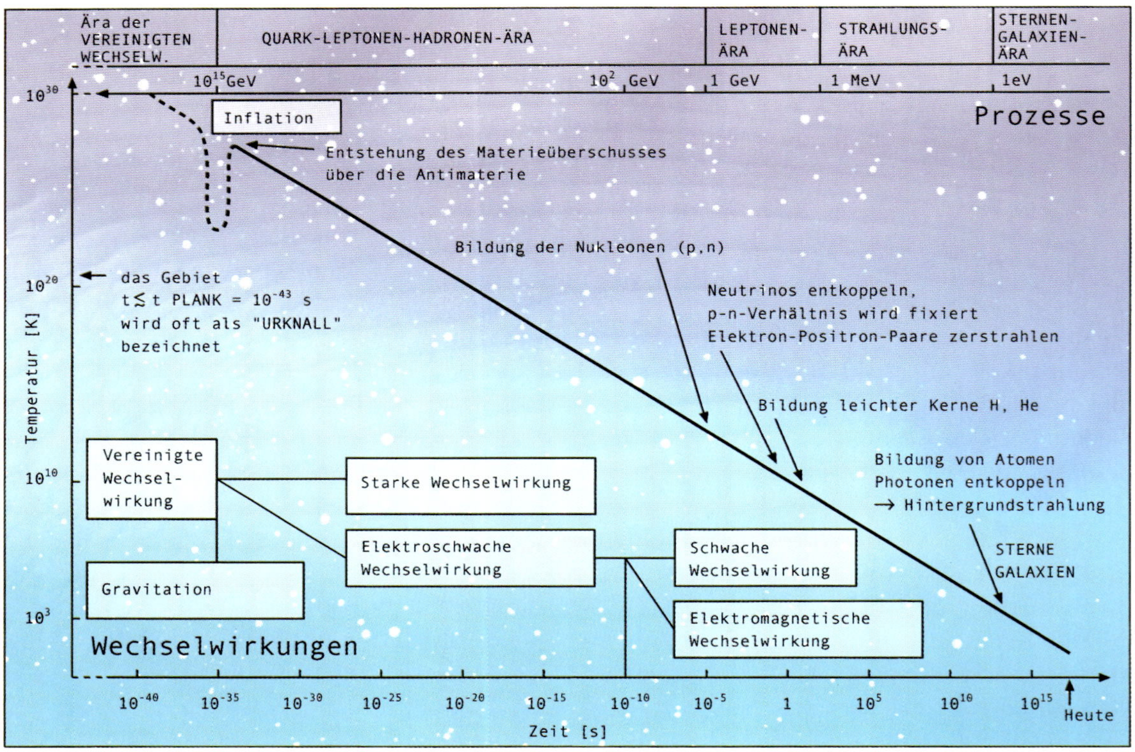

20 Die kosmische Temperaturentwicklung von der Planck-Zeit bis heute in Sekunden

Mikrowellenstrahlung bei einem Millimeter Wellenlänge nachweisbar. Die letzte Streuung der Strahlung an den Elektronen fand bei einer Temperatur von rund dreitausend Kelvin statt. Seit diesem Zeitpunkt muss sich das Universum um den Faktor

$$\frac{3000 \text{ Kelvin}}{3 \text{ Kelvin}} = 1000$$

ausgedehnt haben. Die Frage nach dem dunklen Nachthimmel kann jetzt neu gestellt werden. Der Nachthimmel ist im Mikrowellenbereich von der Reststrahlung des Urknalls erhellt. Da wir diese Strahlung mit unserem Auge nicht sehen, ist der Nachthimmel für uns dunkel. Es ist möglich, die Strahlungstemperatur des Universums aus heutigen Werten zu beliebigen anderen Zeitpunkten zu berechnen. Das eröffnet die Möglichkeit, über die physikalischen Bedingungen im frühen und frühesten Universum Aussagen machen zu können. Die thermische Geschichte *(20)* des Kosmos erschließt sich uns.

Bei einem Weltalter zwischen einhundert- bis dreihunderttausend Jahren lag die Temperatur bei viertausend bis dreitausend Grad. Bei solchen Temperaturen haben die Atome die Elektronen ihrer Hülle verloren. Kosmische Hintergrundstrahlung wird an den Elektronen gestreut. Das damalige Weltall war daher undurchsichtig. Mit zunehmendem Weltalter sinkt die Temperatur und es können sich vollständige Wasserstoff- und Heliumatome bilden; die Streuprozesse enden. Das Urlicht kann beginnen sich auszubreiten, und die Welt wird durchsichtig. Da die Strahlung im thermischen Gleichgewicht mit ihrer Umgebung stand, die überall die gleiche Temperatur hatte, wird diese Strahlung ein thermisches Spektrum erhalten. Die kosmische Hintergrundstrahlung wird als Schwarzkörperstrahlung bezeichnet. Wir können sie heute mit der entsprechend niedrigen Temperatur von rund drei Kelvin messen. Die tiefe Temperatur der Urstrahlung ist Folge der Ausdehnung des Weltalls.

Die weiteren Folgerungen aus diesem Sachverhalt sind ohne Weiteres einleuchtend. Wir benützen die Temperatur der Strahlung als Anzeige für unser Zurückgehen in der Zeit. Je kleiner, also jünger das Weltall war, desto höher seine Temperatur. Bei einem Weltalter von vier Minuten hat die Temperatur 10^9 Kelvin erreicht, und es gibt keine Atomkerne mehr; nur Neutronen, Protonen und Elektronen. Bei einem Weltalter kleiner als eine Tausendstelsekunde beginnen sich Protonen und Neutronen in ihre Antiteilchen umzuwandeln und schließlich bei einer Millionstelsekunde lösen sich alle Teilchen in noch elementarere Bausteine, die Quarks, auf. Schließlich ist alles reine Energie, denn Masse ist ja nichts anderes, anschaulich gesprochen, als tiefgekühlte Energie. Diese Prozesse stellen für die heutige Physik den Zusammenhang mit der Astronomie her.

Kosmologen und Physiker denken heute über das Entstehen der Atome und ihrer Unterbausteine gemeinsam nach. Die Frage nach dem Ursprung der Materie ist die Frage nach der Entstehung des Wasserstoffs. Alle übrigen Elemente lassen sich aus Wasserstoff aufbauen. Die heutige Hochenergiephysik arbeitet letztendlich an Fragen, die von der Physik der Anfangszeit unseres Universums geprägt wurden. Die Astronomie stellt diejenigen wichtigen Größen bereit, die wir benötigen, um diese Physik zu verstehen. Die Teilchenmodelle der Elementarteilchenphysik müssen in Übereinstimmung stehen mit den kosmologischen Modellen der Frühzeit des Universums. So kann die heute beobachtete Häufigkeitsverteilung der leichten Elemente Helium und Deuterium auf ein Weltalter von vier Minuten zurückgerechnet werden. Damit ist die damalige Materiedichte bestimmbar. Aus diesen Werten können wiederum mit den Verfahren der Elementarteilchenphysik Aussagen über die heutige Heliumverteilung gemacht werden. Somit wird der heutige Verteilungszustand von Helium vergleichbar mit dem Verteilungszustand, der über Modellrechnungen aus dem Anfang errechnet wird. Beide Verfahren stimmen überein. Sie stützen das hier aufgezeigte Konzept eines sich entwickelnden Universums und bestätigen das heiße Universum im Frühzustand. Diese Vorstellungen ruhen auf drei Beobachtungspfeilern: der Expansionsbewegung des Raums, der thermischen Hintergrundstrahlung und der Häufigkeit der Elemente Helium und Deuterium. Deuterium ist schwerer Wasserstoff; er besitzt in seinem Atomkern neben dem Proton noch ein Neutron.

Die durch Beobachtungen und Theorie abgesicherte Kosmologie reicht bis in Zeiten zurück, die nur drei bis vier Minuten nach dem Urknall liegen. In der Zeit vorher kann das Rätsel der Dunkelmaterie beschlossen sein. Das durch seine Physik festgelegte Alter der Welt ist, ausgedrückt mit unseren menschlichen Zeitbegriffen, endlich. Der Kosmos entwickelt sich aus einem heißen Frühzustand heraus vom Strahlungskosmos zum Staubkosmos oder – anschaulich – zum Kosmos der Sternsysteme.

Der schwierige Anfang des Kosmos

Vier unterschiedliche Kräfte *(21)* halten die uns geläufige Welt zusammen. Die Physiker sprechen lieber von vier Wechselwirkungen: die gravitative Wechselwirkung – sie bestimmt unser Gewicht auf der Waage, den Planetenlauf, den Zusammenhalt und die Drehbewegung der Milchstraße. Die elektromagnetische Wechselwirkung, sie erklärt die meisten alltäglichen Erscheinungen, angefangen vom Licht und chemischer Bindung bis zu der Festigkeit von Stoffen und der Drehbewegung eines Elektromotors. Die Reichweite dieser beiden Wechselwirkungen, gravitativer und elektromagnetischer, ist unendlich.

Die schwache Wechselwirkung hat eine Reichweite von 10^{-15} Zentimetern; sie regelt die Umwandlung von Neutronen in Protonen, den sogenannten atomaren β-Zerfall oder die Radioaktivität. Die starke Wechselwirkung hält mit einer Reichweite von 10^{-13} Zentimetern die Atomkerne zusammen; sie ist die Kraft, die Teilchen gleicher Ladung aneinander bindet. Alle diese vier Wechselwirkungen bestimmen die Physik in völlig verschiedenen Phänomenbereichen. Sie lassen sich jedoch in energieabhängiger Weise ineinander überführen; sie lassen sich vereinheitlichen. Bei 10^{15} Kelvin verschmelzen elektromagnetische und schwache Wechselwirkung; dies ist experimentell bestätigt. Bei 10^{27} Kelvin ist die starke Wechselwirkung ebenfalls verschwunden, sagt die

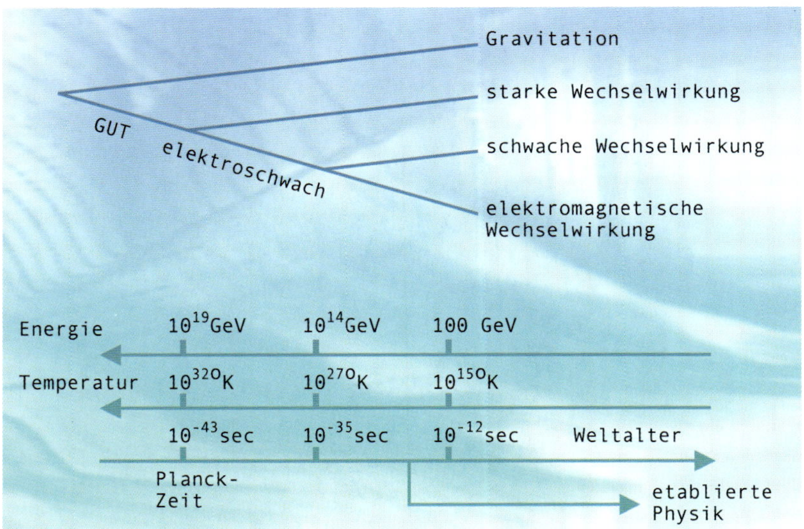

21 Die Vereinheitlichung der vier Grundkräfte mit zunehmendem Energieinhalt des Universums, eine Voraussetzung für die Inflation

Große Vereinheitlichende Theorie *GUT*, gleich *Grand Unified Theory*, voraus und bei 10^{32} Kelvin gesellt sich die Gravitation zum vereinheitlichten Dreierbündnis und schafft das Viererbündnis; dies ist eine Arbeitshypothese der vereinheitlichten Theorie. Wir dehnen also die Theorie in ein zur Zeit noch physikalisches Niemandsland aus. Die Anwendung der Gut auf die Anfangszeit des Kosmos ist zwingend; denn die hohen Temperaturen ergeben sich zwangsläufig, wenn man in der Zeit weiter zurückgeht. Die Einheit der Natur wird in diesem durchgängig anwendbaren Prinzip besonders deutlich widergespiegelt. Das Vereinheitlichungsschema zeigt, dass oberhalb einer Vereinheitlichungsenergie die beiden Ausgangswechselwirkungen ihren Charakter verändern, gleichstark werden und zu einer einzigen Wechselwirkung verschmelzen; die Natur wird also immer symmetrischer, einheitlicher, je höher die Temperatur steigt; das heißt, je mehr Energie den physikalischen Zustand des betrachteten Raumvolumens beschreibt.

Die Naturkräfte werden bei solchen Vorgängen zusammengeschoben, sie erleiden einen Phasenwechsel. Solche Phasenübergänge und Symmetrisierungen lassen sich in unserer Welt der Alltagsphysik am Wasser anschaulich nachvollziehen. Das Ausfrieren von Eis aus Wasser tritt ein, wenn die Schmelztemperatur von 0 Grad Celsius unterschritten wird. Wir beobachten dann einen Phasenübergang und eine Symmetrieänderung. Im flüssigen Wasser herrscht vollständige Rotationssymmetrie und keine Richtung ist ausgezeichnet. Im Eiskristall sind Richtungen festgelegt. Bei Phasenübergängen und bei Symmetrieänderungen wird Energie frei oder verbraucht. In unserem Wasserbeispiel wird Energie frei; es wird Wärmeenergie abgeführt, das Wasser gefriert. Die frei werdende Wärmeenergie fließt in den Kältetrog der Umgebung.

Betrachten wir die zeitliche Entwicklung des Universums in der Frühestphase aus dem Blickwinkel der vereinheitlichenden Theorie. Zu Zeiten kleiner als 10^{-35} Sekunden verschwinden alle Wechselwirkungen bis auf die Gravitation; in Form von Energie ist dieser Zustand in ein Vakuum gedrängt. Das Vakuum besitzt keinerlei reelle Teilchen, wohl aber einen erhöhten Energiezustand, man spricht vom falschen Vakuum. Dieser erhöhte Energiezustand will sich entladen, die Gravitation zeigt in dieser Anfangsphase kein anziehendes, sondern ein abstoßendes Verhalten. Sie versucht den Zustand in ein wahres Vakuum überzuführen. Dieser Übergangszustand wird Inflation *(22)* – Entfaltung oder Aufblähung – genannt. Die Inflation treibt das Universum zwischen 10^{-37} bis 10^{-32} Sekunden auf den 10^{50}-fachen Wert seines Durchmessers. Das Universum bläht sich aus eigener Kraft auf. Die schnelle Ausdehnung stoppt schließlich und geht in den heute beobachteten Expansionswert über, weil die Temperatur sinkt. Die Inflation macht das Universum kalt und leer infolge der Verdünnung. Beim Phasenübergang ins wahre Vakuum wird jedoch Energie freigesetzt. Die Energie hierzu kommt aus dem Phasenübergang selbst. Es ist ähnlich wie beim Übergang von Wasser (der wärmeren Phase) in Eis (der kälteren Phase): Energie wird freigesetzt. Im Kosmos wird freiwerdende Vakuumenergie zur Erzeugung einer gewaltigen Zahl von Teilchen verwendet. Hierbei entsteht der Materieinhalt der Welt. Es beginnt die Entwicklung des Kosmos im Rahmen des heißen Standardmodells.

22 Die Inflation bläst das Babyuniversum sehr schnell auf.

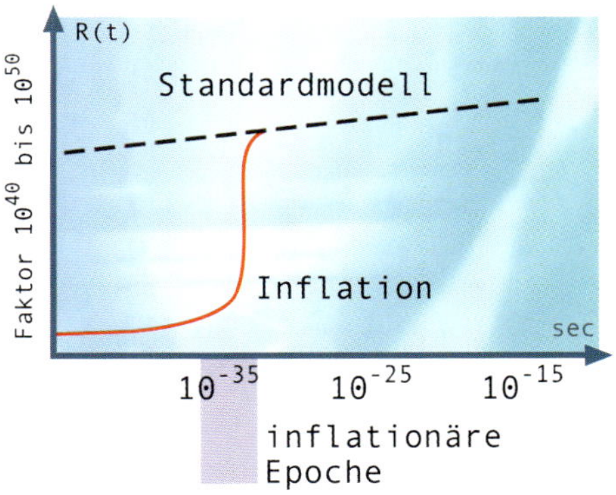

Kehren wir nochmals zur Anschaulichkeit

der Luftballonwelt zurück. Die Inflation glättet die Falten eines vorher schrumpeligen Ballons durch Aufblähen. Die Krümmung der Ballonoberfläche nimmt beim Aufblähen immer mehr ab. Der gesamte Kosmos wird durch die Inflation in einen Kosmos mit sehr geringer, möglicherweise mit verschwindender Raumkrümmung überführt. Das Modell sagt also voraus, dass die Materiedichte im Universum heute annähernd der kritischen Dichte sein sollte. Räume, die von Werten der kritischen Dichte geprägt werden, sind flache Räume. Sie haben verschwindende Raumkrümmung und sind daher fast dreidimensional. Damit wird uns aber auch klar, weshalb der lokale Raum, unser Lebensraum, dreidimensional ist. Die Raumdimensionen unserer Welt wurden vom Inflationsmodell bestimmt. Nebenbei gesagt, Leben kann in zwei oder in vier Dimensionen nicht existieren.

In welcher Art von Universum leben wir denn nun? Ist es geschlossen, ist es offen, oder leben wir im Grenzfall eines flachen Kosmos? Entscheidend hierfür sind der Materieinhalt und das Ausdehnungsverhalten bei Entfernungen größer als vier bis sieben Milliarden Lichtjahre. Kehren wir nochmals zur Beobachtung zurück. Sieben Milliarden Lichtjahre entsprechen einer Rückblickzeit von sieben Milliarden Jahren. Wir blicken in die Jugend des Kosmos hinein. Wir können heute die kosmische Ausdehnung mit Hilfe von explodierenden Sternen, den Supernovae, beobachten, die in Entfernungen liegen, bei denen das Universum erst die Hälfte bis zwei Drittel seines jetzigen Alters erreicht hatte. Das Ergebnis solcher Beobachtungen ist: Die Ausdehnung des Universums wird langsamer abgebremst als bisher angenommen, oder anders gesagt, das Universum dehnt sich schneller aus. Dies bedeutet natürlich, dass der Materieinhalt des Universums kleiner ist, denn nur so kann die Abbremsung aus Mangel an Anziehungskräften kleiner werden. Andererseits benötigt ein Universum mit fast flacher Raumzeit, wie sie aus dem inflationären Kosmosmodell und den Beobachtungen der Hintergrundstrahlung folgt, einen Materieinhalt oder einen Energieinhalt nahe der kritischen Dichte. Um die wahre Dichte des Universums in die Nähe der kritischen Dichte zu bringen, bleibt als Lösung nur die Annahme, dass das Vakuum Energie trägt. Diese Vakuumenergie treibt das Universum auseinander, liefert aber andererseits einen Beitrag zum kosmischen Dichtewert, denn Energie entspricht Masse. Der kosmische Dichtewert kann damit in der Nähe von 1 gehalten werden.

Wie sehr wir von dem vertrauten Zustand unserer sichtbaren Welt entfernt sind, wenn die großen kosmischen Räume und ihre zeitliche Entwicklung betrachtet werden, ist aus der folgenden Zusammenstellung ersichtlich.

Kosmische Materie oder Energie	Anteile der kosmischen Energie- und Massendichte
Sichtbare Masse: Sterne, Gas, Staub (daraus bestehen auch wir)	0,01
Dunkle Materie: viele kleine kalte Objekte aus Protonen-Neutronen Materie (zum Beispiel Braune Zwerge, Machos)	0,05
Dunkle Materie/andere Teilchen	0,3
Energie des Vakuums	0,6
	0,96

Ein kritischer Zwischenrufer könnte sich jetzt melden: Von uns bleibt in dieser Welt immer weniger übrig! Nur ein Prozent all dessen, was ist, kann von uns überhaupt gesehen, das heißt direkt beobachtet werden. Unsere schöne Welt besteht mehr aus Nichts als aus Etwas. Und das Vakuum soll eine Energie tragen? Sechzig Prozent der gesamten Massendichte findet sich in dieser kosmischen Vakuumenergie und die ist wesentlich für die Struktur der Welt im Großen verantwortlich.

Und überhaupt, der kleinste Zeitwert, der für den Beginn der kosmischen Entwicklung angegeben wurde, lag bei 10^{-43} Sekunden. Warum gerade diese Zeit? Und was war vorher? Woher kommt das alles?

Unser Ziel war es zunächst, die logische Kette der physikalischen Argumente zur kosmischen Entwicklung vorzuführen. Im Wechselspiel von Beobachtung und Theorie, dargestellt im Rahmen eines Modells, sind wir die Zeit vor- und zurückgelaufen.

Wir werden in einem späteren Kapitel den Anfang von Zeit und Raum besprechen. Die Zeitschranke 10^{-43} Sekunden wird sich dabei aufzulösen beginnen. Warum gibt es überhaupt etwas und nicht viel mehr nichts? Das wird unsere Hauptfrage werden.

Dunkelmaterie und Dunkelenergie zum zweiten Mal

Zum zweiten Mal sind wir bei der Dunkelmaterie angekommen.

Unsichtbare Materie bestimmt den Masseninhalt des Kosmos. Was wir nicht sehen – und unter sehen verstehen wir „etwas über elektromagnetischen Strahlungsaustausch beobachten" –, das bestimmt die Struktur des Universums. Ein ungemütlicher Gedanke.

Der nächtliche Blick zum Himmel trifft auf unzählige Sterne. Dennoch, es gibt mehr Dunkelheit als Licht und mehr leeren Raum als Sterne. Selbst die zehn Tage lang belichteten Aufnahmen des Weltraumteleskops fast vom Rande der Welt zeigen mehr leeren Raum als Galaxien.

Aber ganz kann das nicht stimmen.

Lichtstrahlen können von gravitativen Anziehungskräften verbogen werden, wenn sehr große Massen als Lichtlinsen wirken; man nennt den gesamten Vorgang Lichtbeugung durch Gravitationslinsen. *(23)* Um Galaxienhaufen wurde derartiges beobachtet. Das Licht ferner Galaxien kann von Fall zu Fall um Galaxienhaufen herum gebeugt werden. Es wird gebündelt und es erscheinen neben den Galaxienhaufen Bilder dieser ansonsten unsichtbaren Galaxien, die weit entfernt hinter den Galaxienhaufen liegen. Die Stärke einer Gravitationslinse, ihre Lichtbündelungskraft, hängt von ihrer Masse ab. Die sichtbare Masse des Galaxienhaufens reicht dazu nicht aus. Der größte Teil der Masse der Galaxienhaufen muss daher Dunkelmaterie sein. Der Kosmos ist von gewaltigen Mengen solcher Dunkelmaterie erfüllt.

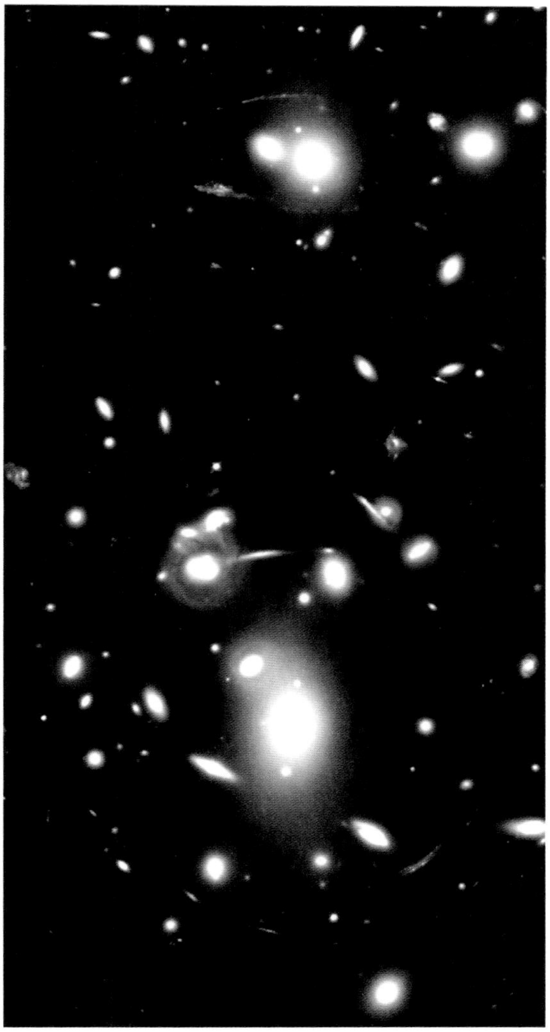

23 Der Galaxienhaufen Abell 2218 wirkt als Gravitationslinse für noch weiter entfernte Galaxien. Die Bilder der fernen Galaxien sind zu Lichtbögen verzerrt

Galaxien sind ähnlich den Weihnachtskerzen auf einem sonst dunklen Christbaum. Sie schmücken eine viel größere, schwerere, massenreichere Struktur. Sie markieren das unsichtbare Webnetz des Kosmos. Auf Dunkelmaterie hatten wir schon aus den Rotationskurven der Galaxien geschlossen, ferner aus den viel zu großen Einzelgeschwindigkeiten der Galaxien in Galaxienhaufen. Den dritten Beweis für Dunkelmaterie liefern die Gravitationslinsen.

Die uns vertraute, sichtbare Materie des Kosmos – die Atome der Wiesen, Wälder, Berge, Planeten, Sterne und Galaxien – verkörpert nur ein bis fünf Prozent der Masse des Universums. Der überwiegende Teil des Kosmos besteht aus zwei zusätzlichen Phasen. Eine Phase sind subatomare Elementarteilchen, die sich im Entstehungsprozess des Urknalls bildeten und auch heute noch mit und all überall durch die normale Materie fluten. Sie stellen sozusagen die Infrastruktur des Universums dar. Die andere Phase ist eine Energie, die mit dem Vakuum selbst gekoppelt ist. Diese Vakuumenergie, auch Dunkelenergie genannt, bestimmt die Form und das Schicksal des Universums entscheidend mit.

Astronomen und Physiker haben zu Beginn des neuen Jahrtausends gelernt, die ersten richtigen Fragen zur Aufklärung solcher Zusammenhänge zu stellen. Dunkle Materie und Dunkelenergie haben wenig oder kaum Einfluss auf unsere bekannte Weltmaterie, wenn wir bei gewohnten Entfernungen stehen bleiben. Dunkelmaterie und Dunkelenergie wirken auf den großen Skalen des Gesamtkosmos.

In den ersten tausendstel Sekundenbruchteilen der Kosmosentstehung bestand die gesamte heute übliche Materie aus einer extrem heißen und dichten „Suppe“ von Elementarteilchen. Im Laufe der kosmischen Expansion bildeten sich aus ihr schnell Neutronen und Protonen. In weiteren drei Minuten nach dem Urknall lagerten sich Protonen und Neutronen zusammen und es entstanden in festen Massenverhältnissen zueinander die Atomkerne von Deuterium, Helium und Lithium neben dem einfachsten Element Wasserstoff. Die heutige Menge an Deuterium im Kosmos ist deswegen ein hochempfindliches Maß für die mittlere Menge normaler Materie beim Urknall. Je mehr normale Wasserstoffmaterie damals entstand, desto mehr Helium und desto weniger Deuterium muss daher im heutigen Universum vorhanden sein. David Tytler von der California University in San Diego gelang 1998 die entscheidende Messung der Deuteriumhäufigkeit an weit entfernten kosmischen Gaswolken. Tytler und seine Gruppe fanden als obere Grenze für den Anteil normaler Materie an der kosmischen Gesamtmaterie den Wert von einem Siebtel, also rund vierzehn Prozent. Was immer Galaxien und Galaxienhaufen hindert, auseinander zu fliegen: es kann nicht normale Materie sein, es ist Dunkelmaterie. Die Messung am Deuterium erlaubt so einen ersten direkten Zugriff auf den kosmischen Anteil dieser Dunkelmaterie.

Für Dunkelmaterie werden alternativ zwei bisher noch nicht beobachtete Teilchensorten verantwortlich gemacht. Das Neutralino als ein Teilchen, das auftritt, wenn sich die Gravitation von den drei übrigen Grundkräften trennt. Das Axion, das mit den Trägern magnetischer Monopole zusammenhängt. Reste beider Teilchensorten könnten die Dunkelmaterie bilden. Beide Teilchensorten tragen keine Ladung und wechselwirken mit gewöhnlicher Materie nur selten; daher sind sie extrem schwer nachzuweisen. Lediglich ihre Gravitationswirkung kommt, da sie Masse tragen, auf kosmischen Skalen zur Wirkung.

Der Materieinhalt des Universums ist mit der grundlegenden kosmologischen Struktur verknüpft: Die Expansionsrate und der Materieinhalt legen fest, ob das Universum offen, geschlossen oder flach ist. Der Prozentsatz an gewöhnlicher Masse liegt bei ein bis fünf Prozent, der Anteil der Dunkelmaterie liegt zwischen dreißig und fünfunddreißig Prozent in Bezug auf die kritische Dichte für ein flaches Universum. Die kritische Dichte ist also unterschritten, das Universum expandiert; die Geometrie ist sattelähnlich und nicht flach. Nun folgt aber gerade aus der Inflationsphase des Universums, dass die Geometrie des Kosmos flach sein müsste. Die neuesten Messungen an der kosmischen Hintergrundstrahlung erlauben als Erklärung der festgestellten Temperaturschwankungen ebenfalls nur ein flaches Universum.

Den Ausweg aus diesem Dilemma liefert die Vakuumenergie oder Dunkelenergie. Da jeder Energie eine Masse zugeordnet werden kann, ist es unerheblich, ob wir von Masse oder Energie sprechen. Die Wirkung der Dunkelenergie kann das Universum flach machen, mit fünfundsechzig Prozent die fehlenden Dichteanteile zur kritischen Dichte fast auf den Wert 1 bringen und so ein flaches Universum garantieren. Der Energieinhalt des Vakuums klumpt nicht, wie üblicherweise Materie es tut und beeinflusst daher nicht die Bildung von Galaxien und Haufen von Galaxien. Wie kam man darauf, dass der Kosmos von Vakuumenergie durchflutet sein muss? Entfernungsmessungen an den weitest entfernten Supernovae, an den Lichtausbrüchen explodierender Sterne also, in den fernsten, gerade noch von den Teleskopen erfassten Galaxien zeigten, dass die kosmische Ausdehnungsrate sich nicht verlangsamt, sondern beschleunigt. Eine solche Beobachtung ist ein Beweis für die Existenz von Vakuumenergie.

Ein Universum, das sich immer schneller ausdehnt – ist das nicht unphysikalisch? Bewegung wird doch stets abgebremst, wenn Gravitation wirkt! Aber gerade diese, der Gravitation entgegengerichtete Wirkung ist das, was man zu beobachten erwartet, wenn die Dunkelenergie des Vakuums fünfundsechzig Prozent der Masse – sprich Energie – stellen soll, um das Universum flach zu machen. Gemäß der Theorie und den Messungen der Quantenphysik ist das Vakuum nicht leer. Es ist angefüllt mit virtuellen Teilchen, die existieren, weil sie sich Energie und Zeit wechselseitig ausborgen. Teilchen und Antiteilchen erscheinen im Vakuum und verschwinden wieder, lösen sich in pure Energie auf oder materialisieren aus Energie. Vakuumenergie ist so etwas ähnliches wie ein Dampfdruck und Druck ist eine besondere Art von Energie. Beide Energiearten – Vakuumenergie und Dampfdruckenergie – streben nach Ausdehnung. Die Vakuumenergie tut das genauso wie die Energie des Dampfdruckes. Das Vorhandensein solch einer Vakuumenergie ist von zahllosen Laborexperimenten bestätigt worden.

Dunkelmaterie ist, wie alle Masse, anziehend und treibt Masse dazu, sich auf allen kosmischen Skalen zusammenzulagern. Diese Eigenschaft erlaubte es der Dunkelmaterie, im gesamten Universum die sichtbaren kosmischen Strukturen zu beherrschen. Dunkelmaterie ist die Hintergrundstruktur. Sie ist sozusagen der dunkle Christbaum, auf dem wir die leuchtenden Galaxienkerzen beobachten können. Im Gegensatz dazu wirkt Dunkelenergie abstoßend für Raumstruktur und ist stetig allüberall im Kosmos verbreitet. Diese Eigenschaft macht Dunkelenergie zu einem vernachlässigbaren Faktor, um zu verstehen, wie ein Spatz fliegt oder eine Galaxie sich dreht. Sie ist aber wesentlich, um das Auseinanderfliegen des Kosmos zu beschleunigen und den Materie-Energie-Inhalt anzuheben.

Aus was besteht das Universum? Dunkelmaterie und Dunkelenergie bilden fünfundneunzig Prozent des Substrates, aus dem das Universum aufgebaut ist. Der sehr kleine Rest von fünf Prozent – das sind wir. Vier Prozent davon sind heiße Helium- und Wasserstoffwolken, ein halbes Prozent Neutrinos und nochmals ein halbes Prozent ist dann schließlich das Material der Sterne. Davon wiederum bestehen rund zwei Zehntausendstel aus Kohlenstoff, Sauerstoff und Eisen. Es sind die Elemente, die in Sternen entstanden und die eine biologische Evolution in Bewegung setzten. Im Verlauf einer solchen biologischen Evolution entstanden auch unsere Gehirne, und damit wurde der Kosmos überhaupt erst beobachtbar.

Betelgeuse
ANIS MINOR
Procyon
Equator
MONOCE
Alphard
Summer

Neue Sterne und neue Planetensysteme

Am Montag, den 6. November 1995 titelte das Nachrichtenmagazin Der Spiegel: „Planet des ‚Pegasus 51' – Entdeckung bei der Suche nach Leben im All" Einen Monat vorher war folgendes geschehen: Am 6. Oktober 1995 hatten die Schweizer Astronomen Michael Mayor und Didier Queloz aus Genf auf einem Kongress in Florenz über kühle Sterne einen sachlichen Forschungsbericht abgegeben und dabei nebenbei unser Weltbild entscheidend erweitert.

Sie hatten den Stern 51 Pegasus, der in einer Entfernung von fünfzig Lichtjahren steht, längere Zeit hinsichtlich seines Bewegungsverhaltens systematisch untersucht. Dabei stellten sie fest, dass um diesen Stern ein dunkler Körper kreisen musste. Die Masse dieses dunklen Körpers entsprach der Masse des Planeten Jupiter.

Der Abstand des Planeten von seinem Zentralgestirn 51 Pegasus beträgt rund 7,5 Millionen Kilometer, seine Umlaufdauer vier Tage. Dieser Nachweis galt unter Fachkollegen als sicher. Nach langem Suchen, Verkleinern von Messfehlern und unendlich vielen Enttäuschungen – welch ein Triumph! Achtzehn Monate lang hatten die beiden Astronomen das Geschwindigkeitsverhalten des Sterns vermessen. Die Messgenauigkeit ihres Spektroskops lag bei 12 Metern pro Sekunde. 51 Pegasus zeigt eine periodische Geschwindigkeitsänderung von 59 Metern pro Sekunde in 4,2 Tagen und an dieser periodischen Geschwindigkeitsvariation änderte sich über die Beobachtungsperiode von fast anderthalb Jahren nichts. Was bedeutet solch eine Variation? Der Stern musste von einem ihn umkreisenden dunklen Körper periodisch hin und her gezogen worden sein. Endlich konnte gezeigt werden, dass unser Sonnensystem nicht das einzigartige und alleinige Ergebnis eines kosmischen Zufalls war, sondern das es auch andere Planetensysteme gab. Sternentstehung führt auch zur Entstehung von Planetensystemen. Heute sind mehr als fünfzig solcher Systeme bekannt. Wir wissen also: Um Sterne kreisen dunkle Körper; es sind Planeten; von ihrem Stern erhalten die Planeten Licht- und Wärmestrahlung.

Solch eine Geschichte wäre zu einfach, um sie im Endergebnis in der Frage eines Nachrichtenmagazins enden zu lassen: Hocken auch anderswo bierbäuchige Gestalten allabendlich vor der „Glotze"... auf anderen Planeten?

Nach Bekanntgabe der Entdeckung durch Mayor und Queloz wurden deren Messungen von vier anderen Beobachtungsteams bestätigt. Entscheidend an dieser Entdeckung ist jedoch ein anderer Sachverhalt. Bisher gab es für die Astronomie nur unser Sonnensystem. Als ein kleines System von dunklen Körpern um einen Stern, schien es im Kosmos einzig zu sein. Es war so etwas wie eine einmalige Laune der Natur, seltener als ein Kalb mit zwei Köpfen. Nun war ein anderes System ähnlicher Art eindeutig nachgewiesen. Früher waren schon mehr als ein Dutzend Systeme als Planetensysteme vermutet worden. Jedoch den endgültigen Beweis blieb man auf Grund von unzureichenden Messverfahren schuldig.

Astronomen erdenken sich von kosmischen Vorgängen und Systemen Modelle und versuchen mit Hilfe der Modelle die beobachteten Objekte zu verstehen. Erst wenn mehrere gleichartige oder fast gleichartige kosmische Systeme bekannt sind, können dann auf der

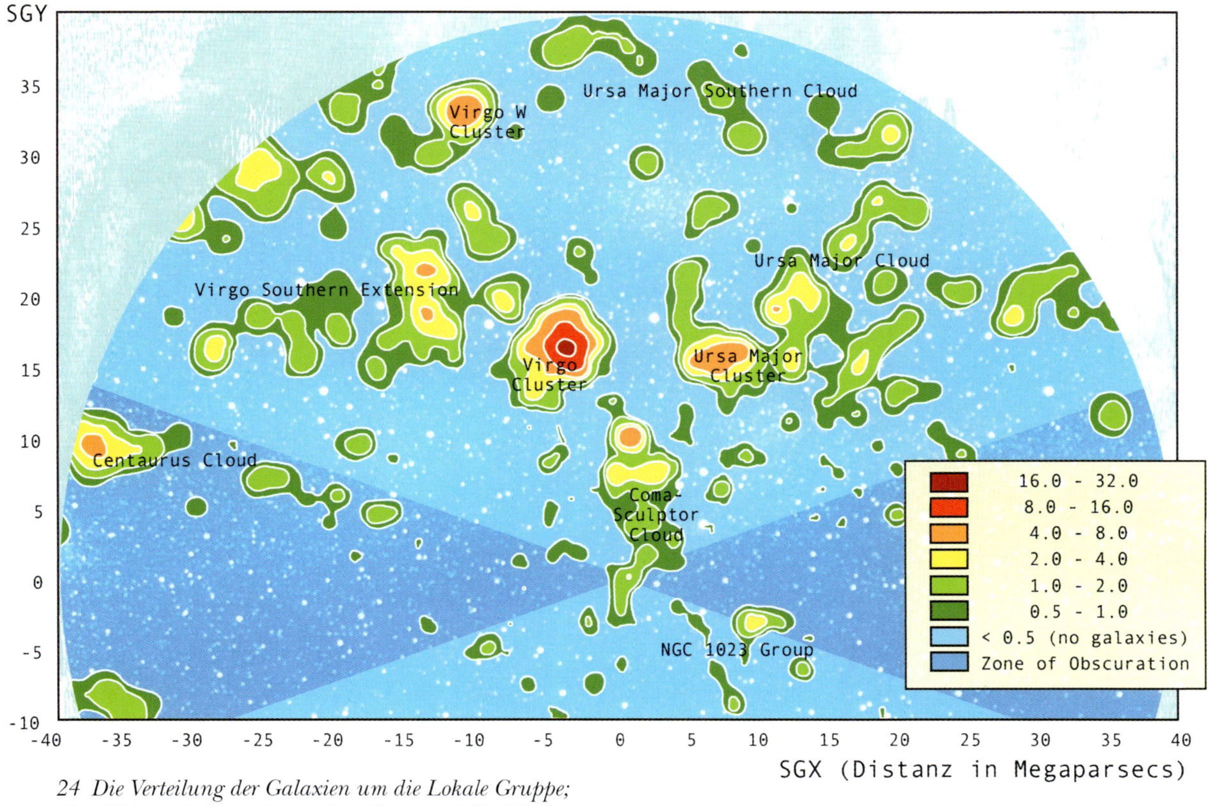

24 Die Verteilung der Galaxien um die Lokale Gruppe; die Milchstraße liegt bei den Koordinaten (0,0). Die Farbskala gibt die Galaxiendichte pro Quadrat-mega-parsec an. Ein Megaparsec entspricht drei Millionen Lichtjahren

Grundlage der Modelle mit größerer Sicherheit die Entwicklungsprozesse der kosmischen Strukturen und Systeme bearbeitet werden. Die Entdeckung anderer Planetensysteme öffnete einen solchen entscheidenden Weg.

Der Astronom kann, obwohl er mit physikalischem Handwerkszeug arbeitet, im Gegensatz zum Physiker keine Experimente durchführen. Der Astronom hat nur die Natur selbst zur Verfügung, wenn er Experimente beobachten will. Da im Kosmos zeitliche Entwicklungen von Objekten zu den unterschiedlichsten Zeiten einsetzen und ablaufen, hat der Astronom eine breite Auswahl unter ähnlichen Objekten in verschiedenen Entwicklungsstufen. Er sieht Sterne, die gerade im Entstehen begriffen sind, er sieht junge Sterne, er sieht alte Sterne. Wenn einmal das Prinzip einer solchen zeitlichen Abfolge der Zustände bekannt ist, können durch Kombination der beobachteten unterschiedlichen Entwicklungsphasen ein Gesamtbild und eine zeitliche Entwicklung abgeleitet werden. Die Erscheinung unseres Sonnensystems und anderer Planetensysteme ist dazu der Entwicklungsendpunkt. Die Vorstufen hierzu muss die Beobachtung finden. Der

25 (folgende Doppelseite) Das Wechselspiel zwischen Sternentstehung, Sternentwicklung und interstellaren Gaswolken. Es ist ein Zyklus von Werden und Vergehen, dargestellt durch die verschiedenen Temperaturregime. Sternentstehung findet in den kältesten Regionen statt. Das abgegebene Gas ist mit höheren Elementen angereichert

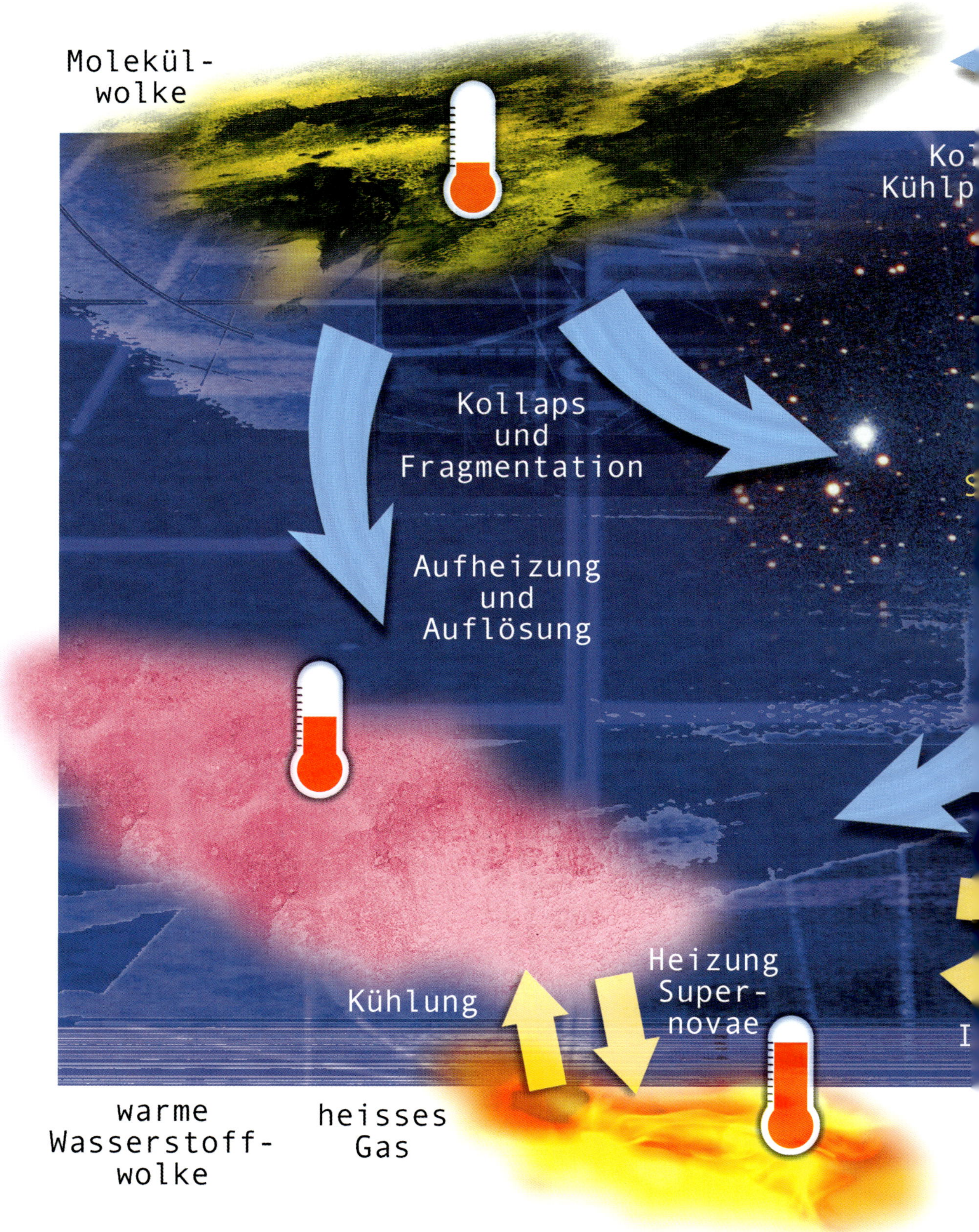
Molekül-
wolke
Kollaps
und
Fragmentation
Aufheizung
und
Auflösung
Kühlung
Heizung
Super-
novae
warme
Wasserstoff-
wolke
heisses
Gas

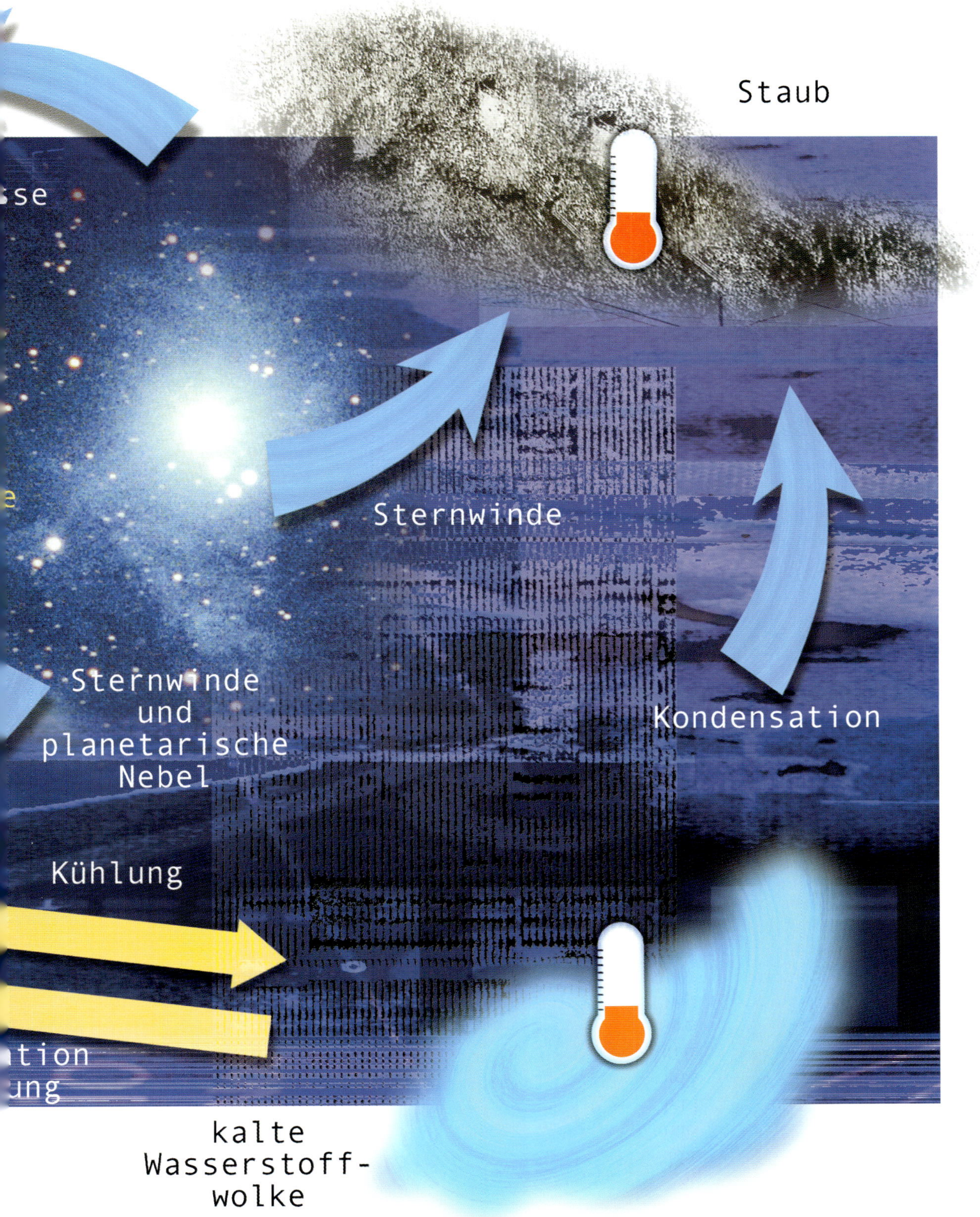
Staub
se
Sternwinde
Kondensation
Sternwinde
und
planetarische
Nebel
Kühlung
tion
ung
kalte
Wasserstoff-
wolke

augenblickliche, aktuelle Zustand ist die Auswirkung von Vorzuständen. Die Vorzustände sind die Ursachen für das Erscheinungsbild, das wir heute zu erklären versuchen.

Um die sehr umfangreichen Beobachtungen der Stern- und Planetenentstehung darzustellen, beginnen wir in unserer näheren kosmischen Heimat mit der Durchmusterung von Galaxien. Wir schauen zunächst auf nahe Galaxien und suchen dort die Orte der Sternentstehung auf. Sternentstehung ist ja nichts anderes als Strukturbildung aus der zunächst diffus verteilten Materie zwischen den schon existierenden Sternen. Sternentstehung als Strukturbildung, diese wiederum als strukturbildender Baustein auf größeren Skalen, ist für die Ausbildung von Spiralarmen in Galaxien verantwortlich.

Die lokale Galaxiengruppe und Zwerggalaxien

Was vor drei Jahrzehnten noch außerhalb der teleskopischen Reichweite selbst sehr guter astronomischer Beobachtungsbemühungen lag, liegt heute in der Reichweite der elektronischen Kameras der Amateurastronomen. Natürlich können erst recht die Großteleskope Daten naher Galaxien sammeln. Viele kleine und lichtschwache Galaxien scharen sich um Milchstraße und Andromedanebel. Diese kleine lokale Verdichtung in der Galaxienanzahl trägt den Namen Lokale Gruppe und besteht zur Zeit aus sechsunddreißig Mitgliedern. Der Radius des Aufenthaltsraumes für die Mehrzahl der Mitglieder liegt bei drei Millionen Lichtjahren. Zahllose solcher Galaxiengruppen finden sich im nahen Weltraum außerhalb unserer Milchstraße. Gruppen von Galaxien scharen sich stets um ein bis zwei größere Sternsysteme. Für die Galaxienforschung ist die Lokale Gruppe aus mehreren Gründen von großer Wichtigkeit. Alle Galaxienmitglieder liegen noch genügend nahe, um sie in Einzelsterne und einzelne Gaswolken auflösen zu können. Eine Teilerforschung ist möglich. Die lokale Galaxiengruppe ist das Testgelände für Entfernungseichungen, für die Entwicklungsgeschichte von Sternen, ihre Entstehung und für die Galaxienentwicklung schlechthin. Aber auch die Dynamik von einzelnen Sternsystemen und die Gesamtdynamik einer Galaxiengruppe können gut untersucht werden.

Führen wir ein dreidimensionales Koordinatensystem *(24)* ein und verankern es im Milchstraßensystem als Zentrum, so können wir die Galaxienverteilung darstellen. Die Milchstraßenebene als Z-Ebene markiert die galaxienfreie Zone. Die Milchstraße, mit der Lokalen Gruppe, liegt bei der Koordinate X gleich 0, Y gleich 0. Wir blicken von einer fiktiven Z-Koordinate auf die Grundebene hinunter. Der im dunkleren Blau eingefärbte Bereich entspricht der galaktischen Absorptionszone. Die Karten zeigen Flächendichten von Galaxien. Jedes Kartenintervall bedeutet eine Zunahme um einen Faktor 2 in der Flächendichte der Galaxien in Sichtlinienrichtung. Die Vielfalt an Strukturen in unserer unmittelbaren kosmischen Umgebung ist verblüffend. Schon auf diesen noch lokalen Skalen sind die Klumpung und das Auftreten von Leerräumen zu erkennen.

Zwerggalaxien – wichtige Orte der Sternentstehung

Als Plankton des Universums werden Zwerggalaxien bezeichnet; denn überall um große Milchstraßensysteme tauchen sie auf. Und warum sind Zwerggalaxien für die Astronomen so interessant? Zwerggalaxien scheinen einfache Systeme zu sein, die aus wenigen Komponenten aufgebaut sind. Sie sind leichter als Großgalaxien in Modellrechnungen nachzuahmen und zu verstehen. Im Rahmen der Entstehungsgeschichte von Galaxien bilden sie oft Unterbausteine, aus denen die größeren Systeme schließlich hervorgehen.

Eine typische Galaxie enthält rund 10^{11} Sterne und massenmäßig bis zu zwanzig Prozent

26 Der Adler-Nebel; kalte und heiße Gasgebiete mit Sternentstehung grenzen unmittelbar aneinander

Gas- und Staubanteile. Physikalische Parameter, mit denen ein Sternsystem beschrieben werden kann, sind Masse, Gesamtleuchtkraft, Radius, Geschwindigkeitsstreuung, kinetische Energie, Gesamtdrehimpuls, chemische Zusammensetzung und die jeweiligen radialen Verteilungen dieser Größen. Galaxien haben als Einzelbausteine des Kosmos eine höhere strukturelle Qualität als Einzelsterne. Die Summe der Wechselwirkungen der Einzelsterne und der Gas- und Staubwolken zwischen den Sternen liefert ein Mehr an physikalisch messbaren Eigenschaften als die pure Addition der Eigenschaften der Bestandteile eines Sternsystems. Galaxien sind strukturbildende kosmische *(25)* Objekte. Es sind rückgekoppelte astrophysikalische Ökosysteme, in denen Sterne aus Gas- und Staubwolken *(26)* geboren werden, sich entwickeln, absterben und Teile ihrer Materie in den Raum zwischen den Sternen zurückgeben. Das zurückgeführte Material ist mit den Produkten der stellaren Nukleosynthese angereichert. Die Untersuchung der Dynamik und Kinematik der Sternsysteme zeigt Wege, die strukturbildenden Prozesse zu verstehen. Strukturbildung ist zum Beispiel der Übergang von Gaswolken zu Sternen oder die Organisation der Sterne in Spiralarmen.

Neben den physikalischen Parametern werden Galaxien über eine morphologische Galaxienklassifikation beschrieben. Man benützt also ihr äußeres Erscheinungsbild, um sie zu ordnen. Das morphologische Erscheinungsbild der Sternsysteme wird in ein Ordnungsschema gebracht, dem dann physikalische Parameter zugeordnet werden können. Die Physik erklärt so die Vielfalt der morphologischen Erscheinungsbilder der Galaxien. Spiralgalaxien, elliptische Galaxien und irreguläre Sternsysteme sind die Hauptgruppen. Den unteren Helligkeits- und Massenbereich der elliptischen und irregulären Sternsysteme bilden die Zwerggalaxien. Großräumige Strukturbildung, die zu Spiralarmen führt, ist bei Zwerggalaxien – wenn überhaupt – nur ansatzweise zu finden.

Die hier gezeigten normalen Galaxien gehören durchweg zum gleichen morphologischen Typ. Ihre mittleren absoluten Helligkeiten liegen bei minus 21.2 Größenklassen und die Masse der leuchtenden Materie in der Größenordnung von 2 mal 10^{11} Sonnenmassen. Ihre mittleren Durchmesser belaufen sich auf rund neunzigtausend Lichtjahre. Die dunklen Knoten, auf den Negativ-Aufnahmen schwarz, entlang der Spiralarme sind Sternentstehungsgebiete. Die Maßstabsbalken entsprechen zwei

27 Zwei normale Spiralgalaxien und zwei Zwerggalaxien im Größenverhältnis 500 zu 1; Sternentstehungsgebiete sind eingelagert

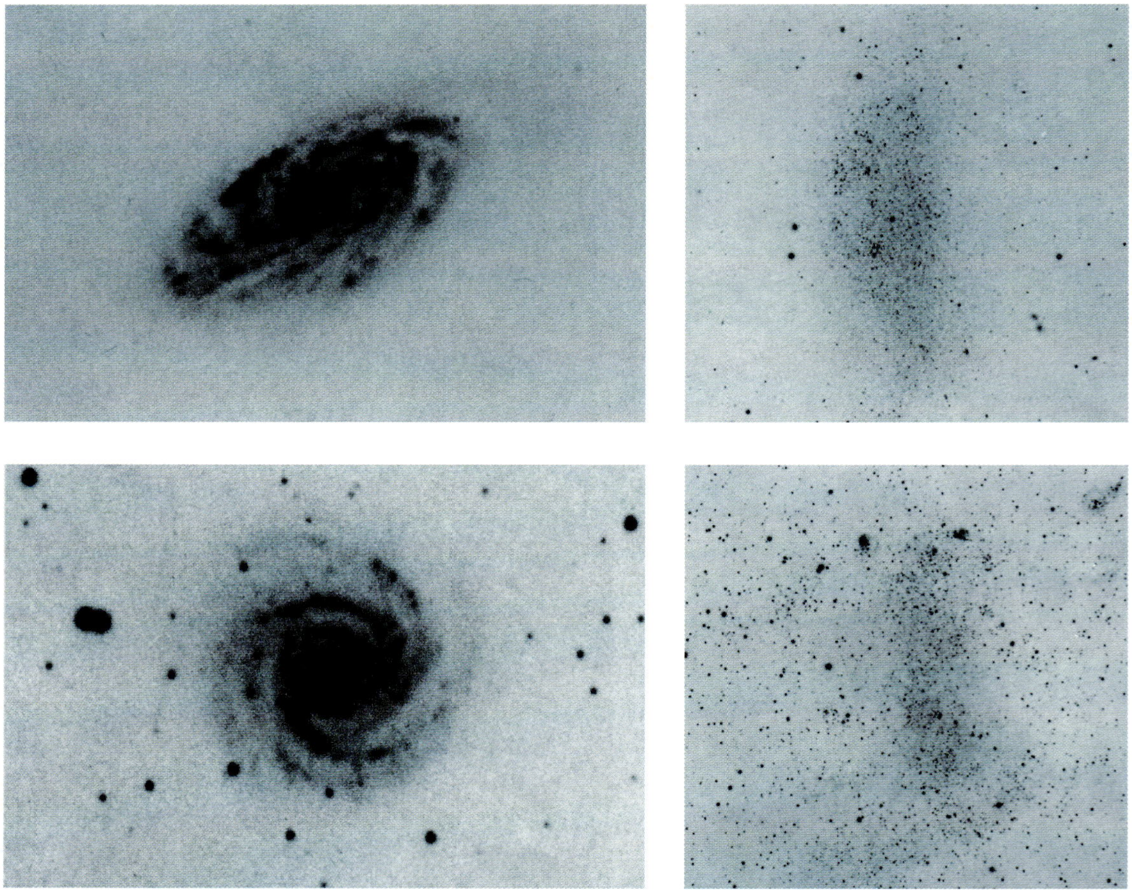

Bogenminuten an der Himmelssphäre. Die gezeigten Zwerggalaxien sind weitgehend strukturlos mit gelegentlich asymmetrisch gelagerten Sternentstehungsgebieten. Ihre Helligkeit liegt bei minus 16. Größenklasse.

Eigenschaften von Zwerggalaxien

Der am schnellsten zugängliche Klassifikationsparameter für Zwerggalaxien ist die Leuchtkraft. Sie kann sich um bis zu vier Zehnerpotenzen bei gleichem morphologischen Typ unterscheiden. Allein schon diese Tatsache macht es interessant, nachzuforschen, weshalb sich diese kleinen Galaxien bei einfachstem Aufbau um solche Helligkeitsbeträge unterscheiden können. In einer operationalen Definition werden Galaxien mit einer absoluten Helligkeit im blauen Spektralbereich schwächer als minus 18. Größenklasse als Zwerggalaxien bezeichnet. Man unterscheidet drei Klassen.

Elliptische Zwerggalaxien sind charakterisiert durch die Abwesenheit von Sternen heller als minus 1,5 Größenklasse und fast vollstän diger Abwesenheit von Gas. Sie zeigen zentrale Symmetrie in der Helligkeitsverteilung. Die radiale Helligkeitsverteilung kann durch ein Exponentialgesetz beschrieben werden.

Irreguläre Zwerggalaxien beherbergen helle blaue Sterne, beträchtliche Massenanteile an neutralem Wasserstoff – bis vierzig Prozent – und häufig Sternentstehungsgebiete. Sie sind leichter zu entdecken als elliptische Zwerggalaxien und bis in fünfundzwanzig Mal größere Entfernungen in Einzelsterne auflösbar.

Der Übergang ist fließend zur dritten Gruppe, den blauen kompakten Zwerggalaxien. Es handelt sich hier um Zwerggalaxien mit ständiger starker Sternentstehung. Der Gasanteil an der Gesamtmasse ist ebenfalls beträchtlich. Die Sternentstehungsgebiete haben Durchmesser von zwei Zehntel bis zu dreitausend Lichtjahren. Dieser Galaxientyp entspricht bis auf die Sternentstehungsrate den irregulären Zwerggalaxien. Aufgrund der starken Sternentstehung haben sie im blauen Spektralbereich einen Strahlungsüberschuss.

Zwerggalaxien *(27)* sind zerbrechliche Gebilde, weil sie nur kleine Sternzahlen mit großen Abständen haben, und so die kollektive Bindungsenergie des Systems klein bleiben muss. Leicht können sie daher durch Gezeitenwechselwirkungen von den Hauptsystemen aufgesaugt und zerstört werden. Gezeitenkräfte sind deshalb für diese Systeme entscheidende äußere Einflüsse, die ihren Aufbau beeinflussen und bestimmen.

Auch die Zwerggalaxien enthalten Dunkelmaterie und sind davon umgeben. Die Wechselwirkungen von großen und kleinen Galaxien sind Auswirkungen der viel größeren Anziehungsfelder der Gesamtmasse, nämlich von sichtbarer und unsichtbarer Materie. In diesen Anziehungsfeldern sind Gruppengalaxien Probekörper für das Ausloten der Dunkelmaterie. Wichtige Rückschlüsse auf die Verteilung der Dunkelmaterie werden sich aus den Bewegungsverhältnissen der Zwerggalaxien ziehen lassen.

In unserer eigenen Lokalen Gruppe stehen die gasreichen, irregulären Systeme isolierter im Raum als die gasarmen, sphäroidalen, elliptischen Systeme. Es gibt viele solcher Systeme, bei denen der Gasverlust durch Gezeitenkräfte von der Beobachtung nachgewiesen werden konnte. Die irregulären Systeme zeigen laufend Sternentstehung. Die sphäroidalen Systeme ohne Gas können keine Sternentstehung tragen, da das Rohmaterial dazu fehlt. Ihren Sternbevölkerungen weisen Altersbestimmungen ein einheitliches Entstehungsalter zu. Bei den irregulären Systemen findet man unterschiedlichste Sternentstehungsgeschichten; hier lief die Sternentstehung zeitlich und räumlich uneinheitlich ab. Daher sind der Anteil und die Verteilung von schwereren Elementen als Helium ebenfalls uneinheitlich über den Galaxienkörper verteilt. Sternentstehung kann in den Gaswolken der Zwerggalaxien einsetzen, wenn die örtliche Gasdichte so groß wird, dass die

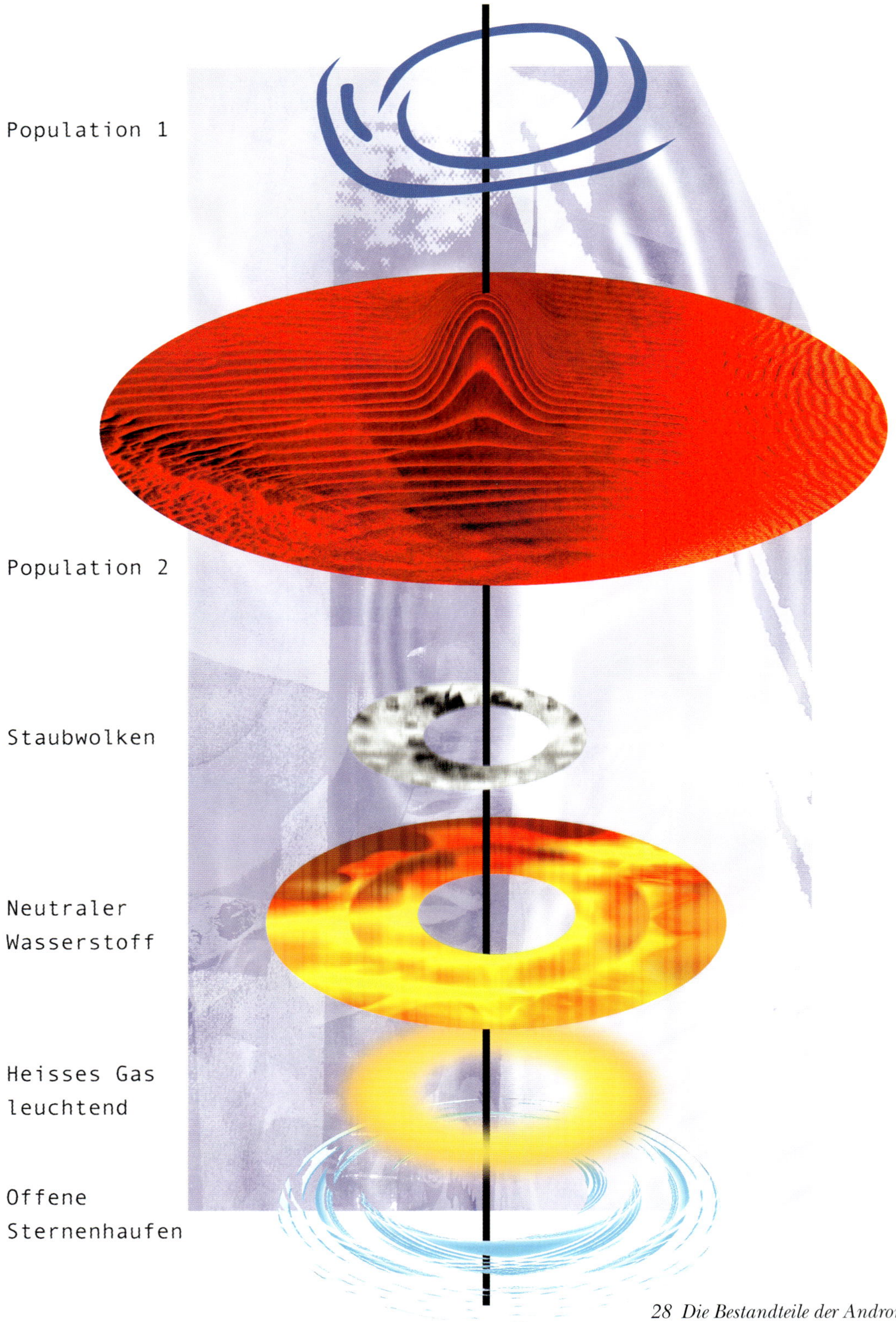

28 Die Bestandteile der Andromeda-Galaxie auseinandergefaltet

Gaswolken durch Eigengravitation zusammenklumpen und Sterne bilden. Die Gasdichte kann aufgrund immer vorhandener Turbulenz oder als Folge von Sternwinden oder Sternexplosionen über den kritischen Auslösewert gedrückt werden. Ein derartiger Prozess kann aber auch dadurch ausgelöst werden, dass größere Gezeitenkräfte solche Gaswolken gravitativ instabil machen. Diese Auslösemechanismen für die Sternentstehung sind bei Zwerggalaxien besonders gut untersucht.

Zwischen dem prozentualen Anteil an schweren Elementen in Gaswolken und Sternen und der Leuchtkraft des Gesamtsystems gibt es einen engen Zusammenhang. Dieser Zusammenhang legt das Überwiegen interner gegenüber externen Auslösemechanismen für Sternentstehung bei den sphäroidalen Systemen nahe. Dort, wo die Leuchtkraft groß ist, findet man auch überhäufig schwerere Elemente. Eine langsam ablaufende Sternentstehung baute diese Systeme auf. Die sich heute aus merklich älteren Sternbevölkerungen zusammensetzenden Systeme scheinen jedoch vor mehreren Milliarden Jahren irregulär gewesen zu sein, um dann nach Abflauen der Sternentstehungsausbrüche relaxiert als sphäroidale Systeme zu erscheinen. Hier liegt ein Schlüssel für das Verständnis der Galaxienentwicklung verborgen.

Die Magellanschen Wolken

Paradebeispiel für solche Untersuchungen sind die Magellanschen Wolken. Die Große Magellansche Wolke in einer Entfernung von hundertsechzigtausend Lichtjahren, mit ausgeprägter Balkenstruktur, ist von zahllosen Sternentstehungsgebieten durchsetzt. Der Sternbalken rotiert starr um seine kleine Achse. Das übrige System aus Sternen und Gas bewegt sich differentiell, das heißt innen schnell und außen langsam. Die sehr kleine Rotationsgeschwindigkeit liegt bei maximal fünfundfünfzig Kilometern in der Sekunde. Über sechstausendfünfhundert Sternhaufen kann man in diesem System zählen, die – unterschiedlichen Alters und Größe – die Sternentstehungsgeschichte der Galaxie erzählen. Am linken oberen Ende des Balkens liegt ein überriesiges Sternentstehungsgebiet, 30 Doradus genannt. Eingebettet in eine zehntausend Grad heiße Wasserstoffwolke findet man dort mehr als hunderttausend Sterne, die ein Alter zwischen einer bis zehn Millionen Jahre haben.

Die Galaxie NGC 2366 ist ein ähnlich aufgebautes System. Sie ist von gleicher morphologischer Struktur wie die nahe Große Magellansche Wolke und steht in der Entfernung von zehn Millionen Lichtjahren. Die Aufnahmen zeigen leuchtkräftige junge Sternhaufen und eine gewaltige leuchtende Gaswolke mit Sternentstehung von gleicher Helligkeit wie sie 30 Doradus darstellt. Das Weltraumteleskop löste Nebeldetails auf, als ob wir in unserer eigenen Milchstraße beobachten würden.

Die Andromedagalaxie

Zwischen 1880 und 1890 begann die systematische Erforschung des Andromedanebels mit Hilfe fotografischer Aufnahmen. Die Spiralstruktur von M 31 wurde erkannt. 1928 veröffentlichte Edwin Hubble eine folgenreiche Arbeit: Ein Spiralnebel als Sternsystem. Die vielen Aufnahmen mit den Mount Wilson Teleskop zeigten einen gewaltigen amorphen Zentralkörper, der von zarten, eng gewundenen Spiralarmen umgeben war, die aus Staubwolken, Sternhaufen und Einzelsternen bestanden.

Edwin Hubble entdeckte durch den Vergleich fotografischer Aufnahmen im Andromedanebel vierzig pulsierende Sterne, es waren Cepheiden. Wir hörten schon, dass Cepheiden als Entfernungsindikatoren verwendet werden können, da ihre wahre Leuchtkraft proportional zu ihrer Variabilitätsperiode ist. Um die genaue Entfernung der Galaxie wird bis heute gerungen. Unter Heranziehung verschiedener Entfernungskriterien und entsprechender Wichtung nach Zuverlässigkeit und erkannten Fehlermöglichkeiten erhält man Werte zwischen zwei Millionen und zwei Millionen zweihunderttausend Lichtjahren, wobei der Fehler bei plusminus siebzigtausend Lichtjahren liegen mag. Dabei sind die Cepheiden auch heute noch ein wesentlicher Baustein für die Entfernungsbestimmung.

Die große Achse der Andromedagalaxie verläuft an der Sphäre von Nordost oben nach Südwest unten. Ihr Bild lässt deutlich werden, dass die westliche Seite, rechts, uns näher steht als die andere Seite. Denn dunkle Staubstreifen heben sich als Silhouette gegen den hellen Kernbereich auf der näheren Seite ab, obschon die entferntere östliche Seite einen helleren Rand zeigt. Die Kippung lässt sich über Abschattungen, also unterschiedliche Absorption, erschließen. Die Galaxie ist im Raum derart orientiert, dass wir von unten auf ihre Scheibe blicken. Sie ist 77 Grad gegen die Sichtlinie geneigt. Wir sehen sie also fast von der Kante. Die zwei kleinen Begleitgalaxien sind M 32, unterhalb des Zentralbereichs, und NGC 205 im Nordwesten. Bei lang belichteten Aufnahmen sind deutlich Lichtbrücken zwischen den drei Sternsystemen zu erkennen, ein eindeutiges Anzeichen von Gezeitenwechselwirkung. Der Gesamtdurchmesser der Andromedagalaxie liegt bei hundertfünfzigtausend Lichtjahren. Die starke Verkippung des Systems macht eine Lageanalyse einzelner Komponenten, insbesondere der Spiralarme, schwierig, weil die starke geometrische Verzerrung stört.

Sternbevölkerungen – das astronomische Seziermesser

In der Astronomie sind Neuentdeckungen zwangsläufig, wenn neue Messgeräte die Grenzempfindlichkeit oder das Auflösungsvermögen um Größenordnungen verbessern. Die Großteleskope auf dem Mount Wilson und später des Mount Palomar Observatoriums haben hierbei Wesentliches geleistet. Ebenso hat die Beobachtung in unterschiedlichen Wellenlängen die Galaxienforschung beflügelt. Radio-, Infrarot- und Röntgenastronomie erschlossen neue Aspekte des Aufbaus von Sternsystemen. Da unterschiedliche Wellenlängenbereiche schwerpunktmäßig von unterschiedlichen Objektgruppen abgestrahlt werden, ist somit eine Zerlegung und Auffächerung von Sternsystemen möglich.

Objektgruppen *(28)*, die sich durch unterschiedliche Bewegungszustände, unterschiedliche räumliche Verteilung und unterschiedliches Alter sowie durch unterschiedliche chemische Zusammensetzungen unterscheiden, nennen die Astronomen Populationen. Anschaulich gesprochen heißt das, die Astronomie unterscheidet unterschiedliche Sternbevölkerungen. Objektgruppen können alte und junge Sterne, Sternhaufen, Wasserstoffgas oder Staubwolken sein. Zerlegen wir Sternsysteme in einzelne Populationen, können Aufbau und Entwicklungsgeschichte beschrieben und verstanden werden. In der Andromedagalaxie wurde 1944 von Walter Baade entdeckt, dass Sternsysteme aus unterschiedlichen Populationen zusammengesetzt sind.

Walter Baade versuchte zu verstehen, warum sich die Spiralarme auf blauempfindlichen Platten in Einzelsterne auflösen ließen, der Zentralkörper des Sternsystems jedoch nicht. Schließlich hatte er mit folgendem Verfahren Erfolg: Er benutzte eine rotempfindliche fotografische Platte und ein Rotfilter, also einen anderen Wellenlängenbereich als bei normalen fotografischen Aufnahmen, und er fand rote Riesensterne. Er nannte diese Sternklasse Population II. Es waren Milliarden Jahre alte Sterne. Die Sternklasse der Spiralarme nannte er Population I; das Alter liegt hier bei einigen Millionen Jahren. In der Abbildung sind die unterschiedlichen Komponenten der Andromedagalaxie aufgefaltet. Zentriert um das Zentrum zeigt jede Stufe die Objektverteilung in der Galaxienscheibe entsprechend dem Anblick am Himmel.

Sterne der Population I sind jung und strahlen bläulich. Ihre Anordnung lässt eine unvollständige Spiralstruktur erahnen. Die Population II ist die alte, rote Sternbevölkerung. Rötlich deshalb, weil es sich durchweg um massenärmere, das heißt kühlere Sterne handelt. Ihre mittlere Sternfarbe ist wegen der niedrigeren Temperatur rötlicher. Sie bildet hauptsächlich die Population II und man findet sie im Zentralkörper und weniger ausgeprägt in der Sternscheibe. Nicht gezeigt sind die Kugelsternhaufen, die sphärisch-symmetrisch das ganze System einhüllen. Die Staubwolken zwischen den Sternen liegen im Bereich der Spiralarmsegmente. Der neutrale Wasserstoff zeigt eine Ringstruktur, die geometrisch eine Mittelstellung zwischen den Objekten der Population I und II einnimmt. Optisch leuchtende Gaswolken markieren die Gebiete der Sternentstehung. Denn junge, heiße Sterne heizen mit ihrem ultravioletten Licht die Gaswolken. Die offenen Sternhaufen bilden je nach Alter ebenfalls Übergänge von Sternpopulation I zu Sternpopulation II.

Gas und Staub sind stets mit Sternen der Population I verknüpft. Diese Verknüpfung ist der Ausgangspunkt und die Grundlage für Sternentstehung. Die hellen, blauen Sterne der Population I sind junge Objekte; denn der gewaltige Energieausstoß kann nicht über längere Zeitspannen – Milliarden Jahre – stattfinden. Die Vorräte an Wasserstoffbrennstoff sind bei solchen Sternen schnell erschöpft. Also muss eine fortlaufende Sternentstehung aus den Vorräten der interstellaren Gas- und Staubwolken für den Nachschub sorgen. Die Beobachtungen im Andromedanebel waren daher die Grundlage für das Verständnis von Entwicklungsprozessen in Sternsystemen.

Die planetarischen Nebel sind eine ideale Population, um Aufbau und Entwicklung des Andromedanebels zu studieren. Fünfhundert Nebel wurden gefunden. Mehr als zwölftausend sollten nach Abschätzungen vorhanden sein. Es bleibt somit ein weites, unbestelltes Feld für empfindliche Durchmusterungen.

Das Gas zwischen den Sternen

Die Untersuchungen von Walter Baade in den vierziger Jahren am Andromedanebel legten das Fundament zum Verständnis des Galaxienaufbaus. Aus der von ihm begonnenen optischen Analyse der Struktur konnten bis heute vier Komponente herausgearbeitet werden: Kerngebiet, ellipsoidischer Zentralkörper, Scheibe mit Spiralstruktur und äußerer Halo. Mit dem Aufkommen der Radioastronomie und dem Einsatz von Erdsatelliten, die in anderen Wellenlängenbereichen Messungen vornahmen, wurden neue Einblicke in das Andromeda-Sternsystem möglich.

Das neutrale, atomare Wasserstoffgas in M 31, gemessen bei einer Wellenlänge von 21 Zentimetern, ist in einer dünnen, verwölbten und an vielen Stellen unregelmäßig ausufernden und sich verbreiternden Schicht verteilt. Diese Schicht ist bis hundertzwanzigtausend Lichtjahre vom Zentrum nachweisbar. Die Gasdichteverteilung ist wesentlich ringförmig mit den größten Dichtewerten rund dreißigtausend Lichtjahre vom Kern. Die Gasscheibe enthält Spiralarmsegmente, aber auch Löcher an den Stellen verstärkter Sternentstehung. Hier wurde interstellares Gas für die Bildung von Sternen verbraucht. Die Gesamtmasse des Wasserstoffgases liegt bei 4 mal 10^9 Sonnenmassen. Die Scheibendicke wächst von tausendfünfhundert auf sechstausend Lichtjahre bei einem Radius von dreiunddreißigtausend Lichtjahren an.

Die Verwölbung des Gesamtsystems durch Gezeitenwirkung der beiden Begleitgalaxien ist im Gas am stärksten ausgeprägt. In den äußeren Bereichen der Scheibe ist der Verwölbungswinkel rund 15 Grad und eine Anhebung oder Absenkung um neuntausend Lichtjahre zur Grundebene feststellbar. Aber auch im Innenbereich liegt eine Verkantung zur Grundebene vor. Ebenso ist die elliptische Verzerrung der inneren Spiralarmsegmente eine Folge der Massenverteilung des dreiachsigen Zentralkörpers.

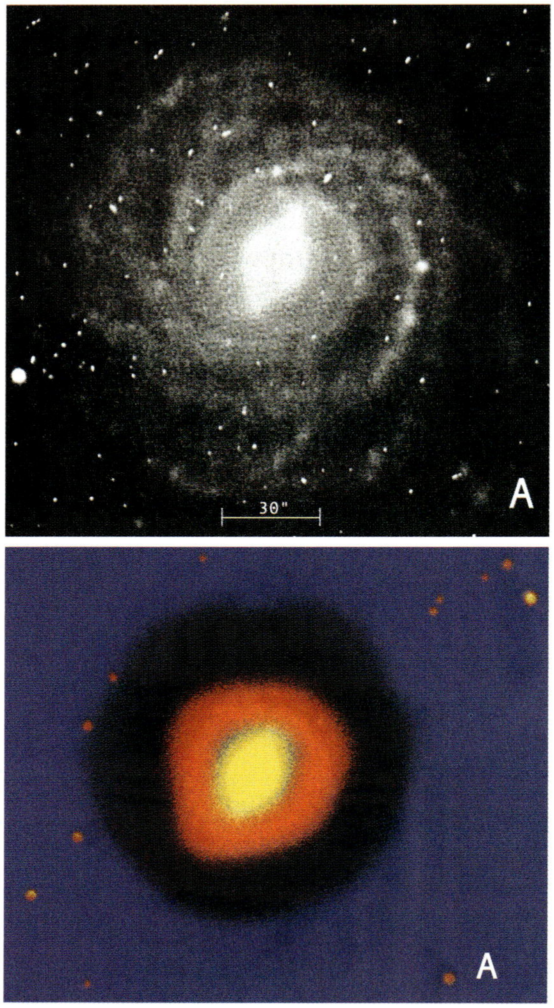

29 Die Spiralgalaxie NGC 521 im blauen und nahen infraroten Spektralbereich. Die junge Sternbevölkerung bildet sich detailreich im Blauen ab, die älteren Sternbevölkerungen bilden die strukturlose Sternscheibe. Zum Größenvergleich beider Bilder markiert A die gleiche Struktur

In einer Vielzahl von Wellenlängen, zum Beispiel bei 6, 11, 21, 46 Zentimetern, wurde die Kontinuums-Radiostrahlung gemessen. Sie ist konzentriert im Kern, in dem schon erwähnten Gasring und einer Vielzahl von Einzelquellen in der Scheibe. Diese diffuse Scheibenstrahlung ist polarisiert. Sie muss also von relativistisch schnellen Elektronen abgestrahlt werden, die in einem Magnetfeld von 4 Mikrogauß laufen. Das Magnetfeld folgt in seiner Ausrichtung den Spiralarmsegmenten.

Die am leichtesten erfassbare molekulare Gaskomponente ist CO, Kohlenmonoxid. Bisher wurden davon im Andromedanebel 2,5 mal 10^8 Sonnenmassen nachgewiesen, beträchtlich weniger als in der Milchstraße. CO ist teilweise an die Staubkomplexe gebunden und befindet sich bevorzugt an den Innenseiten der Spiralarme. Dort wurden gewaltige Molekülwolken von bis zu 10^6 Sonnenmassen entdeckt. In den Zwischenarmgebieten sammelt sich CO hauptsächlich in kleineren interstellaren Wolken mit 10^4 Sonnenmassen. Aus der CO-Dichteverteilung lässt sich auch der Anteil des molekularen Wasserstoffs H_2 am Gesamtgas errechnen. Er liegt wiederum niedriger als in der Milchstraße. Dies ist ein Anzeichen dafür, dass der Andromedanebel eine geringere Sternentstehungsrate hat als unser Heimatsternsystem.

Rotation, Masse, Spiralstruktur der Andromedagalaxie

Aus den gemessenen Radialgeschwindigkeiten des neutralen Wasserstoffgases bei Radiowellenlängen, aber auch aus den Spektren des Gases und der heißen Sterne kann eine Rotationskurve abgeleitet werden. In Rotationsmodellen von Galaxien ist die Festlegung des Neigungswinkels, die Richtung der Knotenlinie und die Entscheidung über Verwölbungseffekte wesentlich. Die Knotenlinie ist die Schnittlinie zwischen Himmelssphäre und Galaxie. Sie ist in erster Näherung Symmetrieebene des Geschwindigkeitsfeldes. Der Neigungswinkel der Knotenlinie zur Nordrichtung beträgt beim Andromedanebel 38 Grad. Die Galaxie selbst ist, wie schon gesagt, 77 Grad gegen die Himmelssphäre verkippt. Die Galaxie rotiert entgegen dem Uhrzeigersinn von Nord, obere Kante, über Nordost, Ost, untere Kante, nach Südwest. Durch die Verkippung weist das Geschwindigkeitsfeld im Nordosten von uns weg, als Rotverschiebung, und im Südwesten auf uns zu, als Blauverschiebung.

Die Rotationskurve der Andromedagalaxie ist sehr komplex, da sich in ihr Rotationssystem auf verschiedenen Skalen überlagert. Ein schnell rotierender Kern mit maximaler Geschwindigkeit von hundertfünfzig Kilometern in der Sekunde dehnt sich bis zu elf Lichtjahren aus. Die zentrale innere Scheibe – hier beginnen die Staubfilamente der Spiralstruktur – zeigt bei zwölfhundert Lichtjahren Abstand vom Zentrum rund zweihundertfünfundzwanzig Kilometer Drehgeschwindigkeit in der Sekunde.

Großräumig findet man für die verwölbte Gas- und Sternscheibe bei dreißigtausend Lichtjahren zweihundertachtzig Kilometer und zentral rund dreihundert Kilometer in der Sekunde. Der Rotationskurve sind viele groß- und kleinskalige Anomalien überlagert, die ihre Ursache in der Spiralstruktur, in Sternentstehungsprozessen, der Verwölbung und Bahnverzerrungen durch tangentiale Gezeiteneffekte haben. Aus der Rotationskurve lässt sich die Massenverteilung ableiten. Von innen nach außen finden wir

– einen sehr kleinen, massiven Kern mit einer Masse bis zu 10^8 Sonnenmassen; er beherbergt ein Schwarzes Loch.

– Der Zentralkörper hat innerhalb von 3000 Lichtjahren Radius rund 10^{10} Sonnenmassen.

– Die flache Scheibe bis zum Rand der optisch nachweisbaren Struktur beinhaltet rund 2 mal 10^{11} Sonnenmassen.

– Ein Halo aus Dunkelmaterie – der für die ausflachende Rotationskurve verantwortlich ist und ab fünfundsiebzig- bis neunzigtausend Lichtjahre wesentlich wirksam wird – bringt die Gesamtmasse auf 5 mal 10^{12} Sonnenmassen.
Ohne Halo ist die Gesamtmasse 4 mal 10^{11} Sonnenmassen. Die Rotationskurve lässt sich durch eine Massenverteilung erklären, die zunächst der stellaren radialen Helligkeitsverteilung folgt und im Außenbereich von Dunkelmaterie überlagert wird.

Spiralstruktur – Dichtewellen und Zufallsereignisse

Auf dem Weg zum Verständnis der Stern- und Planetenentstehung ist es wichtig, sich mit einem grundlegenden Prozess kosmischer Strukturbildung zu befassen. Wie entsteht Spiralstruktur?

Spiralgalaxien zeigen auf fotografischen Aufnahmen eine sehr einfache morphologische Struktur. Einer Sternscheibe mit nach außen abnehmender Flächenhelligkeit ist ein zweiarmiges Muster von helleren Objekten aufgeprägt. Das Muster erscheint spiralig und ist durchsetzt und begleitet von Absorptionsstreifen. In rund dreißig Prozent aller Fälle ist dieses Muster von großer Regelmäßigkeit, in siebzig Prozent ist es aus kürzeren filamentartigen Bögen zusammengesetzt. Unser sehr leicht „Gestalt“ erkennendes Auge suggeriert daraus dann großräumige zusammenhängende Muster. Die Hauptschwierigkeit beim Verstehen von Spiralstrukturen bereitet ihre Gestaltsstabilität. Warum wickeln sich die Spiralarme aufgrund der differentiellen Rotation der Sternsysteme nicht auf? Was heißt das? Spiralsysteme rotieren in den Außenbereichen langsamer als in den Innenbereichen. Jede Spiralstruktur müsste sich aufwickeln.

Makroskopische Ordnung spielt im Rahmen unserer Beobachtungsmöglichkeiten eine bedeutende Rolle. Von Wasserstrudeln zu Sanddünen, von Konvektionszellen im Erdkörper und in der Sonne bis zu den Kristallstrukturen der Minerale, von Einzelsternen, von interstellaren Wolken bis zu Galaxien stoßen wir auf Formen, die makroskopische Ordnungsmechanismen ausdrücken. Die Formenwelt, die Strukturbildung und überhaupt die dies steuernden und regulierenden Wechselwirkungen in den dynamischen galaktischen Systemen stehen am Anfang der Erforschung. Sternsysteme zeigen innere Struktur.

Dass Struktur plötzlich in einem turbulentem Medium, sei es im Sterngas, sei es im interstellaren Medium, entsteht, sich entwickelt, sich aufrecht erhält, aber auch wieder vergeht, Unordnung in Ordnung übergeht, ist energieverbrauchenden Prozessen zuzuschreiben. Spiralstruktur in Sternsystemen entsteht sicher nicht im Kontext einer einwegigen Kausalverknüpfung, wie zum Beispiel bei einer interstellaren Wolke, einem gravitativen Kollaps, bei neuen Sternen. Ordnung und Strukturbildung sind wie in vielen anderen Fällen in der Natur das Ergebnis vielfach verknüpfter Rückkoppelungen und wechselwirkender, zufälliger Einzelprozesse. Die sind wiederum das Ergebnis von Ungleichgewichten.

Die ständige Verfügbarkeit von Gravitationsenergie und die Möglichkeit der Energieabstrahlung macht Galaxien zu offenen, im Ungleichgewicht befindlichen Systemen. Viele Energieumverteilungsprozesse laufen in einem Sternsystem ab: Umwandlung von Wasserstoff in Helium, chemische Reaktionen im interstellaren Medium, Sternentstehung, Sternentwicklung oder Sternexplosionen. Alle diese Abläufe sind durch verstärkende – positive – oder abschwächende – negative – Rückkoppelungsschleifen miteinander vernetzt und bilden so ein nichtlineares Prozesssystem.

Die im Sterngas und im interstellaren Medium arbeitenden Rückkoppelungsschleifen, gesteuert von der Dynamik und der Thermodynamik der Sterne und des Gases, sind Vielparameterprozesse. Sie münden häufig in das statistische Ereignis „Sternentstehung". Um Strukturbildung in Sternsystemen zu beschreiben, benützen wir einen systemischen Ansatz. Traditionell wird in der Astrophysik analytisch vorgegangen. Dieses Verfahren stößt jedoch an seine Grenzen, wenn Vielparameterprozesse zur Strukturbildung führen. So arbeiten schon lange Biophysik, Molekularbiologie oder die Wirtschaftswissenschaften mit großen Erfolg systemisch. Der systemische Ansatz berücksichtigt die Ergebnisse der Wechselwirkungen; ändert in den Modellen Gruppen von Variablen; bezieht Zeitdauer und Irreversibilität ein. Der analytische Ansatz berücksichtigt die Art der Wechselwirkungen; ändert nur eine Variable; ist unabhängig von der Zeitdauer der Prozesse. Der systemische Ansatz erreicht gute Einsichten in die Funktion der Systeme bei unscharfen Aussagen über die Systemkomponenten; der analytische Ansatz erreicht gute Einsichten über einzelne Systemkomponenten bei unscharfen Aussagen über die Funktion des Systems oder der Systeme.

Spiralgalaxien bestehen aus einer ausgeprägten Sternscheibe mit Gas- und Staubanteilen bis zu zwanzig Prozent der Systemgesamtmasse. In die Scheibe eingebettet findet man Spiralarme *(29)*, die aus hellen, jungen Sternen bestehen. In den zahlreichen Gas- und Staubwolken der Spiralarme entstehen neue Sterne. Die Spiralarme variieren von Galaxie zu Galaxie in Länge, Ausgeprägtheit und Konsistenz, sind jedoch in fast allen Scheibensystemen vorhanden.

Die viel häufigeren und weniger fotogenen zerfaserten und flockigen Spiralgalaxien haben ein mehr kleinräumiges Spiralmuster. Es wird durch lokale stellardynamische Instabilitäten und sich verselbstständigende zufällige Sternentstehung erzeugt. Sterne und Gas haben kleine Zufallsgeschwindigkeiten, so dass jede Unregelmäßigkeit sich schnell zu kurzen Spiralarmen verstärkt. Die kurzen, flockig aussehenden Spiralmuster wandeln geordnete Rotationsenergie der Scheibe in Zufallsenergie von Sternen und Gasbewegungen um; die wiederum geben Anlass zur Bildung neuer Spiralarme. Man spricht in diesem Fall von sich selbst fortpflanzender Sternentstehung. Das unterliegende großräumige Spiralmuster kann sehr wohl auch hier vorhanden sein, ist jedoch weniger stark ausgeprägt. Wir müssen also zwei Mechanismen für die Bildung von Spiralarmen ins Auge fassen. Einen mehr zufällig ablaufenden Prozess von Sternentstehung und einen Prozess, der von vornherein für Ordnung sorgt. Es sind dies die Dichtewellen in der Sternscheibe und stochastische Sternentstehung. Das verwickelte Zusammenspiel beider Mechanismen schafft kosmische Strukturen, erzeugt die wunderschön aussehenden Spiralnebel.

Die Entstehung von Planeten und Sternen

Wir sahen, dass an vielen Orten in den Sternsystemen die Prozesse der Sternentstehung ablaufen. Nachdem wir uns einen Überblick verschafft haben, der Sternentstehung eigentlich überall im Kosmos nachweist, blicken wir auf den Einzelprozess. Es scheint so einfach zu sein und ist doch so schwierig – aus strukturlosem Gas bildet sich unter der Wirkung von Eigengravitation ein strukturiertes Gebilde, nämlich ein Stern. Ein Stern ist ein kugeliger Gaskörper, der seine Energie über Fusionsprozesse selbst erzeugt und sich im Gleichgewicht zwischen innerem Gasdruck und Eigenanziehung befindet. Ende der Geschichte – doch eigentlich fängt jetzt erst die Geschichte an. Auf keinen Fall dürfen wir uns in der Sicherheit einer einfachen Modellvorstellung zu Hause fühlen.

Das Sterne bildende Material

Das Sterne bildende Material besteht aus Staub und molekularem Gas. Obgleich der Hauptanteil die gasförmige Komponente ist und der Staub nur ein halbes bis ein Prozent Massenanteil am interstellaren Medium besitzt, ist die Staubkomponente von entscheidender Wichtigkeit. Denn die Durchlässigkeit, die Opazität dieser Komponente hinsichtlich des stellaren Strahlungsfeldes im optischen und infraroten Spektralbereich ist für das interstellare Medium temperaturbestimmend.

Die interstellaren Wolken sind turbulent und rotieren. Eine unter der eigenen Schwerkraft langsam zusammensackende Wolke wird schwerlich zu einem sphärisch symmetrischen Kollaps kommen. Es wird sich aufgrund der Drehimpulserhaltung eine bevorzugte Rotationsachse ausbilden. Parallel zu dieser Achse

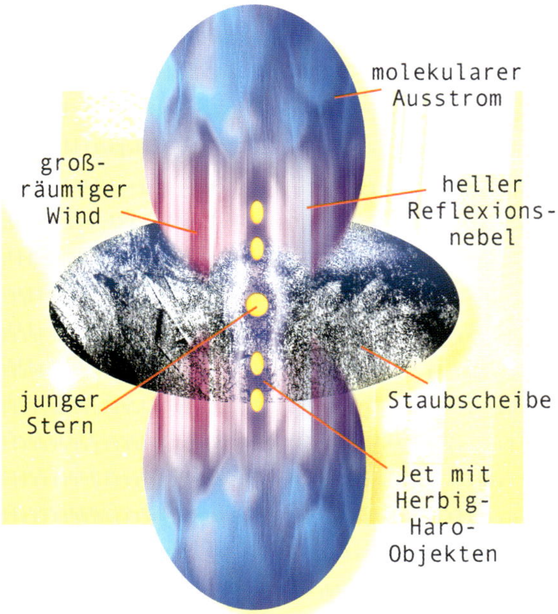

30 Schemazeichnung eines Kokonnebels mit entstehendem Stern in der Mitte und symmetrischer Massenabgabe in Gasstrahlen. Je nach Lage im Raum beobachten wir Teile davon; vergleiche 31

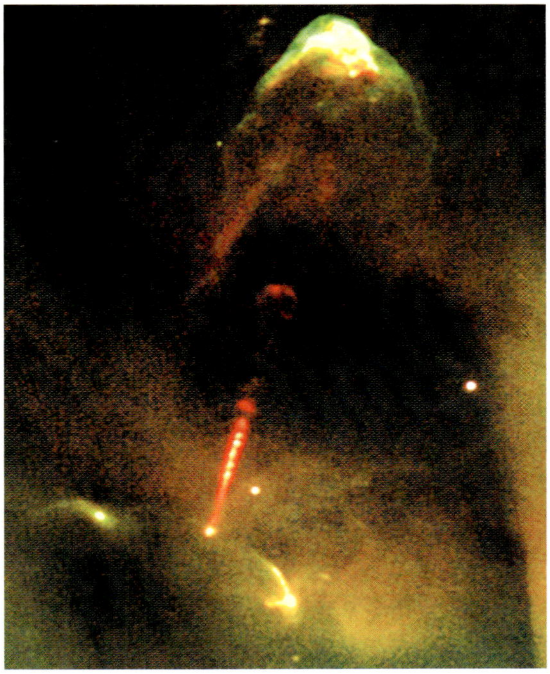

31 Ein gerade entstehender Stern, teilweise eingebettet in eine Staubhülle, bläst nach oben einen Gasstrahl ab. Die Bugwelle markiert sich im umgebenden Gas; der Strahl nach unten ist verdeckt

kann das Material viel leichter zusammensinken. Aus der ursprünglichen Wolke entsteht so eine rotierende scheibenförmige Struktur, die mehrere Verdichtungen haben kann. Diese Verdichtungen sind die Vorläufersterne. Den allmählichen Massenzuwachs holen sich die Vorläufersterne aus der Scheibe, bis erste Gleichgewichtsstrukturen ausgebildet sind.

Planeten- und Sternentstehung sind eng miteinander verknüpft. Im Inneren von dichten Gaswolken, die wegen ihres Staubgehaltes für optische Methoden undurchsichtig sind, beginnen solche Entstehungsprozesse.

Der Kokon und die Staubscheibe

Zuerst waren es Einzelobjekte, nicht systematisch einzuordnen, heute kennt man mehr als hundert solcher Kokonnebel. Im Optischen Spektralbereich ähneln sie dem Stundenglas einer Sanduhr, daher wurde der Name bipolarer Nebel geläufig. Radiobeobachtungen, Infrarot- und Millimeterbeobachtungen, genauso wie optische Beobachtungen, vermochten in diese stark verschleierten und versteckten stellaren Kinderstuben einzudringen. Biopolare Nebel *(30)* findet man bei neu entstehenden Sternen mit einer Masse zwischen einer halben und einigen zehn Sonnenmassen. Während der Kontraktion der interstellaren Wolke zu einem Stern entsteht als Folge der Rotation eine Scheibe. Der Nachweis solcher Aufsammlungsscheiben, mit den Protosternen im Zentrum, ist für die Astrophysik von fundamentaler Bedeutung.

Bipolare Ausströmungen *(31)* mit Geschwindigkeiten zwischen hundert und dreihundert Kilometern in der Sekunde sind Anzeichen für das Vorhandensein von Staubscheiben, in die der Protostern eingebettet ist. Der großräumige Wind entsteht an der Scheibe. Offensichtlich wird Bewegungsenergie der Teilchen der Aufsammlungsscheibe in die Windströmung umgesetzt. Dabei spielen auch die Magnetfelder eine wichtige Rolle als Führungslinien entlang der Rotationsachse.

Aus der in sich zusammenstürzenden Gas- und Staubwolke bildet sich ein Protostern, eine Aufsammlungsscheibe, und in dieser bilden sich dunkle, kalte Körper. Lange Zeit war unklar, wie ein solches System, dessen Rotationsgeschwindigkeit wegen der Drehimpulserhaltung immer größer wird, stabil bleiben kann. Die Abbremsung erfolgt über Magnetfelder und durch die schon beschriebenen zwei unterschiedlichen Ausflusskomponenten, die Gasstrahle und die Sternwinde. Schließlich bleibt eine langsam rotierende Gasscheibe übrig, in der sich zunächst kalte Vorplanetenkörper bilden. Am Ende findet man, wie in unserem Sonnensystem, einen Zentralstern mit Planeten und Resten von Gas und Staub.

Neunzig Prozent aller jungen Sterne mit einem Alter kleiner als zehntausend Jahre zeigen Staubscheiben *(31, 32)* mit Materieausfluss. Staubscheiben bilden das Abfallprodukt bei der Sternentstehung; in ihnen bilden sich Planeten. Prototyp solcher sonnenähnlichen Sterne mit Staubscheibe ist der Stern Beta-Pictoris *(35)*. Die Staubscheibe ist rund zehnmal ausgedehnter als unser Sonnensystem. In der Staubscheibe laufen große dunkle Körper um den Zentralstern; sie konnten über Absorptionslinienverschiebungen im Spektrum nachgewiesen werden.

In der Abbildung *(34)* sind alle Vorgänge zusammengefasst. Dabei ist es wichtig zu beachten, dass Sternentstehung eine Verdichtung von 10^5 auf 10^{23} benötigt. Dieser Verdichtungsprozess, an dessen Ende dann der neue Stern steht, zeigt auch, wie viel Masse umgeschichtet werden muss. Es verwundert also nicht, wenn starke Ausström- und Einströmbewegungen beobachtet werden. Der Ursprung des Universums, Sternentstehung, Planetenentstehung, der Beginn des Lebens – diese Grundfragen sind unerschöpfliche Themen für die Forschung. Menschliche Neugier und Wissensdurst suchten hierauf stets neue Antworten. Und jede Antwort führte zu neuen Fragen. Richtige Fragen sind die Bausteine der Erkenntnis.

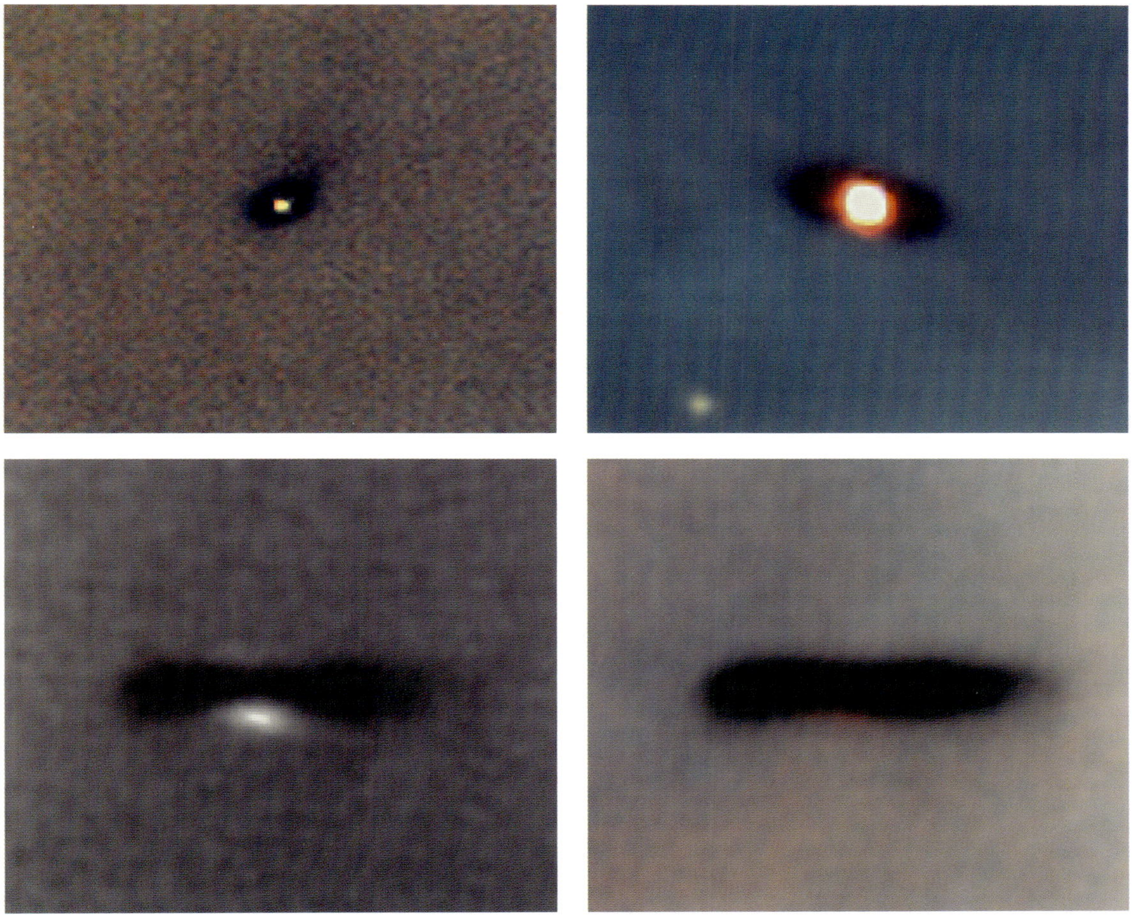

32 Protoplanetare Scheiben im Orion-Nebel um neu entstehende Sterne. Siebzehn Mal so groß im Durchmesser wie unser eigenes Sonnensystem ist die in Seitenansicht sich anbietende Scheibe (unten). Im Streulicht wird der noch abgedeckte Jungstern sichtbar

Die Suche nach einzelnen Planeten

Ausreichendes Material an Gas und Staub, ausreichend viele Sterne, die von diesem zur Planetenbildung geeigneten Material umgeben sind, machen es zu keinem sinnlosen Unterfangen, nach dem Vorhandensein einzelner Planeten um andere Sterne zu fragen. Man unterscheidet direkte und indirekte Suchmethoden.

Bei der direkten Methode versucht man, die Strahlung von Planeten direkt zu erfassen. Die Schwierigkeiten hierzu sind zur Zeit erheblich, da ein Stern, um den ein Planet kreist, rund 10^8 bis 10^9 mal heller ist als der Planet selbst. Dieser Helligkeitskontrast erfordert eine wirksame Unterdrückung des Sternenlichts, um den Planeten sichtbar werden zu lassen. Dafür gibt es im Augenblick keine technisch durchführbare Lösung. Wohl wird dies jedoch mit Weltraumteleskopen der nächsten Generation, man nimmt an ab 2010, möglich sein.

Bei der indirekten Methode untersucht man die Wechselwirkungen zwischen Stern und Planet. Beide, Stern und Planet oder Planeten, bewegen sich um den gemeinsamen Massen-

Parade der Planeten

Die wichtigsten Fakten auf einen Blick

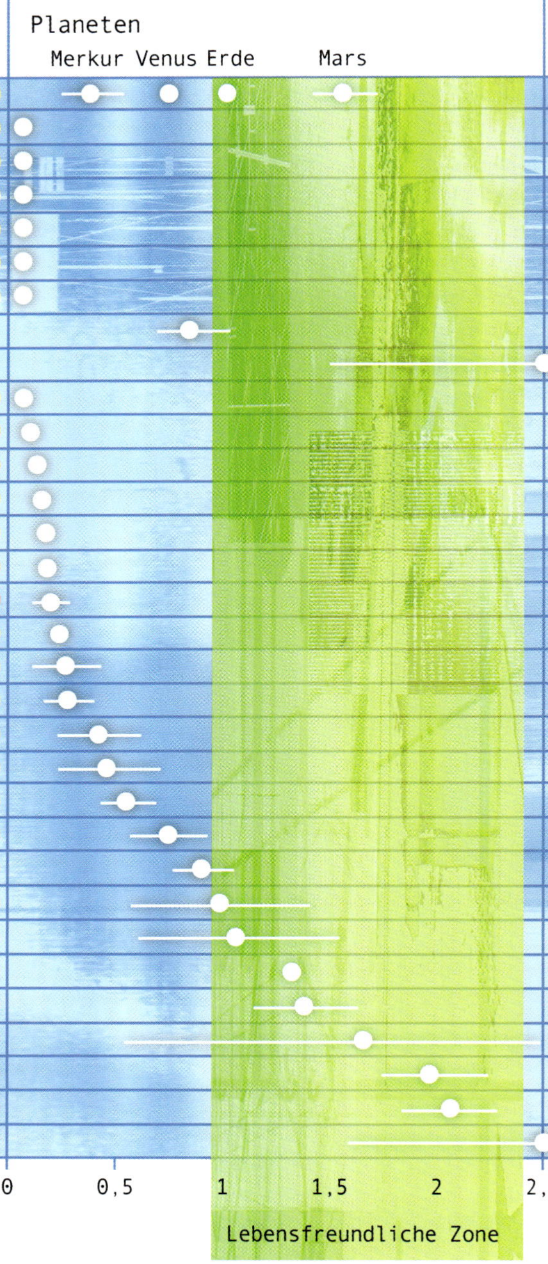

Stern	Entfernung des Sterns in Lichtjahren	Mittlerer Abstand des Planeten in AE	Umlaufperiode in Tagen	Mindestmasse in Jupitermassen
Sonne				
HD 187123	162,7	0,04	3,1	0,52
HD 209458	153,0	0,05	3,52	0,69
Tau Bootis	50,9	0,05	3,31	3,87
HD 75289	94,3	0,05	3,51	0,42
51 Pegasi	50,1	0,05	4,23	0,47
Y Andromedae	43,9	0,06	4,62	0,71
		0,83	241,0	2,11
		2,5	1267,0	4,61
HD 217107	64,3	0,07	7,11	1,28
HD 130322	98,0	0,09	10,72	1,08
Gliese 86	35,6	0,11	15,78	4,0
Rho1 55 Cancri	40,8	0,12	14,65	0,84
HD 195019	121,8	0,14	18,3	3,43
HD 192263	64,9	0,15	23,87	0,76
Gliese 875	15,3	0,21	60,85	2,1
Rho Corona Bor	56,8	0,23	39,65	1,1
HD 168443	123,5	0,28	57,9	5,04
Hd 114762	132,3	0,3	84,03	11,0
70 Virgins	59,0	0,43	116,6	6,6
HD 1237	57,4	0,49	133,8	3,32
HD 37124	107,6	0,59	155,0	1,04
HD 134987	82,0	0,78	260,0	1,58
Jota Horologii	50,0	0,92	320,0	2,26
HD 177830	192,0	1,0	391,0	1,28
HD 210277	69,4	1,1	437,0	1,28
HD 222582	137,0	1,35	576,0	5,4
(Alpha Tauri)	80,0	1,4	653,8	11,0
16 Cygni B	70,5	1,7	804,0	1,5
HD 10697	98,0	2,0	1083,0	6,59
47 Ursae Maj.	48,2	2,1	3,0	2,41
14 Herculis	59,2	2,5	1619,0	3,3

Stand: März 2000

33 Eine Auswahl an bisher entdeckten Planetensystemen

schwerpunkt des Systems. Das führt zu einer Ortsverschiebung des Sterns während des Planetenumlaufs. Solche Ortsverschiebungen sind im Rahmen der heutigen Messtechniken feststellbar. Im Falle unseres eigenen Planetensystems würde ein Beobachter in dreißig Lichtjahren Entfernung eine rhythmische Verschiebung der Sonnenposition innerhalb der letzten fünf Jahrzehnte von etwa einem Tausendstel Bogensekunden feststellen können.

Man kann solche Positionsverschiebungen auf zwei Arten verfolgen. Zum einen kann durch wiederholte Positionsbestimmungen im Vergleich zu fernen Hintergrundsternen eine Bewegung des Zentralgestirns nachgewiesen werden. Das ist leider nur bei sehr nahen Sternen anwendbar. Die Grenze liegt hier bei rund dreißig Lichtjahren. Die im Augenblick beste Methode vermisst die von dem Planeten am Zentralgestirn erzeugten Geschwindigkeitsänderungen. Der Stern schwankt durch die wechselnde Richtung der planetaren Anziehungskräfte hin und her. Solche Geschwindigkeitsänderungen können mit Hilfe des Dopplereffekts festgestellt werden. Die Verschiebung der Spektrallinien im Spektrum des Sterns markiert dessen Bewegung. Diese Art von Messung ist im Prinzip unabhängig von der Entfernung und bedarf nur einer ausreichenden Intensität in den Spektrallinien. Die untere Nachweisgrenze für solche Geschwindigkeitsänderungen liegt bei rund drei Meter pro Sekunde.

Aus der Schlingerbewegung des Sterns, sei es in der Position, sei es in der Geschwindigkeit, kann die Bahnperiode der Planeten berechnet werden. Im Beispiel Sonne – Jupiter beträgt die der Sonne aufgeprägte Schlingergeschwindigkeit 12 Meter pro Sekunde. So etwas ist messbar. Auch erste Umkehrungen des Beobachtungsverfahrens hatten Erfolg. Man versuchte, nicht die Schlingerbewegung des Sterns nachzuweisen, sondern die Bewegung des unsichtbaren Planeten selbst. Dies war möglich durch Messungen an dessen reflektiertem Licht. Dabei wurde das eigentliche Sternlicht durch ein Rechnerprogramm von den Messwerten abgezogen und übrig blieben die Veränderungen im Spektrum, die durch die Planetenbewegung hervorgerufen wurden. Um den Stern Tau Bootes kreist ein Planet von achtfacher Jupitermasse und 1,8-fachem Radius. Seine Bahnperiode beträgt 3,3 Tage. Mit solchen Verfahren wurde die Mehrzahl der bis heute bekannten Planetensysteme nachgewiesen.

Helligkeitsänderungen des Hauptsterns können auftreten, wenn ein dunkler Planet genau die Sichtlinie zwischen Stern und Beobachter kreuzt. Für die Zeit des Vorübergangs vermindert sich die Sternhelligkeit. Die geometrische Wahrscheinlichkeit dafür, dass geradewegs eine Planetenbahnebene in der Sichtlinie liegt, hängt von dem Verhältnis Sterndurchmesser zum Bahnradius ab. Für einen jupiterähnlichen Planeten und einen sonnenähnlichen Stern beträgt diese Wahrscheinlichkeit 0,09 Prozent und die Dauer der Abdunkelung des Zentralsterns 25 Stunden.

Jede Suche nach neuen Objekten wird zunächst die größten und auffallendsten Vertreter als erstes aufspüren. Das liegt in der Natur der zum Einsatz kommenden Messverfahren. Relativ unempfindlich picken sie sich die größten Geschwindigkeitsabweichungen heraus. So kann man in unserer ersten Stichprobe verstehen, weshalb alle gefundenen Planetenmassen in der Größenordnung der Jupitermasse liegen. Kleine Massen, die Erde ist zum Beispiel dreihundertachtzehnmal leichter als Jupiter, liegen noch außerhalb der heutigen Nachweisgrenze.

1990 gab es nur Vermutungen, heute kennen wir mehr als fünfzig Planetensysteme *(33)*. Diese Stichprobe, an nahen sonnenähnlichen Sternen gewonnen, stehen die rund zweihundertfünfzig Milliarden unerforschten Sterne der Milchstraße gegenüber. Hochgerechnet muss unser Sternsystem Millionen von Planetensysteme enthalten. Denn die Entstehungsmechanismen für Sterne sind stets die Gleichen, und die Bedingungen für Planetenentstehung sind somit ebenfalls immer ähnlich und immer vorgegeben.

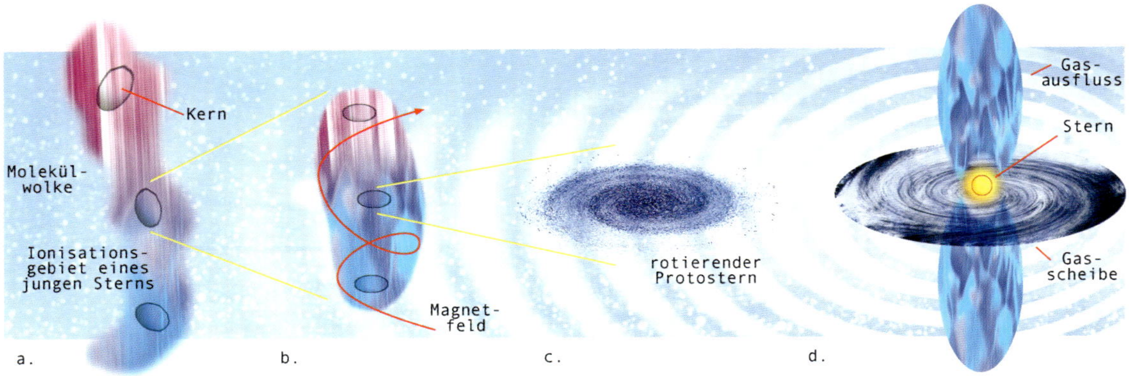

Stadium	Bildung von Dichtekondensationen unter dem Einfluss junger Sterne	Drehimpuls wird abgeführt durch Magnetfelder und Fragmentation	Gravitations-Kollaps	Junger Stern
Dichte (Teilchen/ccm)	10^4-10^6	10^7-10^8	$>10^9$	$>10^{23}$
Masse (Sonnenmassen)	1000-10000	50-500	$\frac{1}{10}$-100	
Typische Temperatur (Kelvin)	10-50			3000-50000

34 Die wichtigsten Tatsachen eines Stern- und Planetenentstehungsprozesses

Im ersten Vergleich mit unserem Sonnensystem sind die Planetenbahnen der neu entdeckten Planetensysteme viel exzentrischer und keineswegs kreisförmig. Das Überwiegen größerer Planetenmassen ist ein Auswahleffekt. Die größere Nähe jupiterähnlicher Planetenkörper zum Zentralstern ist ebenfalls auffallend. Hier müssen starke Störungen durch Anziehungskräfte zwischen der Staubscheibe und anderen sich bildenden Planetenkörpern gewirkt haben und noch wirken. Dadurch werden Planeten auf kleinere Umlaufbahnen befördert. Unser eigenes System hat in seinen Bahnformen und Massenverteilungen einen guten, halbwegs stabilen Zustand erreicht.

Die große Unterschiedlichkeit in den Planetenkörpern darf uns nicht allzu sehr erstaunen. Auf einer allgemeineren kosmischen Massenskala besteht unser Sonnensystem aus Sonne und Jupiter; hinzu kommen einige vernachlässigbare kleinere Materieklumpen. Mit gleicher Technologie ausgestattete, auf entfernten Sternen sitzende Beobachter würden von unserem System nur Sonne und Jupiter entdecken; möglicherweise sprächen sie noch von einem dritten Störkörper, das wäre dann Saturn.

Einzelplaneten aufzufinden bedarf jahrelanger Beobachtung; ein Planet mit einer Umlaufdauer von zwölf Jahren um sein Zentralstern ist frühestens nach sechs Jahren sicher nachzuweisen; denn dann hat man die Hälfte der auf den Zentralstern wirkenden Positions- und Geschwindigkeitsänderungen erfasst. Um Upsilon Andromeda in 44 Lichtjahren Entfernung wurden drei Planeten in den Entfernungen 0,06, 0,82 und 2,4 Astronomischen Einheiten festgestellt. Ihre Umlaufszeiten betragen 4,6 Tage, 241 Tage und 3,5 Jahre. Die Beobachtungen begannen 1995 und liefen bis Frühjahr 1999. Die Massen dieser Planeten sind sieben Zehntel, zwei und vier Jupitermassen. Dieses Beispiel zeigt, dass ähnliche Planetenanordnungen wie in unserem Sonnensystem existieren.

Entsprechende Modellrechnungen hierzu liefern folgende Entstehungsabfolge: Erreicht ein gasreicher jupiterähnlicher Planet in der Aufsammlungsscheibe vier bis fünf Jupitermassen, löst sich die Scheibe in kleinere Untereinheiten auf, die zu neuen Planetenkörpern zusammenklumpen können. Dabei finden auch wesentliche Bahnänderungen statt und eine Verschiebung des jungen Planetenkörpers von außen nach innen oder von innen nach außen. Die Modellrechnungen sind also durchaus in der Lage, die Vielfalt der Beobachtungen zu ordnen und so das allgemeine Schema der Stern- und Planetenentstehung zu festigen. Eine Ausbreitung von ringförmigen Verdichtungswellen in der Aufsammlungsscheibe ist sicherlich auch der Grund für das geometrische Abstandsgesetz der Planeten in unserem eigenen System. In den Verdichtungszonen solcher Ringwellen kann bevorzugt Materie zusammenklumpen und so planetare Körper entstehen lassen. Die Auslösung solcher Ringwellen hängt mit der einsetzenden Energieabstrahlung des langsam aufleuchtenden Zentralsterns zusammen. Die Wellenlänge der Ringwellen sorgt für die geordnete radiale Aufreihung der Planetenkörper.

Schlüssig, in sich konsistent und durch Beobachtung belegt, haben wir die Entwicklungswege zu Planetensystemen vor uns. Dennoch, eine vollständige Entwicklungsgeschichte unseres oder anderer Planetensysteme vorzulegen, davon sind wir noch weit entfernt. In den nächsten zehn Jahren wird das Hauptaugenmerk auf das Auffinden von Sonnensystemen unserer eigenen Art gerichtet sein.

35 Die durch entstehende Planeten verbogene Gas- und Staubscheibe um den Stern Beta Pictoris; zum Größenvergleich sind Planetenbahnen unseres eigenen Planetensystems eingetragen

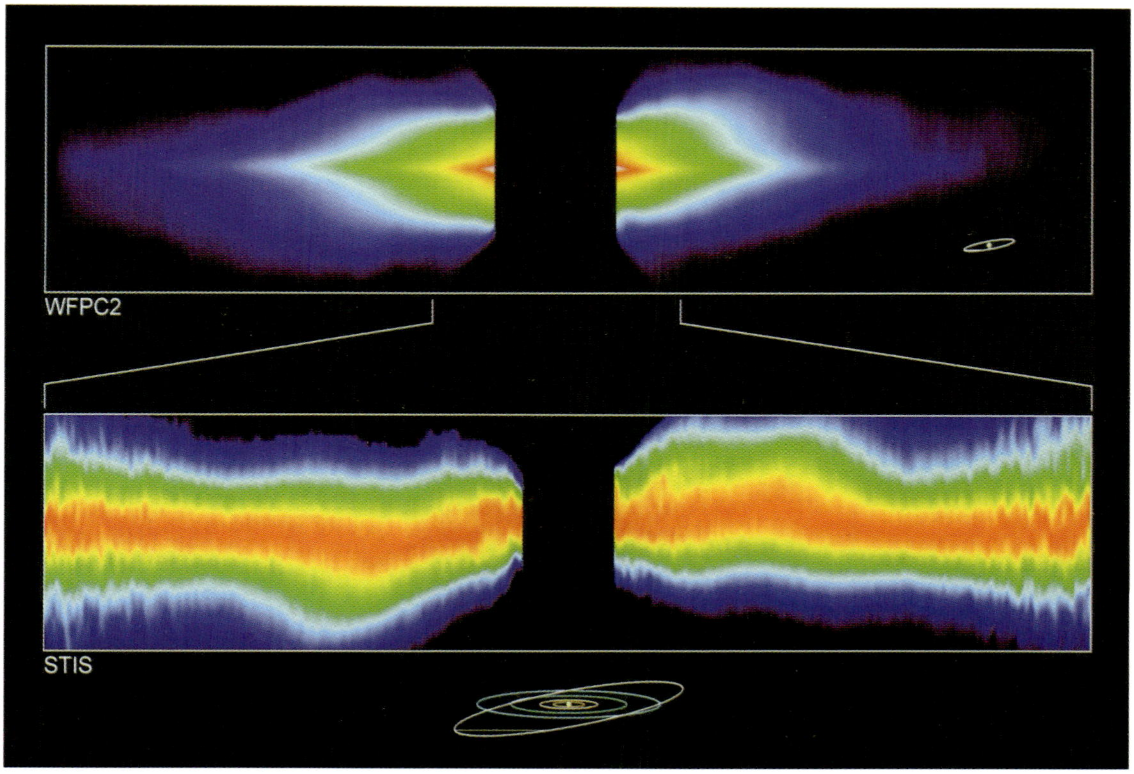

to.

P I S C E S
Ecliptic
mäleon
LMC
MC
AC
1. Haus
2.
3.
4.
5.
6.
7.
8.
9.
10.
11.
12.
TRIANGULUM

Organische Materie im Kosmos und extraterrestrisches Leben

Der Raum zwischen den Sternen ist nicht leer. Staub-, Molekül- und Gaswolken sind allgegenwärtig in Sternensystemen wie der Milchstraße. Von Gas- und Staubwolken haben wir schon mehrfach bei unserem Weg durch die Sternsysteme gehört. Was sind nun Molekülwolken?

Natürlicherweise sind es ebenfalls Gas- und Staubwolken, jedoch ihr besonderer Inhalt sind Moleküle und ihr ganz besonderer Inhalt organische Moleküle. Man kann sagen, dass eigentlich allen Gas- und Staubwolken molekulare Verbindungen beigemischt sind; die jeweiligen Massenanteile können jedoch stark schwanken. Im Raum zwischen den Sternen, im freien Zusammenspiel von Strahlung und Gas- und Staubkomponenten bilden sich einfache organische Substanzen, zum Beispiel Ameisensäure, Alkohole, Zucker, Kohlenstoffketten und Kohlenstoffringmoleküle. Präbiotisches Material konnte aufgrund seiner charakteristischen Radiostrahlung nachgewiesen werden, auch Bausteine von Proteinen. Ein Beispiel hierfür ist Glycin. Derartiges organisches Material findet sich ebenfalls in Meteoriten, die aus dem interplanetaren Raum auf die Erde fielen. Was bedeutet, dass im Material des Sonnennebels schon organische Substanzen enthalten waren. Wiederum ist in den letzten Jahren ein Paradigma des klassischen Weltbildes ins Wanken geraten. Die Entstehung von einfachen organischen Substanzen ist nicht auf den Planeten Erde beschränkt. Das Universum ist generell darauf angelegt organische Substanzen, von gleicher Art wie wir sie hier auf der Erde vorfinden, entstehen zu lassen.

In der Hexenküche der Molekülwolken

Wenn Sternenlicht die interstellaren Gas-, Staub- und Molekülwolken durchquert, prägt sich die chemische Zusammensetzung dieser Wolken in Form von bestimmten Absorptionslinien dem Sternenlicht ein. Bei der Untersuchung der interstellaren Absorptionslinien in den Spektren heller Sterne entdeckte man vor fünfundsechzig Jahren mehrere Linien, die von den Molekülen CH, CN und CH^+ verursacht werden. Es waren P. Swings und L. Rosenfeld, die 1937 die neutralen Moleküle CH und CN fanden, und A. E. Douglas und Q. Herzberg identifizierten 1941 das Molekülion CH^+. 1949 führte W. Adams eine Durchmusterung der Spektren von dreihundert Sternen in Bezug auf interstellare Linien durch und fand dabei auch in siebzig Spektren CH^+ und in dreißig von ihnen CH und CN. Die eigentliche „Molekülastronomie" begann jedoch erst 1963 mit der Entdeckung des OH-Radikals mit radioastronomischen Messgeräten durch eine Wissenschaftlergruppe am Massachusetts Institute of Technology und dem Lincoln Laboratory in den Vereinigten Staaten. Das OH-Molekül besitzt eine charakteristische Linienstruktur im Radiobereich und strahlt bei der Wellenlänge von 18 Zentimeter. Bereits acht Jahre vorher hatte allerdings Charles Townes eine bemerkenswerte Liste von Molekülen vorgelegt, die seiner Meinung nach im Mikrowellbereich im interstellaren Raum nachgewiesen werden könnten. Die Liste umfasste die Moleküle NH_3, H_2O, CO und OH; diese Moleküle wurden später alle entdeckt. 1968 begann dann die Jagd auf interstellare Moleküle. Eine Gruppe in Berkeley suchte und fand Ammoniak (NH_3) und Wasser (H_2O). Heute kennt man mittlerweile etwa hundertfünfzig Moleküle, die im interstellaren Raum vorkommen. Man findet sie vor allem in der Nachbarschaft großer Molekülwolken oder in diesen Wolken, wie zum Beispiel dem Orionnebel, der offensichtlich ein riesiges chemisches Laboratorium ist. Am weitesten verbreitet ist allerdings das Wasserstoffmolekül, das nicht im Radiobereich, sondern im ultravioletten Licht nachgewiesen wurde. R. Carruthers fand 1970 als erster die Absorptionslinien des H_2-Moleküls im Ultraviolett-Spektrum des Sterns Chi-Persei, wobei das Aufnahmeinstrument mit einer Rakete über die irdische Atmosphäre getragen wurde. Und dies war erst der Anfang – es waren alles einfache Moleküle! Moleküle in dieser Mannigfaltigkeit und Menge hatte man nicht im interstellaren Raum erwartet, da die Bedingungen für die Entstehung von Molekülen als außerordentlich ungünstig eingeschätzt wurden. Man nahm an, dass die bis dahin festgestellten geringen Dichten der interstellaren Wolken – Gasdichte circa zehn Atome pro Kubikzentimeter, Staubdichte etwa ein Staubteilchen pro Würfel von dreißig Meter Kantenlänge – keine Molekülbildung zuließen und außerdem das Strahlungsfeld mit dem hohen Ultraviolettanteil alle entstehenden Moleküle sehr schnell wieder zerstören würde. Aufgrund der beobachteten Moleküllinien mussten diese Vorstellungen revidiert werden. Die wesentlichen physikalischen Größen, von denen die Umwelt der interstellaren Moleküle bestimmt wird, sind die Gas- und Staubdichte, das Strahlungsfeld und die Abweichung vom thermodynamischen Gleichgewicht.

Kosmische Gasnebel *(36)* bestehen aus einer Mischung von Atomen, Molekülen und Staub.

Die interstellare Chemie läuft zweigleisig ab. Einmal bilden sich die Reaktionsketten in der gasförmigen Phase aus. Zum anderen laufen die molekülbildenden Reaktionen auf den Oberflächen der Staubteilchen ab. Die Staubteilchen sind eine Art Katalysator, der die Grundlage für die chemischen Reaktionen bildet. Zwischen den Gas- und Staubkomponenten findet ein stetiger Materialaustausch statt. Moleküle, die sich auf den Stauboberflächen zusammenlagern, werden wieder in das umgebende Medium abgestoßen und Teile des Gases, seien es Atome oder einfache Moleküle, vom Staub aufgesammelt und zu weiterer Reaktion veranlasst. Solche verflochtenen chemischen Abläufe lassen sich mathematisch mit Reaktionsnetzwerkketten beschreiben. Die Gleichungen der Netzwerke geben die einzelnen Häufigkeiten der Teilchenkomponenten wieder. Ihre Zu- und Abnahme und die Häufigkeit der Anfangs- und Endprodukte bestimmen solche Bildungsprozesse. Interstellare chemische Reaktionen und die von ihnen beschriebenen Materialumsätze sind abhängig von Temperatur und Dichte des umgebenden Mediums und dem Strahlungsfeld. Das Strahlungsfeld bestimmt über die Anzahl der elektrisch geladenen Atome und Moleküle. Je nach Stärke des Strahlungsfeldes verlieren oder gewinnen die Teilchen Elektronen. Wie auch immer, die Eismäntel des Staubes stellen die Austauschschicht zwischen der Chemie in der Gasphase und in der Staubphase dar. Letztlich sind diese Manteleigenschaften für die Häufigkeit der organischen Komponenten des interstellaren Mediums verantwortlich. Sie legen ferner die Chemie in den Gas- und Staubscheiben um gerade entstehende Planetensysteme fest.

Bei den Stäuben findet man, auf astronomische Beobachtungen gestützt, amorphe Silikate in der Form von Olivinen (Magnesium-, Eisen-, Sauerstoff-, Siliziumverbindungen). Solche Teilchen gibt es auch in unserem eigenen Planetensystem, denn sie wurden in der Hochatmosphäre und in Meteoriten festgestellt; es sind oft in Glas eingeschmolzene Eisen- und Schwefelverbindungen. Bei den Kohlenstoffstäuben handelt es sich um Graphit, Mikrodiamanten oder verklumpte Kohlenstoffketten oder um Kohlenstoffringanordnungen; sie sind den Rußteilchen nicht unähnlich. Besonders diese Staubsorte ist chemisch sehr aktiv, da deren Molekülbestandteile viele ungesättigte chemi-

sche Bindungen besitzen, die nur darauf lauern, chemisch aktiv zu werden.

Die Eismäntel auf den Stäuben markieren sich für den Beobachter im elektromagnetischen Spektrum durch besondere Absorptionskanten; solche Eismäntel können Wasser-, Ammoniak- oder Methan-Mäntel sein. In den Eismänteln schlagen sich die ersten organischen Molekülprodukte nieder. Besonders durch Einstrahlung von energieschwachem ultraviolettem Licht werden Molekülreaktionen zum Aufbau von langen Kohlenstoffketten oder Kohlenstoffringen angeregt. Nach Kohlenwasserstoff und dem Molekül H_2, dem molekularen Wasserstoff, sind die PAH-Moleküle die häufigsten Kohlenstoffverbindungen im interstellaren Medium (PAH bedeutet polyzyklische aromatische Hydrocarbon-Moleküle). Aus PAH's können sich Fullerene aufbauen, das sind C_{60}-Moleküle in geschlossener Kugelform, ähnlich einem Fußball. Vor allem eins ist wichtig: die PAH-Struktur ist thermodynamisch sehr robust und stabil. In ihr und mit ihr läuft der Aufbau von höheren organischen Molekülsubstanzen ab.

Wir versuchen mit einem Blick, die kosmische Perspektive dieser Chemie zu erfassen. In Sternen werden aus den einfachsten Elementen die höheren chemischen Elemente über Fusionsprozesse aufgebaut. Dieses Material wird im Laufe eines Sternenlebens an das interstellare Medium abgegeben und dort beginnt dann ein neuer Zyklus. Sei es über Sternentstehung und Planetenbildung, sei es von einzelnen Atomen zu Molekülen hin. Diese Moleküle wiederum sind teilweise organisch und legen die Grundbausteine für eine sich weiter entwickelnde kosmische organische Chemie. Die durch sie entstehenden organischen Basismoleküle sind stets den neu entstehenden Planetensystemen beigemischt. Der Kosmos in seiner Weite ist nicht anorganisch, sondern bildet dort schon die Grundbausteine für höhere organische Moleküle.

Die Kosmochemie verknüpft Extreme. Einmal die Elemententstehung: sie ereignet sich im Sterninneren und für Elemente jenseits von Eisen, in den extremen Endphasen erlöschender Sterne, den Supernovae. Zum anderen bewirkt die Kosmochemie den allmählichen Aufbau chemischer Komplexität. Diese Komplexität ist Folge von einfachen, schrittweise aus der Molekülchemie sich ergebenden Anlagerungsprozessen. Die Verknüpfung von Prozessen der Kosmochemie mit der Planetenentstehung ist aus der Zusammensetzung von meteoritischem Material erkennbar. Elemente aus Supernovavorgängen sind in vorsolarem Staub abgelagert, Staub, der im Urnebel vor der Sonnenentstehung vorhanden ist. Der vorsolare Staub ist notwendiger Baustein unseres Planetensystems gewesen. Chemische Entwicklung bei diesem Entstehungsereignis führte das Material des interstellaren Mediums in die heutigen chemischen Zustände über.

In der Hexenküche der interstellaren Wolken entstehen Sterne und mit den Sternen Planetensysteme. Eine interstellare Wolke aus Staub sowie atomarem und molekularem Gas beginnt in sich zusammenzustürzen, möglicherweise ausgelöst durch die anbrandende Druckwelle von einem explodierenden Stern. Ein Vorläuferstern beginnt sich aufzubauen, um ihn herum eine Aufsammlungsscheibe interstellaren Materials von inhomogener chemischer Zusammensetzung. Die Scheibe heizt sich allmählich schwach auf, und ein nach außen, zum Rand hin abnehmender Druckgradient entsteht. Er wird durch die Temperaturunterschiede von rund 1.500 Grad zwischen innerem Bereich und Randbereich getragen. Solch eine Struktur sucht sich dann einen Gleichgewichtszustand bei allmählicher Abkühlung. Im Innenbereich kühlen die Substanzen bis zur Kondensation der Mineralien herunter. Weiter außen und am Rande überwiegen die mehr gasförmigen Stoffe, die wegen der von vornherein niedrigeren Temperatur nicht

36 Der Rosetten-Nebel – eine Alchemistenküche für die Entstehung von Molekülen

flüchtig wurden. Vorplanetare Körper unterschiedlicher Chemie und Größe haben dabei Möglichkeiten zur Entwicklung; sehr wohl kann jetzt über Bahnverschiebungen auch eine nochmalige Durchmischung oder Umordnung der vorplanetaren Körper stattfinden.

Im Falle unseres Sonnensystems muss das Material im Innenbereich eine heißere Vorgeschichte erlebt haben als das Material des Außengebietes. Die Unterhäufigkeit von Wasserstoff, Helium und Edelgasen wird somit bei den inneren Planeten Merkur, Venus, Erde, Mars verständlich. Es sind die Planeten mit festen Oberflächen. Das äußere Sonnensystem enthält mehr flüchtige Elemente, die Gasplaneten Jupiter, Saturn, Uranus und Neptun belegen dies. Zumindest die Grundstruktur unseres Planetensystems ist dadurch verstehbar.

Rund eine halbe Milliarde Jahre nach der Entstehung begann auf der Erde und vermutlich auch auf dem Mars das Leben. Der Motor einer biologischen Evolution sprang an. Die einsetzenden organischen chemischen Entwicklungen sind ein Teil der allgemeinen Kosmochemie, die dafür Grundsubstanzen anlieferte. Es ist also fast sicher, dass Leben im Universum ein sehr weit verbreitetes Phänomen ist. Die Natur versteht es, vor und mit der Entstehung von Sternen und Planeten im interstellaren Raum auf effektive Weise Moleküle zu bilden, die Grundlage von Leben sein können.

Kometen und Meteore

Schreiten wir den kosmischen Entwicklungsweg zu den Bausteinen organischer Moleküle und zu organischen Molekülen selbst nochmals ab; soweit jedenfalls, bis wir wirklich organisches Material hier auf der Erde in Meteoriten in unseren Händen halten können. Die Molekülwolken sind die Brutstätten der organischen Materie. Die sich zu Sternen und Planeten entwickelnden interstellaren Molekülwolken besitzen heiße und kalte Regionen, sind turbulent und von Magnetfeldern durchzogen. Je nach dem augenblicklichen dynamischen Zustand der Wolken werden die Temperaturverläufe und die Durchmischungs- oder Entmischungsvorgänge gesteuert. Die Lebensdauer solcher Wolken ist im Mittel zehn Millionen Jahre. Diese Zeitspanne reicht aus, genügende Mengen an höheren Molekülverbindungen und Staub zu produzieren. Über hundertfünfzig verschiedene Molekültypen sind nachgewiesen, die frei im interstellaren Raum driften. Größere Moleküle gibt es nur in den Zentren der Molekülwolken; dort, wo der Staub die zerstörerische kurzwellige Ultraviolettstrahlung abschirmt.

Die vier Grundkomponenten sind zunächst Wasser, Ammoniak, Methan und Kohlenmonoxid. Die übrigen Elemente werden allmählich in diese Komponenten und ihre Wechselwirkungsprodukte eingearbeitet. Dabei wächst auch die Größe der Staubteilchen an. Das Überraschende beim Ablauf aller kosmochemischen Reaktionen ist, dass trotz der lebensfeindlichen Umwelt in den interstellaren Gaswolken sich Aminosäuren in diesen Molekülwolken bilden können. Aminosäuren sind die Bausteine höherer Eiweißmoleküle; auf der Erde werden sie hauptsächlich von Pflanzen erzeugt. Das meiste interstellare organische Material strahlt im Zentimeterwellenlängenbereich. Die Radioastronomen sind also die Lieferanten von Daten für die Kosmochemie. Die Aminosäure Glycin wurde zum Beispiel über die von ihr ausgestrahlten Spektrallinien bei Radiowellenlängen im Zentimeterbereich nachgewiesen. Dies bedeutete die Entdeckung eines Bausteins von Proteinmolekülen. Interstellare Wolken produzieren präbiotisches Material. Solches Material lässt sich im irdischen Labor untersuchen, wenn es eingefangen in meteoritischer Materie zur Erde herunter gelangt.

Die Verknüpfung von irdischen und interstellaren Aminosäuren ist in dem aufgeschmolzenen Planetenmaterial des Erdkörpers oder des Mars, des Merkurs oder der Venus zunächst verloren gegangen. Der kalte Erdkörper wurde dann aber durch eine Vielzahl nachstürzender

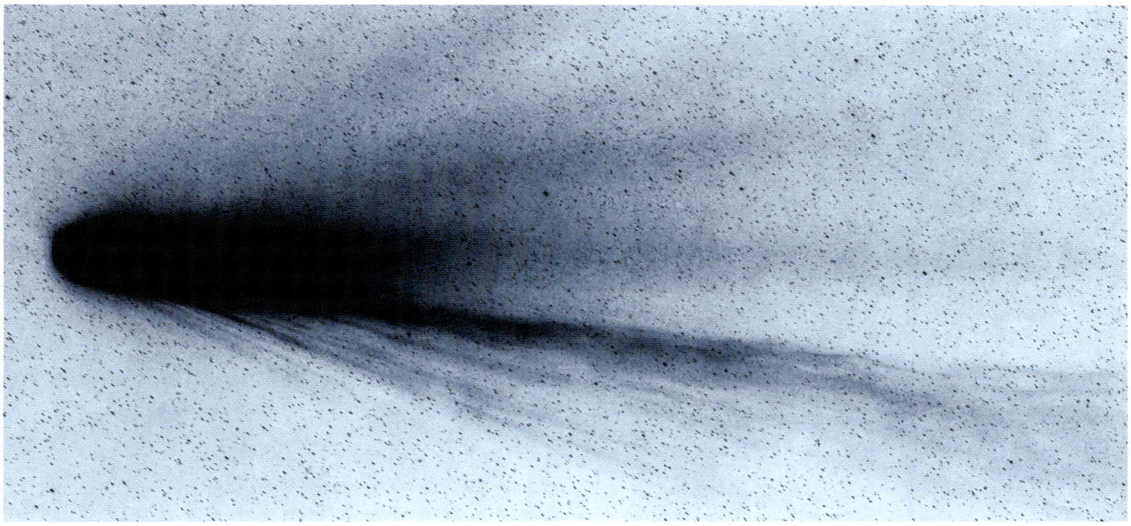

37 Der Komet Halley

Meteorite mit Aminosäurematerial geimpft. Auch im Mondgestein wurden Aminosäuren gefunden. In den letzten Jahren gelang der Zugriff auf interstellares Material mit Hilfe einer Raumsonde. Die NASA-Sonde Sternstaub, die seit Februar 1999 zum Kometen Wild 2 in unserem Sonnensystem unterwegs ist, trägt ein Messgerät Heidelberger Astronomen, das Staubpartikel analysieren kann. Die erste direkte Analyse von Staubteilchen, die in unser Sonnensystem einströmten, zeigt, dass sie unter anderem aus organischen Riesenmolekülen bestehen, den schon optisch und radioastronomisch nachgewiesenen PAH's. Es sind eher teerartige oder rußartige Miniklümpchen als kristalline Gebilde. Die Masse dieser Moleküle beträgt rund zweitausend atomare Masseneinheiten, bei Größen von mehr als hundertmal größer als die von Wassermolekülen. Die molekularen Strukturen sind dreidimensional miteinander vernetzt, damit erreichen sie eine Stabilität, die sie auch im inneren Teil des Sonnensystems überleben lässt. Es sind ähnliche reaktionsaktive Moleküle, die auch schon im Staub des Halleyschen Kometen nachgewiesen wurden.

Die Raumsonde Sternstaub wird 2006 den Kometen Wild 2 erreichen, dabei dreimal die Sonne umrunden und mehrfach den breiten Staubstrom durchfahren, der sich von der Milchstraße in unser Sonnensystem hinein ergießt. Wir hörten schon, dass der Zugriff auf das organische Material des Kosmos auch über zur Erde gefallene und aufgesammelte Meteorite möglich ist. Meteorite können durchaus Reste von aufgelösten Kometen sein.

Kometen *(37)* sind Himmelskörper, die sich gewöhnlich auf lang gestreckten elliptischen Bahnen um die Sonne bewegen. Während ihres Aufenthaltes im inneren Bereich des Sonnensystems bilden sie mehr oder weniger auffällige Schweife aus. Kometen gehören zu den ältesten Bestandteilen des Sonnensystems. Es handelt sich um Materie, die bei der Entstehung der Planeten nicht aufgebraucht wurde. Das Modell für einen Kometenkern kann man sich als eine Art schmutzigen Schneeball vorstellen. Der Kern besteht aus Wassereis, Kohlendioxideis, Methaneis, Staub und Sand. Der Staub besteht etwa zu einem Drittel aus organischen Bestandteilen. Die Größe eines Kometenkerns liegt zwischen hundert Metern bis einigen zwanzig Kilometern, die Masse bei 10^{14} Kilogramm, die Dichte der Kerne zwischen 0,2 und 1 Gramm pro Kubikzentimeter.

Nähert sich der Komet der Sonne, so beginnt das Eis auf der sonnenbeschienenen Seite zu schmelzen, wobei ein Gas- und Staubgemisch freigesetzt wird. Dieses Gemisch breitet sich radial mit Geschwindigkeiten von rund einem Kilometer pro Sekunde aus und reißt dabei Staubteilchen mit. Durch diesen Materieausstoß entsteht um den Kern eine Gashülle, aus der sich schließlich der Kometenschweif bildet. Dieser Schweif besteht aus abströmendem Gas und Staub. Als maximale Abströmungsgeschwindigkeiten werden mehrere hundert Kilometer pro Sekunde erreicht.

Kometenkerne können zerbrechen und eine Vielzahl von Bruchstücken in den interplanetaren Raum entlassen. Teile davon stoßen mit der Erde zusammen, verglühen als Sternschnuppen oder stürzen als größere Brocken zur Erde oder auf andere Planeten des Sonnensystems. Dabei kann wiederum Oberflächenmaterial des betreffenden Planeten so stark beschleunigt werden, dass Bruchstücke den Planeten verlassen. Auch sie finden unter Umständen den Weg zur Erde. So gelangte Material vom Mars und vom Mond in unsere Hände *(39)*. In einzelnen Marsmeteoriten gibt es möglicherweise vage Anzeichen von versteinerten Mikromikroben. Ein Ziel der Marsforschung ist es, einfaches Leben auf dem Mars nachzuweisen.

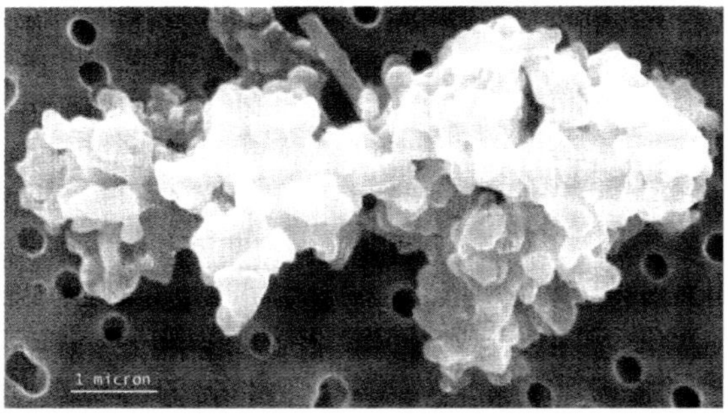

38 Ein in der Erdatmosphäre aufgesammeltes kosmisches Staubteilchen aus Kohlenstoff, Silizium, Eisen, Sauerstoff, Stickstoff und anderen Elementen. Mehrere kleinere Untereinheiten sind zusammengebacken

Sternschnuppen am Nachthimmel betrachtet der Volksmund oft als ein gutes Omen. Man wünscht sich etwas, soll Wünsche nicht weitergeben, damit sie sich erfüllen. Nicht selten werden Sternschnuppen als Steine bezeichnet, die vom Himmel fallen. Zu bestimmten Zeiten im Jahreslauf lässt sich sogar ein Sternschnuppenregen beobachten. Manchmal wird auch behauptet, Sternschnuppen könnten uns buchstäblich auf den Kopf fallen. Johann Peter Hebbel notiert 1811 in seinen Kalendergeschichten:

„Sonntags, den 22. Mai 1808 sind in Mähren Steine vom Himmel gefallen (bei Stannern, Tschechoslowakei). Der Kaiser von Österreich ließ durch einen sachkundigen Mann Untersuchungen darüber anstellen. Dies ist der Erfund: Es war ein heiterer Morgen, bis um halb sechs Uhr ein Nebel in die Luft einrückte. Die Filialleute von Stannern waren auf dem Weg in die Kirche. Plötzlich hörten sie drei starke Knälle, dass die Erde unter ihren Füßen zitterte... Eine Menge von Steinen von der Größe einer welschen Nuß bis zu der Größe eines Kindskopfs und von der Schwere eines halben Lotes bis sechs Pfund, fielen unter beständigem Rollen und Pfeifen aus der Luft, einige senkrecht, andere wie in einem Schwung. Viele Leute sahen zu, und die Steine, welche sogleich nach Falle aufgehoben wurden, waren warm. Die gefundenen Steine, die eingesammelt worden waren, hatten an Gewicht 2 1/2 Zentner. Alles dauerte 6 bis 8 Minuten. Was es aber mit solchen Steinen, die vom Himmel fallen, für eine Bewandtnis habe, daraus machen die Gelehrten ein Geheimnis, und wenn man sie fragt, so sagen sie, sie wissen es nicht."

Meteor, das ist die Leuchterscheinung, die ein in die Erdatmosphäre eindringender Meteorit verursacht. Meteorit *(38)* heißt auch der Körper, der auf die Erdoberfläche niedergeht. In solch einem Fall gilt: Meteorite lassen sich anfassen, Meteore kann man sehen. Meteorite können als Einzelstücke oder in Schauern auf die Erde fallen.

Die Berechnung des auf die Erde niedergehenden Massenflusses hat eine astronomische Stütze und eine Stütze in den irdischen Fundhäufigkeiten. Astronomisch ist es relativ leicht, die Massenverteilung interplanetarer Materie in Form von Meteoren, die auf die obere Erdatmosphäre treffen, abzuschätzen. Die Flussrate dieser Objekte und ihre Bahnparameter sind ebenfalls bekannt. Aus den Bahnparametern kann der Bereich zu erwartender Geschwindigkeiten festgelegt werden. Unglücklicherweise sind die atmosphärischen Abschmelzraten und die Fragmentationsprozesse weniger genau bekannt; sie hängen auf komplizierte Art von der Zusammensetzung, der Masse, der Dichte, der Geschwindigkeit und dem Eintrittswinkel eines Meteoriten in die Erdatmosphäre ab.

Meteorite werden seit Hunderten von Jahren auf der Erdoberfläche aufgesammelt, und es wurde versucht, ihre Fallraten pro Einheitsfläche und Jahr zu bestimmen. Ebenfalls ist die Massenverteilung der aufgesammelten Bruchstücke bekannt.

Betrachten wir zum Beispiel als gut definierte Sammelfläche die Britischen Inseln – ein dicht bevölkertes Territorium auf der Nordhalbkugel von 315.000 Quadratkilometern. In den letzten zweihundert Jahren wurde über zweiundzwanzig Meteoritenfälle berichtet. Das Wort Meteoritenfall bedeutet, dass das Eindringen in die Erdatmosphäre beobachtet worden ist und anschließend das Material von der Erdoberfläche aufgelesen werden konnte.

Wie die Wahrscheinlichkeit für solch ein Fundereignis aussieht, erhellt folgende Geschichte. Am Sonntag, dem 5. Mai 1991, um 11.30 Uhr werkelte Mister Arthur Pettifor in seinem Gemüsegarten in englischen Glatton. Er pflanzte Zwiebeln, als er plötzlich ein Pfeifen und Wimmern wie von einer fallenden Bombe hörte, das mit einem dumpfen „Platsch" endete. Aufblickend sah er eine sechs Meter hohe Zypressenschutzhecke schwanken. Hinter den Zypressen befanden sich niedrige Weißdorn-

39 Drei Marsmeteorite, gefunden in der Sahara (Lybien), 1998, in der Mojave Wüste (Kalifornien), 1999, und in der Antarktis, 1980

sträucher; er sah abgebrochene Zweige und auf frisch gehacktem Grund einen Steinbrocken. Mister Pettifor las ihn auf, und der Stein war handwarm. Er hatte eine Größe von 10 mal 16 Zentimeter, wog 767 Gramm und war überzogen von einer 0,03 Zentimeter dicken, mattbraunen Schmelzkruste... Es ist klar: wenn der Fallort einige Meter weiter oder die Fallzeit etwas anders gelegen hätten – der Meteorit wäre niemals gefunden worden.

Verallgemeinert man die Fallraten von England auf die ganze Erdoberfläche, so fallen im Mittel zweitausendachthundert Meteorite pro Jahr auf die Erde. Für diese Werte gelten keine Massen- oder Größenbeschränkungen. Es ist natürlich klar, dass je kleiner das Objekt, desto geringer seine Fundwahrscheinlichkeit sein wird. Stellt man dies in Rechnung, so wird die Einfallsrate für Objekte größer als zehn Kilogramm auf zwei pro Jahr geschätzt. Bei Größen um ein Kilogramm liegt die Zahl etwa bei acht pro eine Million Quadratkilometer pro Jahr.

Im typischen Einfallsgeschwindigkeitsbereich von fünfzehn Kilometer pro Sekunde verliert ein Meteorit beim Flug durch die Atmosphäre rund das Zehnfache seines Gewichts. Aus zehn Kilogramm wird ein Kilogramm am Erdboden. Der gesamte meteoritische Teilchenfluss auf die Erdoberfläche wird bis zu 10^8 Kilogramm pro Jahr abgeschätzt; der Großteil dabei sind Mikrometeorite mit Durchmessern kleiner als ein Hundertstel Millimeter.

Meteorite sind Gesteinsproben von anderen Körpern des Sonnensystems, hauptsächlich aus dem Asteroidenbereich, und von sich auflösenden Kometen. Einige Stücke stammen vom Mond oder vom Mars. Die einfachste Klassifikation unterscheidet bei Meteoriten drei Gruppen: Steinmeteorite, Eisenmeteorite und Stein-Eisenmeteorite. Die Mehrzahl der Meteorite sind steinig; Eisen-Meteorite und Mischtypen bilden nur fünf Prozent der wahren Verteilung. Die häufigsten Meteorite sind die sogenannten Chondrite; es sind steinige Meteorite, die ihren Namen von kleinen, sphärisch geformten Einschlüssen, den Chondren, ableiten. Ihr Alter liegt bei 4,5 mal 10^9 Jahren, dem Bildungsalter des Sonnensystems. Ihre chemische Zusammensetzung ist sonnenähnlich, außer dass ihnen Wasserstoff und Helium fehlen. Alle Chondrite werden als Reste von zerfallenen asteroidalen oder kometaren Körpern des Planetensystems angesehen. Die kohligen Chondrite besitzen den höchsten Anteil an flüchtigen Elementen und sind stark oxidiert. Sie sind wahrscheinlich in Körpern entstanden, die ursprünglich Eis enthielten und niemals Temperaturen von mehr als 30 Grad Celsius ausgesetzt waren. Die normalen Chondrite können kurz nach ihrer Bildung durchaus 1000 Grad Celsius erreicht haben; metamorphe Gesteinsstruktur und Umkristallisation sind hier vorzufinden.

Ein wichtiger Bestandteil der kohligen Chondritenmeteorite sind organische Moleküle. Ein im September 1969 in der Nähe von Murchinson, Australien niedergegangener Meteorit enthielt über vierhundert organische Molekülkomponenten. Ebenso wurde in dem Allende-Meteorit, niedergegangen bei dem Dorf Allende in Mexiko, mehr als zwei Tonnen kohliger Chondrite festgestellt. Schon 1966 konnten in kohligen Chondriten Fettsäuren und sogar Ribonukleinsäuren entdeckt werden. Meteorite enthalten also organisches Material, das im Kosmos entstanden ist.

Vor rund 4,5 mal 10^9 Jahren begann eine kosmische Gaswolke unter ihrer eigenen Anziehungskraft zusammenzusinken und zu kondensieren. Es bildeten sich kleine Eis- und Felsbrocken, sogenannte Planetesimale aus dem interstellaren Gas und den Staubteilchen, und es bildeten sich natürlich auch deren organische Beimischungen. Die Planetesimale bucken innerhalb von etwa hundert Millionen Jahren durch Stöße zusammen. Es entstanden die Planeten mit den Monden, die Asteroide und die Kometen als Abfallmaterial unseres Sonnensystems.

Zusammenstöße zwischen Asteroiden erzeugten weitere Kleinkörper und Fragmente, die auf die Planetenoberflächen herabregne-

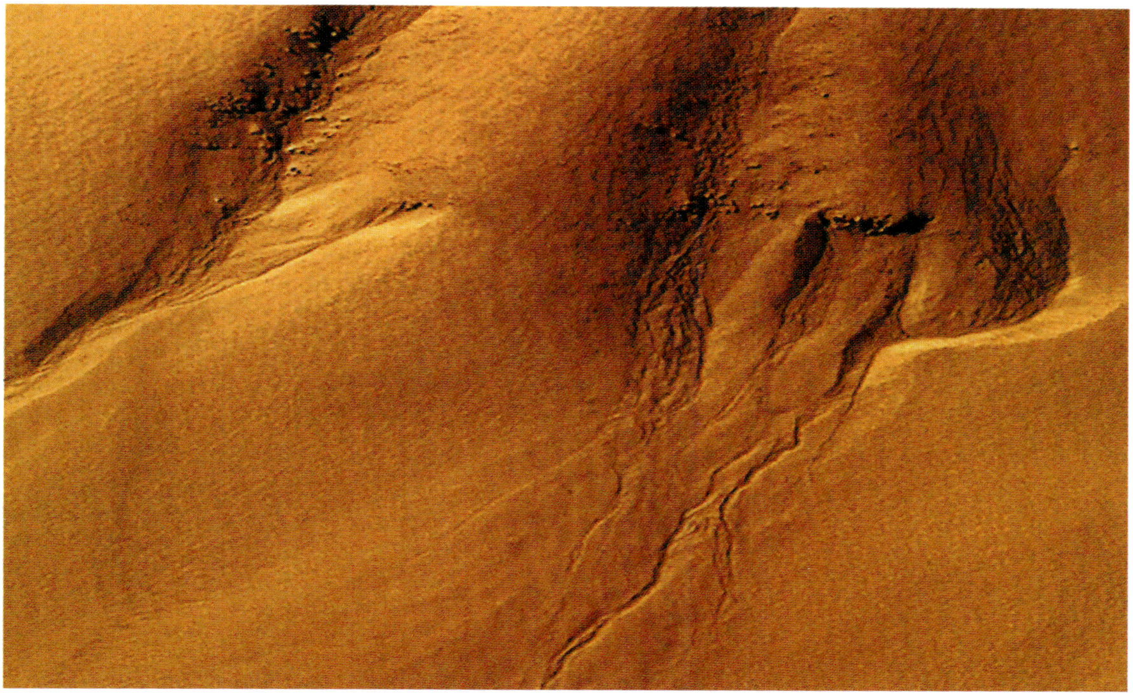

40 Erosionskanäle von Wasser auf dem Planeten Mars. Hier ist Wasser in jüngerer Zeit, vor etwa 100.000 Jahren, aus wasserführenden Schichten im Untergrund ausgetreten; Maßstab circa drei mal anderthalb Kilometer

ten. Fünf Prozent davon sind kohlige Chondrite; sie stellen die primitive Urmaterie des Sonnensystems auf der Erdoberfläche dar. In diesen Klumpen, diesem kosmischen Abfall als Überbleibsel bei der Planetenentstehung, befinden sich Siliziumcarbonat, Siliziumcarbid und mikroskopische Diamanten. Siliziumcarbid wurde in Atmosphären von Kohlenstoffsternen erzeugt, einer Unterklasse entwickelter Riesensterne. Die Diamanten entstanden in der interstellaren Molekülwolke, als Kohlenstoff durch Stoßwellen von explodierenden Sternen zusammengepresst wurde. Dieses Material, nur wenige Promille eines kohligen Chondriten, zeigt, dass in unserem heutigen Sonnensystem noch Materie des interstellaren Raums vorhanden ist. Organisches Material und Kohlenstoffketten-Makromoleküle stellen davon rund fünf Prozent der Masse dar. Die nachgewiesenen Aminosäuren besitzen einen siebenfach höheren Isotopenanteil an schwerem Wasser relativ zur solaren oder irdischen Wasserstoffhäufigkeit. Dies ist der Beweis für eine Entstehung dieser organischen Grundbausteine außerhalb des Sonnensystems.

Die Meteorite zwingen uns, eine neuerliche kopernikanische Wende anzuerkennen: organische Grundbausteine sind überall im Kosmos vorhanden. Was heute selten vorkommt, war in der Frühphase des Planetensystems ein gewaltiger Materiefluss. Vor rund 4 mal 10^9 Jahren regneten mehr als zehntausend Tonnen interstellares organisches Material pro Jahr auf die junge Erde herab und dies fast eine Milliarde Jahre lang. Die Erde war eine günstige Umwelt für weitere chemische Entwicklungen. Jeder gefundene Meteorit ist somit heute ein Schlüsselstein im wahrsten Sinne des Wortes für die Aufklärung unserer eigenen chemischen und biologischen Anfänge.

Im meteoritischen Material wurden bisher mehr als siebzig verschiedene Aminosäuren nachgewiesen. Ein Teil von ihnen ist in irdischen Proteinen nicht vertreten. Damit ist der außerirdische Ursprung des Materials nochmals gesichert. Die Kohlenstoffketten erreichen bis zu sechzig Atome und erscheinen in den unterschiedlichsten Varianten als Purine, Amine, Alkohole und viele andere organische Grundsubstanzen. Der Aufbau solchen organischen Materials muss teilweise in den Trägerkörpern – Kometenkerne und Kleinplaneten – stattgefunden haben. Schätzt man die Einfallsmengen auf den Erdkörper in der Frühphase des Planetensystems, so ist die Erde einstmals mit einer hundert Meter dicken Schicht organischer Moleküle kosmischen Ursprungs in wässriger Lösung bedeckt gewesen.

Aber nicht nur die Erde, auch die übrigen Körper des Sonnensystems mit fester Oberfläche sollten davon etwas abbekommen haben. Es ist daher gut begründet, auch auf anderen Körpern des Sonnensystems nach solchem organischen Material zu suchen und nach dem Beginn von organischer Evolution zu fragen.

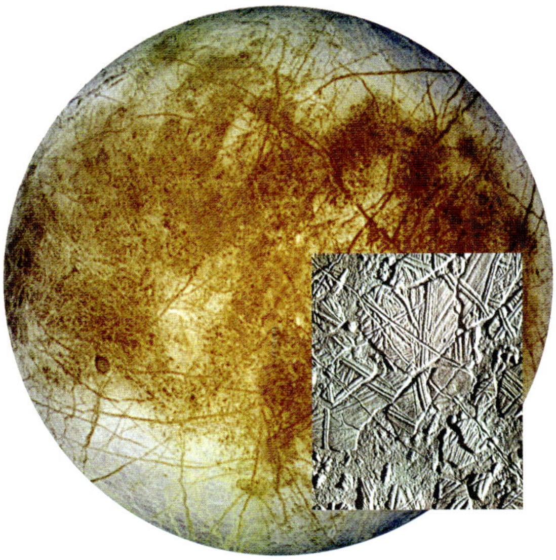

41 Der Jupitermond Europa, Durchmesser 3130 Kilometer, ist ein Eismond. Unter seinen Eisfeldern befindet sich ein Wasserozean. Das eingeblendete Eisschollenfeld hat eine Auflösung von 53 Meter pro Bildelement

Gemeinhin ist Wasser der Stoff, mit dem sich unser Heimatplanet am besten beschreiben lässt. Die Erde ist ein Wasserplanet. Diese Aussage beinhaltet auch eine Feststellung über die mittlere Temperatur der Erdoberfläche. Sie beträgt 14 Grad Celsius. Wasser kommt also in flüssiger Form vor. In unserem Planetensystem gibt es sichere Anzeichen für Wasser auf dem Mars. Im Permafrostboden dieses Planeten, aber auch in einzelnen Sickerungsstellen an Steilhängen wurde Wasser *(40)* nachgewiesen. Neuerdings ist ein Wasserozean auf dem Mond Europa des Planeten Jupiter unter einer Eiskruste von zwei Kilometer Dicke entdeckt worden.

Wasserozeane auf Monden und Planeten wie auf der Erde, das gab es bisher noch nicht. Das Bild hat sich gewandelt. Der Mond Europa *(41)* des Planeten Jupiter sorgte für diese Überraschung. Der Durchmesser dieses Mondes beträgt 3.140 Kilometer, seine mittlere Dichte hat den Wert von 3,0 Gramm pro Kubikzentimeter. Er muss also hauptsächlich aus Felsen und Metallen bestehen. Seine sichtbare Oberfläche ist von einer Eis- und Wasserschicht überzogen. Für diese Wasser- und Eishülle bleibt eine Schichtdicke von im Mittel hundert Kilometern. Jede Wasserhülle mit Eisdecke ist also im Verhältnis zum Radius des Mondes eine sehr dünne Schicht.

Die Raumsonde Galileo hat im Februar 1997 den Mond in 586 Kilometern Höhe überflogen und dabei einzigartige Bilder von der Eis-Oberfläche aufgenommen. Die Eisblöcke ähneln denen der irdischen Polarmeere. Riesige Eisbrüche und Rillen durchziehen die Mondoberfläche. Größe und Geometrie dieser Strukturen lassen den Schluss auf eine dünne Eisdecke zu, die einen Wasser- oder einen Matscheisozean überdeckt. Die Eisdecke muss in ständiger Bewegung sein, denn die Eisplatten sind aufgebrochen und gegeneinander versetzt. Die Eisplatten- und die Rillenstruktur weist auf Eisbewegungen hin. Abbrüche, Versetzungen und Schollenverschiebungen sind zu erkennen. Gelegentlich tauchen völlig ebene Eisregionen auf. Hier muss frisches Wasser in Form eines Geysirs hochgeströmt und neu eingefroren sein. Neu heißt in diesem Zusammenhang: vor einigen Jahren bis vor einigen tausend Jahren. Damit gehören die gefrorenen Oberflächendetails des Mondes Europa mit zu den jüngsten in unserem Planetensystem.

Die Ursache für die gewaltigen Eisbrüche und Verwerfungsrillen und der eigentliche physikalische Grund für die Annahme von Wasser unter dem Eis sind folgende: die Eigendrehung des Mondes Europa erfolgt nicht synchron zur Umlaufperiode um Jupiter. Dies bewirkt unterschiedliche Gezeitenkräfte aufgrund von Massenasymmetrien im festen Mondkörper. Die Gezeiten erzeugen Zug- und Druckspannungen im Eis. Die Eisfläche bewegt und verschiebt sich, dabei reißt sie auf. Das kann nur geschehen, wenn sie nicht an der festen Mondoberfläche angefroren ist. Allein ein Wasserozean unterhalb des Eises ist geeignet, solche Verschiebungen als Gleitmittel zu ermöglichen. Fester Mondboden und Eisoberfläche können sich über einem Wasserozean entkoppeln und Versetzungen in der Eisoberfläche verursachen.

Astrobiologie

Komplexe organische Moleküle bilden sich überall in unserer Galaxis. Da Biologie von der Chemie gesteuert wird und diese wiederum von den Gesetzen der Physik, sind ähnliche Lebensgrundlagen zwingend überall im Universum vorhanden. Fortschrittliche und vorausschauende Universitäten in den Vereinigten Staaten und in Frankreich haben inzwischen Astrobiologie in ihre Lehrpläne aufgenommen. Das Institut für Astrobiologie der amerikanischen Weltraumbehörde definiert das Fach so: Studium von Entstehung, Entwicklung, Verbreitung und Häufigkeit von Leben im Universum. Mikrobiologie, Geowissenschaften, Astrophysik und Gebiete der organischen Chemie verschmelzen bei diesem Forschungsansatz. Die Sciencefictionliteratur hat sich früh schon „Leben auf anderen Planeten" zu eigen gemacht. In solchen Fällen handelt es sich stets um intelligentes Leben, das zur Kommunikation mit Menschen in der Lage ist. Viel wahrscheinlicher jedoch ist es, dass das Universum Leben auf einfacherem Niveau birgt, nämlich Mikroorganismen in Form von Bakterien, Algen und Plankton. Solche Entdeckungen wären ein gewaltiger Triumph für die forschende Menschheit; zunächst sind Mars und der Mond Europa für solche Nachforschungen ausersehen.

Die Erde ist bis heute die einzige Fallstudie für Untersuchungen zur Lebensentfaltung. Von dem Augenblick an, ab dem die Erde Leben tragen konnte, hat sich solches auf ihr eingenistet, das wissen wir. Mikrobisches Leben, 3,9 Milliarden Jahre alt, ist bei uns gefunden worden. Rund fünfundachtzig Prozent des gesamten Erdalters ist Leben auf unserem Planeten vorhanden. Der Zeitrahmen ist gewaltig, und dies erleichtert die verallgemeinerte Fragestellung nach Leben, besonders dann, wenn wir die Monde und Planeten unseres eigenen Systems ins Auge fassen. Da wir in anderen Planetensystemen sicher in den nächsten hundert Jahren mikrobiotisches Leben nicht direkt werden beobachten können, gilt es nach Hinweisen zweiter Art Ausschau zu halten. Es geht darum, so genannte Biomarker zu finden. Das können zum Beispiel Spurengase und andere Gasnebenprodukte sein, die lebende Substanz abgibt. Sauerstoff in einer Planetenatmosphäre, sichtbar gemacht in einer beobachteten Polarlichtentladung, wäre ein Hinweis für pflanzliches Leben. Methan oder Schwefelkomponenten markieren Energieumsetzungen von mikrobischem Leben, wie etwa Bakterien. Solche Gase könnten ebenfalls in Planetenatmosphären nachgewiesen werden.

Auch könnten Lebensbedingungen, die im irdischen Umfeld extrem sind, im kosmischen Umfeld häufig vorkommen. Beispiele hierfür gibt es mannigfach. Lebensformen, etwa jene, die bei Wassertemperaturen höher als dem Siedepunkt existieren, sind Bakterien in Geysiren und in Tiefseevulkanschloten. Lebensformen bei Temperaturen wesentlich unter Null Grad sind Planktonformen der Arktis und Antarktis oder Bakterien und Mikrobenlebensformen in stark saurer oder alkalischer Umgebung, wie etwa in vulkanischen Quellen. Mikrobische Lebensformen wurden frei driftend in vier Kilometer Höhe über dem Land oder in sechs Kilometer Tiefe unter der Meeresoberfläche entdeckt. Selbst Mikroben im nahen Weltraum, tausend Kilometer über Grund, überstanden die extremen Umweltbedingungen. Das schönste Beispiel für Leben im Extremen und auf höherem Niveau haust in Form von Hohlwürmern in untermeerischen Heißwasserschloten. In zweitausendfünfhundert Meter Meerestiefe gibt es von geothermischer Energie gespeiste Heißwasserquellen, die viele gelöste Minerale führen. In diesem Sud hat sich bei rund 700 Grad Celsius eine wohl angepasste Fauna entwickelt. Die Suche nach mikrobischem Leben in den Marsmeteoriten ist unter diesen Perspektiven kein Sonntagsspaziergang ins Unverbindliche. Lebensbedingungen wie auf dem Mond Europa vermutet man auch in dem Süßwassersee Vostok unterhalb des Antarktischen Eisschildes, tausend Kilometer vom Südpol entfernt. Der See Vostok, der demnächst angebohrt werden soll, ist ein einzigartiges unberührtes Labor für Untersuchungen von Lebensbedingungen, die in unserem Planetensystem möglich sind.

Die Synthese von Aminosäuren aus anorganischen Grundsubstanzen ist im irdischen Experiment gelungen. In einem geschlossenen System aus einem zirkulierenden Gas-Wassergemisch, wobei Stickstoff, Sauerstoff und Kohlendioxid wesentliche Bestandteile waren, entstanden unter Einwirkung von Funkenentladungen organische Substanzen. Dieses Experiment lief unter Bedingungen ab, die in einer irdischen Uratmosphäre angenommen werden müssen.

Das organische Material, was sich dabei bildete, entsprach dem Material in kohligen Chondriten. Die rund vierhundert verschiedenen Komponenten organischen Materials in Chondriten mit einem nichtbiologischen Ursprung sind also auch irdisch erzeugbar. Das chondritische biogene Material vorirdischen Ursprungs wird sich mit Material irdischen Ursprungs in der Frühphase unseres Planeten vermischt haben. Biochemisch ist Leben auf der Erde stets gleich. Es ist aus zwanzig Aminosäuren aufgebaut. In der kosmischen Sammlung ursprünglicher Biomoleküle sind solche Aminosäuren enthalten. Sie bilden die Grundlage, aus der sich der Rest der Biochemie ableitet.

Leben auf anderen Planeten

Der griechische Philosoph Epikur, 341 bis 271 vor unserer Zeitrechnung, war einer der ersten, der die Frage nach anderen Welten stellte. Philosophisch wird heute von der Pluralität der Welten gesprochen. Zweitausenddreihundert Jahre dauerte es, bis die Frage beantwortet wurde. Beantwortbar heißt, sie ist naturwissenschaftlich bearbeitbar. Eine der ältesten Fragen der Menschheit – gibt es noch anderswo Leben? – rückt von der Peripherie unserer Weltsicht ins Zentrum unserer Bemühungen, den Platz der Menschheit im Universum festzulegen. Giordano Bruno, ein kosmischer Querdenker, der von 1548 bis 1600 lebte, wurde von der Römisch-Katholischen Kirche verbrannt, weil er in einem seiner Werke die spekulative Meinung vertrat: „Es gibt unzählbare Sonnen und unzählbare Erden, die um ihre Sonnen kreisen, genauso wie unsere sieben Planeten um unsere Sonne." Er sprach außerdem von sieben Planeten, obgleich doch Uranus erst 1781 von Herschel entdeckt wurde. Vorausschauend fügte er damals zur Sechsergruppe noch einen siebten Planeten hinzu. Er konnte nicht wissen, dass die Einwohner von Tahiti schon lange davor Uranus als Wandelstern kannten. In Rudolf Wolfs Geschichte der Astronomie von 1877 findet sich diese bemerkenswerte Notiz. Der Bericht geht vermutlich auf James Cook zurück, der auf Tahiti 1769 einen Venusdurchgang beobachtete. Der Planet kann von scharfsichtigen Augen unbewaffnet gesehen werden. Moderne Beobachter im 19. Jahrhundert bestätigen dies. Ein Weltbild war also schon längst gestürzt, als Hegel, 1770–1831, in seiner Doktorschrift einen lieben Gott bemühte, um die Zahl der sieben Planeten als endgültig zu begründen. Dies lehrt uns, dass Schauen und Messen die besten Weggefährten sind, um die Welt zu ergründen. Erst danach kann ein Begründen versuchen, Übersichten zu schaffen.

Die Fragestellung nach Leben in jedweder Form, nach seinem Ursprung, seiner Entwicklung und die Verteilung im Universum, ist in einem sich entwickelnden Kosmos erzwungenermaßen notwendig. Die Endprodukte in einem sich entwickelnden Universum sind nicht nur Sterne mit Planetensystemen und Sterne in Galaxien, sondern möglicherweise Geist und Intelligenz in einem biologischen Universum *(42)*. Leben im Universum ist inniglich mit der Tatsache des sich entwickelnden Universums verknüpft. Der ständige Wandel des Kosmos ist ein Markstein, von dem aus der Platz des Menschen im Kosmos vermessen werden muss.

Planetensysteme sind ein allgemeines Nebenprodukt der Sternentstehung. Konservativ gerechnet, tragen rund fünf bis dreißig Prozent aller Sterne Planetensysteme. Planetensysteme sind natürlich nur eine notwendige und keine ausreichende Bedingung für Leben. Der von astronomischer Beobachtung getragene Ansatz Leben ist im Universum vorhanden ist heute dabei, sich als neue Weltsicht zu etablieren. Dieser Weltsicht ist der gleiche revolutionäre Status eigen wie der kopernikanischen Korrektur im Jahre 1543 und der Evolutionstheorie von Darwin im 19. Jahrhundert. In einem biologischen Universum hängt menschliches Selbstverständnis vom Platz der Menschheit im Kosmos ab. Dieser Platz im Universum ist durch Beobachtung überprüfbar. Wie aufregend und aufwühlend solche Fragestellungen für die Allgemeinheit sind, ist ablesbar in den Niederschlägen der unaufgeklärten Volkstümlichkeit, der Alltagskultur und des Jedermann- und Jederfrau-Aberglaubens: Fliegende Untertassen und außerirdische Fremdlinge.

Was ist Leben? Wir stützen uns auf das irdisch Beobachtbare, wohlwissend, dass wir unsere Blickweite dadurch wesentlich, wenn auch nicht zwingend, einschränken. Selbstreproduktion, Evolution und Mutation, bei Sicherung eines hohen Informationsflusses kodiert in den sich weitergebenden Strukturen und mit einer Selbstregulierung versehen hinsichtlich der kosmischen Randbedingungen – solch eine Lebensdefinition enthält die für uns entscheidenden Komponenten.

Die organischen Moleküle – die irdisches Leben erlauben – und Wasser sind im Universum weit verbreitet; sie sind nicht nur alltäglich, sie sind allörtlich. Von zur Zeit hundertfünfzig Molekülen im interstellaren Medium sind siebenundachtzig organisch. Die Entdeckung aktiver organischer Chemie in interstellaren Molekülwolken zeigt die Universalität der Produktionsprozesse von präbiotischem Material. Weil diese organische Chemie Wasser und Kohlenstoff universell verwendet, ist eine breite allgemeine Grundlage für extraterrestrisches Leben geschaffen. Leben anderswo wird sicher in anderen Erscheinungsformen auftreten, aber chemisch molekular in seiner allgemeinsten Form erdähnlich sein. Denn die physikalischen und chemischen Konzepte, nach denen sich Biosubstanz bildet, gelten im Kosmos allgemein. Die irdische Entwicklung von Leben ist somit sicher ein allgemeiner Fall für exterrestrische Entwicklung von Leben, sofern gleiche kosmische Umweltbedingungen vorhanden sind. Aus der Stichprobe der bisher entdeckten Planetensysteme kann auf viele ähnliche planetare Grünzonen geschlossen werden, wie sie für Erde, Mars und einige Monde in unserem eigenen Sonnensystem gelten. Die planetaren Grünzonen, wesentlich durch die Möglichkeit des Vorhandenseins von flüssigem Wasser defi-

42 Symbolische Darstellung einer Spiralgalaxie als Trägerin von DNA

niert, liegen oberhalb 273 Grad Kelvin und einem atmosphärischen Mindestdruck von 6 Millibar. Solche Bedingungen können Sterne im Stadium des Wasserstoffbrennens zwischen 3.000 bis 6.500 Grad Kelvin Oberflächentemperatur bieten, bei denen Planeten sich zwischen 0,1 bis 2 Astronomischen Entfernungseinheiten aufhalten; eine Astronomische Einheit entspricht der Entfernung von der Erde zur Sonne. Die Bewohnbarkeitszone, der kosmische Grüngürtel, ist somit groß genug, um eine schier unermessliche Zahl von planetaren Objekten darin unterzubringen. Leben, gründend auf einer Kohlenstoffchemie, auf einer festen Planetenoberfläche mit flüssigem Wasser, ist bei Planetenmassen zwischen 0,1 bis 10 Erdmassen stets möglich. Der Massenspielraum ist wichtig, um durch die Eigenanziehung eine Atmosphäre festhalten zu können. Die Größe eines Planeten, sein Abstand vom Zentralstern und die Oberflächentemperatur des Zentralsterns sind die wesentlichen Bestimmungsstücke für die chemische Entwicklung organischer Grundsubstanzen. Unter solchen allgemeinen kosmisch gesicherten Bedingungen gibt es drei Argumente für Leben in Raum und Zeit.

Irdisches Leben fasste auf der Erde unmittelbar nach deren Entstehung Fuß. Bei einem Alter des Planetensystems von 4,5 bis 4,6 mal 10^9 Jahren ist Leben ab 3,8 mal 10^8 Jahren nachweisbar. Zellähnliche fossile Mikroorganismen solchen Alters, von einem ausgeklügelten Stoffwechsel gesteuert, wurden im Sedimentgestein auf Grönland gefunden. Die dabei arbeitende einfach organische Chemie hat vorhandene organische Moleküle über den Träger Wasser weiter prozessiert. Wasser ist ein biogenes Lösungsmittel und zur Aufrechterhaltung von Stoffwechsel und der dreidimensionalen Struktur der Biomoleküle notwendig. Es müssen daher erdgeschichtlich gesehen noch früher noch einfachere Biomoleküle vorhanden gewesen sein. Die irdische Frühphase ist kosmogonisch, das heißt im Hinblick auf die Planetenentwicklung eine im Kosmos sehr häufig vorkommende Phase. Daraus folgt, dass die Grundbedingungen für Lebensentwicklung im Kosmos keineswegs ein einmaliges Ereignis sein können.

Bakterielles Leben kann unter den unterschiedlichsten extremsten Bedingungen zur Entwicklung gelangen. In heißen untermeerischen Quellen, im Permafrostboden und in mehr als tausend Meter Tiefe unter der Erdoberfläche wurden angepasste Mikrobengesellschaften nachgewiesen.

Aus dem im Weltraum überall vorhandenem präbiotischem Material bilden sich unter den wässrigen Umweltbedingungen erste selbstreproduzierende Zellen, die damit anfangen, ihr höheres organisches Material selbst herzustellen. Auf der ersten, gerade entstandenen primitiven Ebene war für eine solche Entwicklung das extraterrestrische präbiotische Material wesentlich; wobei für Fachleute angemerkt sei, dass die links- und rechtshändig drehenden organischen Moleküle in Meteoriten gleich häufig auftreten. Kometarer und meteoritischer Staub als Lieferanten solchen Materials haben heute eine Niederschlagsrate auf der Erde von rund achtzig Tonnen täglich. Zur Zeit des meteoritischen Erstbombardements vor 3,9 bis 3,4 mal 10^9 Jahren war diese Rate tausend- bis zwanzigtausend Mal größer. Dieses Bombardement dauerte mindestens dreihundert Millionen Jahre, was eine Menge an Kohlenstoff von 10^{20} Gramm auf die Erde beförderte. Dies ist mehr, als die heutige Biomasse von 10^{18} Gramm.

Kosmisch betrachtet war unser letzter gemeinsamer Vorfahre eine einfache zellkernlose Zelle – prokaryotisch –, deren Entwicklung von stets gleichen Molekültypen gesteuert wurde. Die sowohl von außen eingetragene biogene Materie als auch die Bildung biogener Materie in der irdischen Uratmosphäre legten dafür den Grundstein.

Die Suche nach extraterrestrischem Leben hat drei Möglichkeiten: Beobachtung von der

Erde aus; Fernaufklärung durch Raumsonden, Vor-Ort-Untersuchungen von Planeten, Monden oder Asteroiden mit Robotersonden; schließlich Untersuchung von kosmischen Gesteinsproben in Form von Meteoriten auf der Erde. Über Meteorite verfügen wir auf der Erde; die Beschaffung von Material durch Robotersonden mit Rücktransport zur Erde ergibt weitere Möglichkeiten. Alle fünf Verfahren sind zumindest in unserem Planetensystem schon zum Einsatz gekommen. Über Fernaufklärung bei extrasolaren Planeten wird zur Zeit nach biologischer Aktivität Ausschau gehalten. Die spektroskopische Signatur von komplexer organischer Chemie ist so angelegt, dass eine Suche nach Sauerstoff in Planetenatmosphären am sichersten ist. Molekularer Sauerstoff wird dort wesentlich biogenischen Ursprungs sein. Bei auf Stickstoff oder Schwefel basierenden biogenen Prozessen in anderen Lebenswelten, so in untermeerischen heißen Quellen, sind dann die Abbauprodukte ebenso charakteristisch und können als eindeutige Signatur Verwendung finden. Die Suche nach Chlorophyll, spektroskopisch gut in einer Atmosphäre zu identifizieren, ist ein Anzeichen dafür, dass Sternenlicht, das heißt Sonnenlicht in chemische Energie umgewandelt wird. Dabei kommt uns wiederum universal zugute, dass ein molekularer Konverter von Licht in chemische Energie chemisch gesehen nur eine bestimmte eindeutige Struktur haben kann. Solch ein zwar indirekter Nachweis von Leben wäre dennoch dann eindeutig.

Schätzt man die zeitlichen Entwicklungs- und Entdeckungsstufen der Astrobiologie, so kann folgender Zeitplan erstellt werden:

2005: Mehrere Dutzend erdähnlicher Planeten sind entdeckt; auf dem Mars ist biogenes Material nachgewiesen.

2010 bis 2015: spektrale Biosignaturen wurden auf anderen Planeten festgestellt.

2025: Bilder von erdähnlichen Planeten stehen zur Verfügung; mit einer Detailspektroskopie gelingt die räumliche und zeitliche Auflösung von Planetenatmosphären

Zweitausenddreihundert Jahre nach Epikur bearbeiten wir die Frage nach der Vielzahl der Welten messtechnisch. Und wie steht es damit, nach intelligenten Signalen aus dem Weltraum zu lauschen?

Wo sind sie und wie viele sind es?

„Wo sind sie und wie viele sind es?" Solch eine Frage nach extraterrestrischem intelligenten Leben ist anspruchsvoll. Die bisherigen astronomischen Befunde eröffnen zwar Möglichkeiten von Leben – aber intelligentes Leben, das ist eine ganz neue Frage qualitativer Art. Vergewissern wir uns, wo wir stehen: Der Raum zwischen den Sternen ist nicht leer. Gewaltige Gas- und Staubwolken mit hohen Molekülanteilen befinden sich in unserem Milchstraßensystem zwischen den Sternen. In diesen Gaswolken wurden organische Substanzen nachgewiesen: Ameisensäuren, Alkohole, Kohlenstoffkettenmoleküle. Organische Grundsubstanzen haben sich im Weltraum selbstständig gebildet. Dafür sprechen auch Meteoritenfunde auf der Erde. Viele Gesteinsbrocken, die aus dem Weltraum auf die Erde fielen, enthalten für die Lebensentstehung notwendige organische Moleküle. Das Planetensystem des Sterns Sonne mit der Erde als Leben tragender Himmelskörper ist nicht das einzige zur Zeit bekannte Planetensystem. Wir kennen heute über fünfzig andere Systeme, davon sind viele mit sonnenähnlichen Sternen besetzt.

Wo es Planeten gibt, da kann es auch Leben geben. Die erste Entdeckung von versteinerten Bakterien in einem vom Mars stammenden Meteoriten wird zur Zeit noch kontrovers diskutiert. Die Entdeckung des Sprunges von organischen Molekülen zu Mikrofossilien, etwa auf dem Planeten Mars, ist aus der Perspektive einer biologischen Evolution gewaltig und bedarf noch weiterer Prüfung. Die Bausteine für Leben im Weltraum sind von der Astronomie allerdings sicher nachgewiesen.

In unserem Sonnensystem kennen wir nur

einen Planeten mit Leben sowie einen anderen Planeten und Monde, auf denen Wasser vorkommt: Mars, Europa und Titan. Die Möglichkeit von vergangenem Leben in Form von Mikroorganismen ist hier nicht auszuschließen. Unser Verständnis von Leben als planetarem Phänomen würde natürlich einen gewaltigen Aufschwung erfahren, wenn ein Planet um einen anderen Stern mit belebter Oberfläche gefunden werden könnte.

Unser geistiger und technischer Fortschritt erlaubt es, Untersuchungen durchzuführen, die nach extraterrestrischen Leben fragen. Experimentell im Labor sind Untersuchungen im Gange, die den Übergang von anorganischer zu organischer Chemie verfolgen. Als Beobachter sind wir dabei, andere Planetensysteme näher kennen zu lernen. Theoretisch beginnen wir, die richtigen Fragen zu stellen und die Häufigkeiten von Leben im All abzuschätzen. Die Suche nach aktiv ausgesandten Radiosignalen von extraterrestrischer Intelligenz ist ein weiterer Schritt in Richtung der Frage: sind wir allein im Kosmos?

Der Empfang extraterrestrischer, intelligenter Signale würde schlagartig die Weltsicht der Menschheit ändern. Unsere Zivilisation im Stadium ihrer technologischen Jugend empfängt Signale von einer ähnlichen oder weiter entwickelten Zivilisation. Ein Sachverhalt dieser Art könnte durchaus in der Lage sein, unsere geistigen Grenzlinien blitzartig zu verschieben, hätte einen größeren Einfluss auf das Begreifen unserer kosmischen Situation, geistig und physikalisch, als kopernikanische Wende, Evolution, Quantentheorie der Atome und Relativitätstheorie.

1965 formulierte der amerikanische Radioastronom Frank Drake zum ersten Mal eine Formel, mit deren Hilfe sich die Wahrscheinlichkeit von Leben und intelligentem Leben irgendwo in unserer Milchstraße abschätzen lässt. Im Laufe der Jahre wurden ihre verschiedenen Terme umgeschrieben oder anders definiert, je nach Wissensstand. Wir wollen jetzt solch eine Formel schrittweise aufbauen, um zu einer Aussage zu kommen, mit wie viel intelligenten Zivilisationen wir in unserer Galaxis rechnen können. Auf jeden Fall ist ausreichend Zeit für genügend viele und unterschiedliche Evolutionen im Kosmos vorhanden, stellen wir die Menge an vorproduzierter organischer Materie, das Alter des Universums und die Schnelligkeit und Häufigkeit von Planetenentstehung und von biologischen Evolutionsprozessen in Rechnung.

Gibt es jemanden im Weltraum, mit dem wir uns unterhalten könnten? Abgesehen natürlich von der steten Schwierigkeit, keine spontanen Antworten geben zu können; denn Radiosignale haben endliche Ausbreitungszeiten. Ein einmaliger Nachrichtenwechsel mit einem fünfhundert Lichtjahre entfernten Planeten würde schon tausend Jahre dauern. Ist unsere Zivilisation dann immer noch an solch einem Dialog interessiert und technologisch fähig, ihn zu führen? Ist die Entwicklung von technischen Zivilisationen im Kosmos ein häufiges Ereignis? Möglicherweise entstehen auf zahllosen Planeten der Milchstraße in unerbittlicher Abfolge immer wieder Zivilisationen, die aber mit Ausnahme eines winzigen Bruchteils zu instabil sind, um ihre eigene Technologie zu überleben. Sie gehen zugrunde an geistiger Ignoranz, Umweltverschmutzung, atomaren oder bakteriellen Kriegen, Rohstoff- und Energiemangel oder durch genetische Degeneration.

Die Zahl Z der fortgeschrittenen technischen Zivilisation in Galaxien in unserer Milchstraße lässt sich berechnen. Als fortgeschritten bezeichnen wir solche Zivilisationen, von denen die Technik der Radioastronomie beherrscht wird.

Natürlich gab es vor uns Hochkulturen und Zivilisationen mit den vorzüglichsten Errungenschaften: in Babylon, Ägypten oder Griechenland, in China oder Mittelamerika. Sie alle blieben jedoch stumm hinsichtlich der Abstrahlung elektromagnetischer Wellen. Sollten intelligente Radiosignale in deren Zeiten über die Erde gehuscht sein, sie konnten nicht empfangen werden. Die Forderung, zur Radioastronomie fähig zu sein, ist also ein stark einschränkendes Kriterium. Welten mit rein agrarisch strukturierten Kulturen, geführt von begnadeten Dichtern, vorzüglichen Sprachwissenschaftlern, homöopathischen Ärzten, all diese Welten bleiben und blieben uns kommunikativ verborgen, auch wenn es sie wie Sand am Meer im Universum geben sollte.

Eine statistische Abschätzung für die Wahrscheinlichkeit von Leben und auch intelligentem Leben in unserer Milchstraße kann mit einer sogenannten Filtergleichung durchgeführt werden. Die Anzahl der möglichen Zivilisationen ergibt sich aus der Multiplikation einer Reihe von Faktoren, von denen jeder als eine Art Filter angesehen werden kann. Filter heißt hierbei, der entsprechende Zahlenwert, eine Wahrscheinlichkeit, filtert aus beliebig vielen Möglichkeiten eine bestimmte kleinere Anzahl heraus. Diese Zahlenwerte liegen zwischen 0 und 1. Dementsprechend kann es nur, wenn die einzelnen Filterfaktoren A nicht zu klein sind, eine bestimmte Anzahl von Zivilisationen Z geben; ist ein Filterfaktor 0, dann wird auch Z Null sein. Solch ein Fall ist im Kosmos auszuschließen, da wir ja auf der Erde mit unserer technischen Zivilisation zur Zeit vorhanden sind.

Folgende Filterfaktoren müssen berücksichtigt werden:

A_P: Bruchteil der Sterne in einer Galaxie mit Planetsystemen (P); wir benützen hierzu die Milchstraße

A_L: Bruchteil der Planetensysteme, auf denen sich ein wie immer geartetes Leben (L) entwickeln kann.

A_I: Bruchteil der biogenen Planeten, auf denen sich eine mit Geist (Intellekt I) begabte Lebensform herausgebildet hat.

A_T: Bruchteil mit intelligenten Lebewesen bewohnter Planeten, auf denen sich eine kommunikationsfähige technische (T) Zivilisation entwickelt hat.

A_D: Bruchteil der Planeten, auf denen sich eine technische Zivilisation mit endlicher Lebensdauer (D) entwickelt hat.

Diese Filterfaktoren werden auf Größen angewandt:

N: die Zahl der Sterne in unserem Sternsystem.

$M_Ö$: die Zahl der Planeten in der bewohnbaren Zone (Ökologie = $M_Ö$) eines Planetensystems.

Die Anzahl Z möglicher technischer Zivilisationen lässt sich dann mit folgender Formel berechnen:

$$Z = N \times M_{Ö} \times A_P \times A_L \times A_I \times A_T \times A_D$$

Im Laufe der letzten Jahrzehnte konnte die Festlegung der A-Werte stetig verbessert werden, wobei natürlich die Bedingungen für Leben auf der Erde als Leitwerte angenommen wurden.

Die Ausgangsbasis der Abschätzung extraterrestrischer Zivilisationen ist das Produkt N mal $M_Ö$; wir erhalten dafür 7 mal 10^{11} Möglichkeiten für Lebensplattformen, wenn alle geeigneten Sterne Planetensysteme haben würden. Nun ist dies bestimmt nicht der Fall. Der erste Filter A_P legt jetzt die Zahl der Sterne mit Planetensystemen fest. Die Abschätzungen, wiederum durch Beobachtungen gestützt, liegen hier bei fünf bis dreißig Prozent. Die untere Grenze ist hierbei sehr pessimistisch angesetzt. Realistisch ist die Annahme, dass zwanzig Prozent der Sterne von Planetensystemen umgeben sind.

Andererseits – da sich einmal entstandenes Leben als äußerst zäh und anpassungsfähig erweist – dürfte es in einem Planetensystem viele verschiedene, für Leben geeignete Umwelten geben. Unsere Annahmen über $M_Ö$ und A_P ergänzen sich gegenseitig sowohl zu größeren als auch zu kleineren Werten. Insofern nämlich, als Leben sich auch auf einem außerhalb des planetaren Grüngürtels angesiedelten Planeten niederlassen könnte. Die fehlende Energie hierfür liefert zum Beispiel Vulkanismus. Nach unseren bisherigen Rechnungen sind 1,4 mal 10^{11} planetare Objekte in unserer eigenen Milchstraße vorhanden, wenn wir A_P gleich 0,2 setzen. Der Fehler bei dieser Abschätzung liegt bei zehn Prozent. 1,4 mal 10^{11} Lebensplattformen, das ist eine gewaltige Arena für das kosmische Schaustück der Lebensentwicklung. Als Zeitspanne stehen rund zehn Milliarden Jahre zur Verfügung.

Der Filterfaktor A_L regelt, wie häufig die kosmische Lebenssaat auf einer planetaren Trägerplattform aufgehen könnte. Organisches Material wird bei der Planetenentstehung mitgeliefert, davon können wir ausgehen. Sicher ist auch, dass organisches Material auf den primitiven Planetenkörpern in der Uratmosphäre selbst aufgebaut wird. Die molekulare Grundlage des Lebens – Molekülbausteine, die sich selbstständig kopieren – kommen unserer Beobachtung nach zu schließen unter den im Kosmos herrschenden Anfangsbedingungen für Planetensysteme leicht zustande. Mit A_L gleich 0,25 sind wir sehr konservativ und vorsichtig, obwohl das Entstehen von Leben auf einem Planeten mehrmals einsetzen kann. Wir müssen feststellen, dass fünfunddreißig Milliarden belebte Welten in unserer Milchstraße vorhanden sein können. Aufgrund der möglichen Zeitspreizung sicher noch mehr. Berücksichtigen wir dies mit einem Faktor 2, kommen wir auf siebzig Milliarden Orte allein in unserer Milchstraße, an denen kosmische Lebenssaat aufgehen kann oder aufgegangen ist.

Ist erst einmal Leben entstanden, steht es unter einem Evolutionsdruck, der sich aus zwei Komponenten speist: Optimierung der Energieumsetzung und Optimierung und Verwertung der Reproduktionskapazität. Beides mündet schließlich in die Entwicklung von Intelligenz. Aus den Lehren unserer irdischen Evolution ist es statthaft, für solche Entwicklungsstränge den Filterfaktor A_I gleich 0,1 anzusetzen. Er ist ableitbar aus den verschiedenen Evolutionssträngen, die schließlich – zwar mit mannigfachen Sackgassen – in einem Strang zu intelligenter Entwicklung führten.

Viele Wege führen zur Entstehung fortgeschrittener Zivilisationen bestimmter Prägung. Technische Prägung wird sicher nicht stets gewählt oder gewählt worden sein. Überblicken wir die irdischen Hochkulturen, ist unter mindestens zehn verschiedenen Möglichkeiten nur eine in den Entwicklungsast Technik gewachsen. Ob solch eine Entwicklung zwangsläufig ist, lässt sich schwer sagen. Vorsichtig setzen wir deshalb den Filterfaktor A_T gleich 0,02. Mit den Einschränkungen von A_I und A_T schrumpft die Zahl der kommunikativen technischen Zivilisationen auf hundertvierzig Millionen. Dies besagt nun nicht, dass zum gegenwärtigen Zeitpunkt auch diese Zahl an Systemen in der Milchstraße vorhanden ist.

Wir erörterten schon einmal den Gesichtspunkt der um einen Stern bewohnbaren Zone. Lebenserhaltung ist möglich, wenn der Stern seine Temperatur lange genug so aufrecht erhält, dass Wasser flüssig bleibt. Dieser Bedingung zu genügen ist bei der Vielzahl der Sterne und der Vielzahl der Planetensysteme nicht schwer. Daraus folgt zwingend das Postulat der Durchschnittlichkeit. Am Sonnensystem und am Planeten Erde findet sich nichts Besonderes. Natürlich ist dies eine über die kopernikanische Korrektur der Weltsicht abgeleitete, allgemeine philosophische Vermutung. Sie erhielt jedoch in den letzten Jahrzehnten immer mehr und immer mehr neue stützende und belegende astronomische Argumente. Unser kosmischer Standort wird immer durchschnittlicher und beliebiger.

Der Rest des Universums ist unserer kosmischen Nachbarschaft ähnlich. Jeder Planet, der fähig ist, aufgrund seiner lokalen und kosmischen Umweltbedingungen Leben zu entwickeln, wird dies tun. In einer schnellen Evolutionsgeschichte ergreift schlagartig Leben von den Planeten Besitz. Zunächst läuft eine chemische Evolution ab, die Anorganik in biogene Organik überführt. Es entstehen fortpflanzungsfähige Molekülsysteme, die Zellen. Sie sind schließlich der Ausgangspunkt der biologischen Evolution, wobei Wettbewerb unter den Arten unter Ausnützung der vom Planeten angebotenen ökologischen Nischen die Steuerung der Entwicklung übernimmt. Eine bestimmte molekulare, das heißt genetische Veränderung wird zu einem Überlebensvorteil.

Überlebensvorteile hängen von der Umwelt ab, in der ein Organismus lebt. Andere Organismen werden von den wie auch immer erfolgreicheren Systemen verdrängt. Höhere Lebensformen treten dabei früher oder später auf, sobald eine Zelle einmal erschienen ist. Wenn ein zellulares Reproduktionssystem funktioniert, werden sich daher stets komplexe angepasste Lebensformen bilden. Aggressivität ist dann ein deutlicher Vorteil beim Überlebenskampf. Populär formuliert: wer nett ist, wird Letzter – ein im heutigen sportlichen Mannschaftskampf leicht nachweisbarer Sachverhalt.

Unsere technische Zivilisation ist aggressiv. Der letzte Filterfaktor A_D in der aufgestellten Formel über die Anzahl der möglichen Zivilisationen muss eine Aussage über die Überlebensdauer von aggressiven technischen Zivilisationen machen. Auf der Erde hat es viereinhalb Milliarden Jahre gedauert, ehe vor rund fünfzig Jahren eine durch Radioastronomie gekennzeichnete Zivilisation auftauchte:

$$A_D = 50\,\text{Jahre} / 4{,}5 \times 10^9 = 1{,}1 \times 10^{-8}.$$

Für die Lebensdauer einer technischen Zivilisation kann solch ein kleiner Filterfaktor ausgeschlossen werden, da wir selbst noch existieren. Der Filterfaktor wird größer, wenn wir eine Zeitspanne betrachten, in der unsere Kultur mit ihrem technischen Können überlebt oder überhaupt existiert. Die mittlere Lebensdauer von irdischen Hochkulturen liegt großzügig gerechnet zwischen fünfhundert und tausend Jahren. Bei einer Lebensdauer der augenblicklichen technischen Kultur von fünfhundert Jahren wird

$$A_D = 1{,}1 \times 10^{-7}.$$

Selbstvernichtung unserer Kultur ist möglich durch globale Kriege atomarer oder bakterieller Art, durch allgemeinen Verfall der Zivilisation, durch Aufzehrung der irdischen Ressourcen, durch Überbevölkerung und Energiemangel. Die Vernichtung aller höheren Lebensformen durch eine kosmische Katastrophe, wie den Aufschlag eines Riesenmeteoriten, muss ebenfalls bedacht werden. Möglich ist auch eine Interessenverschiebung von der naturwissenschaftlichen Kultur in eine agrarisch-mystisch strukturierte Kleingesellschaft. Die Bevölkerungsmassen sind durch Nahrungs- und Energiemangel auf der Erde verschwunden, die Radioteleskope genauso wie Telefon, Funk, Fernsehen oder Auto und Elektrizität gibt es allemal nicht mehr.

Richard Gott, ein amerikanischer Astrophysiker, benützt das Argument der irdischen Durchschnittlichkeit in unserer kosmischen Umwelt, um die Lebensdauer unserer Zivilisation abzuschätzen. Wir auf der Erde und als Lebewesen nehmen einen durchschnittlichen Platz in Raum und Zeit ein. Durchschnittlich heißt, durch nichts Besonderes ausgezeichnet im Vergleich zu anderen kosmischen Raum-Zeit-Lokalitäten.

Der Grundgedanke ist folgender: was immer wir auch messen, kann nur in einem Zeitintervall zwischen Beginn und Ende des entsprechenden Sachverhalts beobachtet werden. Da an unserem Jetzt nichts Besonderes ist, kann unser Jetzt zeitlich gesehen zufällig irgendwo zwischen Beginn und Ende liegen. Das Verhältnis der zukünftigen, noch möglichen Zeit $t_{\text{zukünftig}}$ (die Lebensdauer) und der für einen Sachverhalt schon vergangenen Zeit $t_{\text{vergangen}}$ wird dann eine Zufallszahl zwischen Null und Eins sein. Auf einem statistischen Vertrauensniveau von fünfundneunzig Prozent liegt das Lebensdauerverhältnis

$t_{\text{zukünftig}} / t_{\text{vergangen}}$

dann zwischen

$$\tfrac{1}{39}\, t_{\text{vergangen}} < t_{\text{zukünftig}} < 39\, t_{\text{vergangen}}.$$

Diese Gleichung sagt aus, dass die Zeitspanne, in der ein Sachverhalt in der Vergangenheit schon beobachtbar war, ein grobes Maß für die Robustheit dieses Sachverhalts ist. Die Robustheit eines Sachverhaltes – seien es Entwicklungen, seien es soziologische Strukturen –, sein Überleben in der Zukunft, ist also ein Maß für seine zu erwartende Langlebigkeit.

Unsere Spezies Homo sapiens hat vor hunderttausend Jahren Afrika verlassen und entstand vor rund zweihunderttausend Jahren; wir setzen also für tvergangen zweihunderttausend Jahre ein. Mit dem vorgestellten Wahrscheinlichkeitsansatz wird die zukünftige Überlebensdauer unserer Art zwischen fünftausendzweihundert und 7,8 mal 10^6 Jahren liegen. Die Gesamtlebensdauer unserer Art liegt dann etwa zwischen zweihunderttausend und acht Millionen Jahren. Mehr ist auf dem fünfundneunzig-Prozent-Wahrscheinlichkeitsniveau „nicht drin", wie man so schön sagt.

Die Frage der Kulturstabilität auf kleinen astronomischen Zeitskalen wird damit wichtig. Die schnelle Ausbreitung des Menschen auf der Erde einerseits, andererseits die Vielfalt der Gründe für gegenseitige kriegerische Vernichtung – sie machen skeptisch, ob unsere Gesellschaft überhaupt in der Lage ist, sich langfristig stabil zu halten. Vertrauen wir der hier gemachten Abschätzung, ist der Filterfaktor im unteren Zeitbereich A_D gleich 1,1 mal 10^{-6}, im oberen Zeitbereich vergrößert er sich auf rund 0,1. Ob dabei aber von der Menschheit immer Radioastronomie betrieben wird, um in den Kosmos zu lauschen, das wissen wir nicht.

Im Laufe der menschlichen Entwicklungsgeschichte war der Einsatz der Sprache als Möglichkeit der Weitergabe von Wissen entscheidend. Evolution wurde dadurch auch eine Evolution von Gesellschaften statt von Organismen. Es dominierten stets die Gesellschaften, die es verstanden, ihre Umwelt optimal zu beherrschen.

An der Menschheit als fortgeschrittener technologischer Lebensform ist nichts Besonderes. Der Grund hierfür sind die einheitlichen Naturgesetze, die in der gesamten Galaxis, im gesamten Universum gelten. Jede Zivilisation, die es unternimmt, diese Gesetze zu entdecken und diese Gesetze anzuwenden, um ihre Umwelt zu verändern, muss notwendigerweise eine Wissenschaft und Technik entwickeln, die der unseren ähnelt, wenn schon nicht in der Form, so doch im Inhalt. Dazu gehört auch der Drang, in den Weltraum auszuwandern. Heute können wir noch nicht die Sterne mit Raumschiffen erreichen, aber zumindest treten wir in das goldene Zeitalter der extrasolaren Planetenstudien ein.

Die Evolution von Gesellschaften birgt in sich auch die Möglichkeit eines kollektiven Lerneffekts, der einen Verhaltenskodex hinsichtlich längerfristigen Überlebens stabilisieren könnte. Sollte dies so sein, kann der Filterfaktor A_D gleich 10^{-5} werden, was eine nochmalige Zunahme der Lebensdauer einer technischen Zivilisation um den Faktor 10 bedeuten würde. Wir kommen auf der Folie all dieser Überlegungen zu den folgenden Zahlen für die Anzahl der technischen Zivilisationen in unserer Milchstraße.

Lebensdauer	Anzahl der technischen Zivilisationen N
500 Jahre	10 – 20
5.000 Jahre	100 – 200
50.000 Jahre	1.000 – 2.000

Diese Anzahlen bestimmen sich im Wechselspiel von Durchgangsstadien zwischen neu auftauchenden und sich gerade selbst zerstörenden Gesellschaften. Die Unsicherheiten der Abschätzungen liegen in der menschlichen Natur und der von ihr bestimmten Anwendungsbereiche Wirtschaft, Ökologie, Politik. Nehmen wir an, dass eine Zivilisation die durch die Zufälligkeiten der Gehirnentwicklung aufgeworfenen Widersprüche bewusst gelöst hat. So wird vermutlich keine Selbstvernichtung eintreten. Die zivilisatorische Lebensdauer könnte dann auf die angeführten fünfzigtausend oder gar fünfhunderttausend Jahre anwachsen. Unter solchen Umständen sind in unserer Galaxis mehrere tausend bis zehntausend Zivilisationen technischer Prägung zu erwarten.

Einer solchen optimistischen Betrachtungsweise steht die pessimistische gegenüber. Hier können wir mit zehn bis zwanzig Zivilisationen rechnen. Da aber Zivilisationen sich auch zeitlich hintereinander entwickeln können, bleibt ebenfalls die Möglichkeit offen, dass wir zur Zeit fast allein in unserer Milchstraße sind.

Jede technische Zivilisation sendet notgedrungen Hinweise ihrer Existenz in den Weltraum aus. Die Signale der irdischen Fernsehsender, des Rundfunks und der Radaranlagen sind etwa seit 1950 stark genug und geben genügend Leistung in den Weltraum ab, um sie in größeren Entfernungen registrieren zu können. Das Sonnensystem ist daher heute bis in rund einundfünfzig Lichtjahre Entfernung – und mit jedem Jahr ein Lichtjahr weiter – in eine sich stetig ausbreitende Signalhülle eingesponnen. Die Erde leuchtet im menschlich erzeugten Radiolicht.

Die Strahlenkennung der Erde ließe sich mit den uns zur Verfügung stehenden Beobachtungsgeräten ohne weiteres in diesen Entfernungen nachweisen und auch als künstliche, nicht natürlich entstandene Strahlung erkennen. Da auf der Erde Radar, Rundfunk und Fernsehen ungleichförmig verteilt sind, wären fremde Zivilisationen in fünfzig Lichtjahren Entfernung in der Lage, die Eigenrotation – Tag und Nacht – und den Umlauf um einen Stern – nämlich die Sonne – festzustellen. Wir müssen also vermerken: was wir können, können andere Zivilisationen ebenfalls, möglicherweise aber noch mehr und noch besser.

Jahrtausende hindurch war sich die Menschheit gewiss: es gibt nur ein Planetensystem im Kosmos, und das ist der Stern Sonne, umkreist von Planeten. Im letzten Jahrzehnt verlor jedoch unser Planetensystem seine einmalige Einzelstellung. Andere Planetensysteme wurden in der Milchstraße entdeckt. Andere Sterne werden von dunklen Körpern umkreist, von Planeten, die Licht und Wärmestrahlung von ihrem Zentralgestirn erhalten. Die Meinung der Wissenschaft ist, dass bei geeigneten kosmischen Umweltbedingungen Entwicklung von Leben und Evolution unvermeidbar sind. Wesentliche Voraussetzungen sind heute gegeben, um das Lauschen nach Signalen von außerhalb unseres Planetensystems existierenden technischen Zivilisationen nicht sinnlos sein zu lassen.

In dem Projekt Phoenix, das die amerikanische Astronomin Till Tarter leitet, werden bis zum Jahr 2005 alle sonnenähnlichen Sterne bis in zweihundert Lichtjahre Abstand nach technischen Radiosignalen abgehört. Technische Radiosignale, also Radio, Fernsehen, Radar, unterscheiden sich auffällig von allen natürlichen kosmischen Radioquellen durch ihre Schwingungsbandbreite im elektromagnetischen Spektrum. Die Bandbreiten künstlich erzeugter Radiosignale sind rund hunderttausendmal schmäler als die natürliche Radiostrahlung. Gesucht wird im Radiomikrowellenbereich in der Nähe der Strahlung des Hydroxylmoleküls OH. Dieser Abschnitt des elektromagnetischen Spektrums ist relativ arm an kosmischem Rauschen, Fremdsignale sind also leichter, auch noch in größeren Entfernungen, aufzuzeichnen. Die Wissenschaft spekuliert hier auch darauf, dass eine technische Lebensform, für die Wasser genauso wichtig ist wie für uns, im spektralen Bereich der Wasserbestandteile Sauerstoff und Wasserstoff Signale in den Weltraum sendet oder nach Signalen lauscht.

Zwei Störstrahlungen *(43)* aus unterschiedlichen Quellen beeinträchtigen interstellare Funksignale. Es sind die Störstrahlung der Milchstraße, besonders stark im Bereich der Zentimeterwellenlängen, und die Störstrahlung der Erdatmosphäre im Meterwellenlängenbereich. Hervorgerufen werden beide durch die Bewegung von freien Elektronen in Magnetfeldern. Zwischen diesen beiden Störbereichen, etwa von fünf bis fünfzig Zentimeter Wellenlänge, machen sich Störquellen am wenigsten bemerkbar. In diesem Bereich liegt die Strahlung des Wasserstoffs, bei einundzwanzig Zentimetern, und des OH-Moleküls, bei achtzehn Zentimetern. Man spricht von der Wasserlücke im kosmischen Rauschspektrum. Da bei gleichen Naturgesetzen ähnliche Technologien

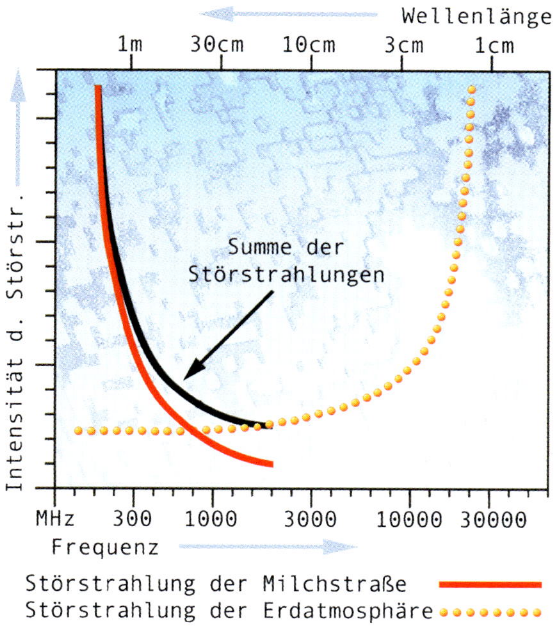

43 Die Wasserlücke – der günstigste Wellenlängenbereich für interstellaren Signalaustausch oder Signalsuche liegt bei einer Wellenlänge von 30 Zentimeter

zum Einsatz kommen und der Blick in die Milchstraße stets beobachtungsmäßig die gleichen Probleme aufwirft, werden auch andere Intelligenzen im Weltraum zu dem Schluss kommen, die Wasserlücke sei der frequenzmäßig bestgeeignete Sende- oder Lauschkorridor.

Außer der menschlichen Vermutung über die Sendefrequenz im Bereich des Hydroxylmoleküls OH haben wir keinerlei Hinweise, welche Sendefrequenz benützt werden könnte. Es muss also stets nach einer vorausgewählten Signalwellenlänge ein sehr breiter Wellenlängenbereich abgesucht werden. Und wie schwach sind die Signale, die wir zu empfangen hoffen? Unsere heutige Empfängerempfindlichkeit reicht für nahe Quellen aus. Wenn wir jemals ein künstliches Signal empfangen sollten, wie ist es verschlüsselt? Nur wenn es ein mathematisch fassbarer, unserer Logik gemäßer Code sein sollte, hätten wir die Möglichkeit, zu verstehen, was aus den Tiefen des Raums gesendet wurde.

Je nach Anzahl ergeben sich natürlich für unsere Milchstraße mittlere Abstände der Zivilisationen. Im Bereich von Z gleich tausend ist der mittlere Abstand rund zehntausend Lichtjahre; das wäre zur Zeit noch weit außerhalb unserer Reichweite. Erst bei zehn Millionen Zivilisationen werden die mittleren Abstände kleiner als hundert Lichtjahre, rücken also in die uns augenblicklich zur Verfügung stehenden technischen Möglichkeiten. Liegt die Zahl der in der Milchstraße vorhandenen fremden technischen Zivilisationen unter hundert, dann wäre von der Wahrscheinlichkeit her eine Kontaktaufnahme nahezu ausgeschlossen. Nur bei Z größer als hundert könnte – abgesehen von einer Zufallsentdeckung – ein kosmischer Lauschangriff auf Extraterresten von Erfolg gekrönt sein.

Wo sind sie? Wenn wir wirklich allein im Kosmos existierten, dann wäre das grundsätzliche Argument der Durchschnittlichkeit aller kosmischen Orte nicht gültig. Es wäre antikopernikanisch. Wir wären einzigartig. Das Fehlen von Hinweisen auf Extraterrestren kann folgende Gründe haben:

Nur einige wenige Zivilisationen sind irgendwo existent oder waren existent; die Entfernungen zwischen ihnen und uns sind für unsere Physik zur Zeit noch zu groß. Andererseits liegt es im Spielraum unserer Häufigkeitsabschätzungen, dass alle 2 mal 10^6 Jahre neue technische Zivilisationen im All entstanden sein können. Mehrere Tausend sind dann schon entstanden und Tausende sollten noch existieren. Sind solche Zivilisationen kolonisierend in den Weltraum vorgedrungen? Die Abschätzung der Lebensdauer von technischen Zivilisationen zeigt eine sehr große Variationsbreite. Liegt in dieser Variationsbreite auch die Möglichkeit für solche kolonialen Vorhaben? Optimistisch ist hierbei die Lebensdauer von Radiostrahlung empfangenden oder sendenden Zivilisationen mit zwölftausend Jahren angesetzt.

Haben wir die extraterrestrischen Zivilisationen noch nicht erkannt als das, was sie sind? Haben wir noch nicht zur richtigen Zeit, mit den richtigen Instrumenten, in die richtige Richtung, auf den richtigen Frequenzen in den

Weltraum gelauscht? Oder betrachten die Außerirdischen das solare Planetensystem als ein kosmisches Naturschutzgebiet? Sind wir eine Zoovariante von Leben, die von außen von einer Hyperzivilisation in ihrer Entwicklung beobachtet wird? Zutritt streng verboten! Ist die Erde gleichsam ein kosmischer Rattenkäfig, den Experimentatoren zu Bioversuchen zu nutzen gedenken? Ist unsere Kultur noch nicht reif genug für extraterrestrische Kontakte? Unsere Überwachung wäre leicht möglich durch Sonden oder extraterrestrische Außenposten, die sich im Asteroiden-Gürtel verborgen halten. Kommunikation mit einer extraterrestrischen Hyperzivilisation brächte eine solche Relativierung menschlichen Daseins mit sich, dass unsere augenblickliche Kultur dies nicht verkraften würde. Halten sich deshalb die anderen Zivilisationen bei der Kontaktaufnahme zurück?

Ist es nicht auch möglich, dass unsere technische Zivilisation eine der ersten im Kosmos ist? Oder sind andere, frühere Zivilisationen gerade erst dabei, sich auszubreiten und haben uns noch nicht erreicht?

Möglich ist auch, dass andere Zivilisationen ein anderes Weltverständnis entwickelten, mit anderen Interessenlagen. Kosmisch gesehen könnte es sich bei unserer technischen, aggressiven Kultur um eine kurzlebige Variante handeln, mit der sich eine Kontaktaufnahme nicht lohnt.

Solch ein Fragenkatalog, der so fantastisch klingende Anmutungen enthält, er lässt sich mit den von Richard Gott eingeführten Wahrscheinlichkeitsabschätzungen ein wenig mehr auf reale Möglichkeiten abklopfen.

Unter dem Gesichtspunkt lokaler kosmischer Durchschnittlichkeit gibt es zwei Tatsachen zu vermelden. Wir wurden bisher noch nicht von Extraterresten kolonisiert, und wir selbst haben unsere stellare planetare Nachbarschaft ebenfalls noch nicht kolonisiert. Mit den Anzahlen an kosmischen Zivilisationen bei mittleren optimistischen Lebensdauern müssen wir in unserer Galaxis mit 10^6 bis 4,5 mal 10^7 Zivilisationen rechnen. Die Wahrscheinlichkeit, dass eine Zivilisation die Milchstraße kolonisiert, muss kleiner als 10^{-9} sein; denn sonst wäre die Wahrscheinlichkeit, uns als Abkömmlinge solcher Kolonisten zu betrachten, zu groß. Die Wahrscheinlichkeit der Erdkolonisation liegt mit dieser Zahl bei viereinhalb Prozent. Das bedeutet auch für die Zoo-Hypothese eine sehr geringe Wahrscheinlichkeit. Den Weltraum nicht zu kolonisieren, wäre für uns ein Fehler. Die Ausdehnung des irdischen Habitats in den Raum hinaus würde unsere Überlebensaussichten stark erweitern, unsere Zivilisation stabilisieren. Andererseits scheint es so, dass wir nicht weise genug sind, dies zu vollbringen.

Können wir extraterrestrische Wesen verstehen?

Die gewaltige Zahl von planetaren Himmelskörpern kann für die irdische Lebensform Mensch auf dem Planeten Erde nur zu einer angemessenen Bescheidenheit führen. Unsere Erde ist nichts Besonderes im Kosmos. Wenn hier Leben, Intelligenz, Zivilisation und Wissenschaft auftreten, dann ebenso anderswo, auf entsprechend gestalteten Lebensplattformen. Da es sehr viele extraterrestrische Zivilisationen geben könnte, muss angenommen werden, dass uns einige dieser Zivilisationen hinsichtlich ihrer geistigen Entwicklung überholt haben. Wir oder sie haben uns in den kosmischen Weiten noch nicht entdeckt. Sei es, wir sind voneinander räumlich oder zeitlich zu weit entfernt. Sei es, wir oder sie sind zu vorsichtig oder sei es, sie sind desinteressiert und zu sehr mit eigenen Angelegenheiten beschäftigt. Sei es, wir sind für sie auf einer evolutionären Entwicklungsstufe, auf der sich ein Kontakt noch nicht lohnt. Sei es, und dies bemerkt der Wissenschaftstheoretiker Rescher, es sind andere Arten von Intelligenzen und wir sind mit unserer Art von wissenschaftlicher Technologie und unserer Art von Wissenschaft als Grundlage für interstellare Kommunikation allein.

Es ist natürlich verlockend zu fragen, und wir folgen dabei den Argumenten von Rescher, ob eine weit entfernte extraterrestrische Zivilisation wissenschaftlich fortgeschrittener ist als wir. Betreiben andere Wesen auf anderen Planeten, betreiben andere Zivilisationen auf fremden Planeten Wissenschaft? Eine solche Frage lässt sich allerdings nur im Geltungsbereich unseres eigenen Begriffs von Wissenschaft stellen.

Theorien über die Zusammenhänge in der Welt durch Beobachtung und Experiment zu überprüfen und in technologischen Zusammenhängen anzuwenden, ist ein wesentlicher Aspekt von Naturwissenschaft. Die Vergleichbarkeit einer fremden Wissenschaft mit unserer Art von Wissenschaft ist Vorbedingung für Urteile über Fortgeschrittenheit. Haben beide Wissenschaften gleiche Zielrichtung, befinden sich die Beteiligten auf gleichem Wege? Bei einer extraterrestrischen Zivilisation, die mit Raumschiffen bei uns eintrifft, wäre solch ein Vergleich sofort möglich; diese Zivilisation wäre uns schon aufgrund ihrer angewandten Technologie überlegen. Wie steht es aber mit Zivilisationen, die sich nicht melden? Betreiben sie dieselbe rationale Forschung wie wir, mit den Kriterien der Beschreibung, der Erklärung und der Vorhersage von Naturereignissen und mit dem Ziel der Naturbeherrschung? Und ist solch eine Vorgehensweise wirklich universal möglich? Eine intelligente extraterrestrische Zivilisation von maulwurfartigen Geschöpfen, ohne entwickelte Sehorgane, könnte möglicherweise nicht einmal von Optik oder Astronomie träumen.

Eine Gesellschaft von hochentwickelten Fischen auf einem Wasserplaneten ohne feste Kontinente wird andere Denkmuster entwickeln als die Besiedler von Planetenoberflächen. Und wir, mit Augen ausgestattet und unter einem nur gelegentlich von Wolken bedecktem Himmel, bemerkten jahrezeitliche Veränderungen am Himmel. Die jahreszeitlichen Veränderungen, die sich auch in der Landwirtschaft miterleben ließen – lieferten diese Veränderungen nicht schon einen deutlichen Zusammenhang mit der Wissenschaft Astronomie? Denn der Verlauf von wissenschaftlicher Entwicklungen folgt in nicht unerheblichem Maße der Ausrichtung nach praktischen Interessen.

Sprache und Denkprozesse sind eng mit der jeweiligen Erfahrungswelt verknüpft. Das Interesse von Extraterresten, die unter dem unerbittlichen Evolutionsdruck der Anpassung an ihre andere Umwelt stehen, kann natürlich in Richtungen weisen, die von allem, was wir kennen, verschieden sind. Wissenschaft einer anderen Zivilisation ist zwangsläufig vom Muster ihrer evolutionsbedingten Wechselwirkungen mit der Natur geprägt. Selbst wenn wir entdecken, was uns möglich ist, könnten sich die Themen einer fremden Wissenschaft von den unseren tiefgreifend unterscheiden. Aufgrund anderer Interessenlagen finden keine Versuche dieser Zivilisation statt, über ihre planetare Welt hinauszublicken.

Jeder Forscher einer jeden Zivilisation ist in die Natur seines Heimatplaneten eingebettet. Begriffsapparat und Denkmittel sind verschieden. Aber die kosmische Welt gehorcht einheitlichen Gesetzen. Wissenschaft ist ja gerade nicht eine – kosmisch gesehen – lokal begrenzte Voreingenommenheit über gewisse Sachverhalte der Natur. Wissenschaft versucht sich an einem universalen Richtmaß. Die mathematische Beschreibbarkeit von Natur kann trotz der wissenschaftlichen uneinheitlichen Zielsetzung in verschiedenen Kulturen die verbindende Sprache sein. Die auffindbaren Regelmäßigkeiten der Natur, ihr Regelwerk, die Naturgesetze, stellen sich zwar bei verschiedenen Kulturen verschieden dar, aber die Gesetzlichkeit dahinter ist einheitlich. Die evolutionär bedingte Anpassung der Sinne an die verschiedenen kosmischen Umwelten und die Wechselwirkungen mit den Umwelten ist ohne Frage unterschiedlich. Die Art der dreidimensionalen Räumlichkeit, die erfahrene Zeitlichkeit, die funktionalen Zusammenhänge von Natur, all das ist aber einheitlich, wie auch immer die Umwelten aussehen mögen. Eine solche Einheitlichkeit ist jedoch auf einem mathematischen Kalkül abbildbar und einen solchen könnten wir verstehen.

Der spezifisch menschlichen Erfassung unserer kosmischen Umwelt mit den Angelegenheiten von Wissenschaft und Philosophie, ihnen kommt nur örtlich begrenzte Geltung zu. Sie entstanden durch unsere irdische physische und wahrnehmungsmäßige Einbettung in die Natur. Nimmt man Lebewesen mit einer von uns stark abweichenden Beschaffenheit, so kann man mit Gewissheit sagen, dass ihre Naturbeschreibung anders aussieht. Aber die von ihr in dieser Naturbeschreibung aufgedeckte Gesetzlichkeit wird die gleiche sein wie bei uns, und die Sprache dieser gleichen Gesetzlichkeit wird eine Mathematik sein.

Ein einfaches Beispiel hierfür ist die Entdeckung des Raketenprinzips in China um 1000. Physikalisch steckt hinter dem Raketenprinzip der Begriff der Impulserhaltung. Entdeckt wurde das Raketenprinzip in einer zu unserer westlichen Welt ganz anders orientierten Zivilisation. Die westliche Wissenschaft, Teil eines von vielen konkurrierenden Weltbildern, lieferte den physikalischen und letztendlich mathematischen Begriffsapparat im 18. und 19. Jahrhundert, um zu verstehen, warum eine Rakete arbeitet. In China wurden andere Fragen an die Natur gestellt als im westlichen Europa; dennoch funktionierte die Rakete auch dort, genauso wie bei uns später.

Wissenschaft ist verkoppelt mit der biologischen Ausstattung der jeweiligen extraterrestrischen Zivilisationsträger. Ihre Sinnesorgane bestimmen ihre Interessen, die wiederum von pragmatischen Bedürfnissen gesteuert werden. Die Interessen erzeugen sich aus dem kulturellen Erbe, die Bedürfnisse sind Folge der jeweiligen ökologischen Nische, in der die Zivilisation eingebunden in die Zeit existiert. Die Gleichheit des Untersuchungsobjekts garantiert nicht die Gleichheit der Gedanken dazu; die universale Beschreibbarkeit der einzelnen Sachverhalte der Natur jedoch bleibt hiervon unberührt.

Fremde stellen andere Fragen an die Natur als wir. Die Durchschnittlichkeit der kosmischen Örtlichkeiten bedingt jedoch wiederum eine Natur mit gleichen Naturgesetzen. Mit Energie-, Massen-, Drehimpuls- und Ladungserhaltung und einigen anderen mehr sind überall in der Natur die Vorgaben gemacht, die eine einheitliche Logik von Naturgesetzen bedingen. Eine Natur in verschiedenen Gedankenwelten wird immer auf gemeinsame Probleme führen und Wege suchen lassen für Lösungen. Die Lösungen werden bei unterschiedlichen Zivilisationen gemeinsam auftauchen und somit verstehbar sein.

Naturwissenschaft ist die Erforschung der Zusammenhänge in der Natur; solch ein System ist grundsätzlich für beliebige Umbildungen offen. Wir sind zwar die Gefangenen einer Gedankenwelt, die unser biologisches, soziales und intellektuelles Erbe bereitstellt, nämlich die Natur unserer gesellschaftlichen und kosmischen Umwelt, aber die Universalität der Natur garantiert auch eine Beschreibbarkeit. Man kann daher zwar, wie Rescher es 1988 tat, von einer kulturellen Relativität der physikalischen Wissenschaften unter einer kosmischen Perspektive sprechen, dennoch ist die Verstehbarkeit durch die Einheit der Naturgesetze gesichert und eine eindeutige mathematische Ausformulierung machbar.

Unterschiedliche Zivilisationen, aus unterschiedlichen Arten von Lebewesen zusammengesetzt, bringen verschiedenartige Wissenschaften und Philosophien hervor. Die Betrachtungsweisen der jeweiligen Weltenbewohner können unterschiedlich sein, keine ist angemessener oder korrekter als die andere. Dies gilt erst recht für die Philosophien und Religionen, die – ihres Absolutheitscharakters beraubt – passende menschliche oder extraterrestrische Erfindungen im Rahmen unterschiedlicher kosmischer Umwelten sind. Als Hilfskonstruktionen für die Beantwortung von Fragen, die der jeweiligen kosmischen Zivilisation wert erscheinen gestellt zu werden, beruhigen sie die Zweifel, aber erklären das Universum nicht, sie beschreiben es nur.

Die aufeinanderfolgenden Stadien zunehmender Verwickeltheit von Evolution über chemische, biologische, soziologische Organisationsschritte öffnet einen gewaltigen Spielraum für Vielfalt. Wissenschaft, bei Extraterresten fortgeschrittener als bei uns, das ist durchaus möglich. Fortgeschrittene Wissenschaft könnte bei Benützung mathematischer Methoden zur Beschreibung von Natur auch unserer Zivilisation vermittelbar sein, die Ausrichtung solch einer anderen Wissenschaft und das Begriffsinstrumentarium allerdings variieren.

Die mit Naturwissenschaft beschriebene Naturgesetzlichkeit bleibt die gleiche; egal, welcher kosmische Ort als Ausgangspunkt angesehen werden kann. Wissenschaft ist andererseits ein Kulturprodukt. Es ist abhängig von ökonomischen Bedingungen, gesellschaftlicher Organisation und kulturellen Richtzielen. Dies allein bedingt schon eine sehr große Vielfalt von Möglichkeiten. Soziale Evolution einer entwickelten Kultur auf der Trägerfolie intelligenten Lebens – es scheint, dass dies ein Weg ist, um Wissenschaft in einem Sozialgefüge zu halten. Nur eines ist sicher: soziale Evolution, das ist ein langwieriger Prozess über viele Generationen von wie auch immer gearteten intelligenten kosmischen Lebensformen.

Der geschlossene aristotelische Kosmos, der die europäische Geistesgeschichte mehr als zweitausend Jahre beherrschte, ist geöffnet in faktisch unbegrenzte Möglichkeiten von kosmischen, biologischen Entwicklungslinien. Andere mögliche Lebensformen weisen uns zurück auf die elementare Tatsache, dass Erkenntnis ein Evolutionsprodukt ist. Jede intelligente Zivilisation im Kosmos verfolgt daher ihre ureigene Bestimmung. Unsere Lage hinsichtlich Erkenntnis und letzten Fragen ist genauso wenig zentral, wie unsere irdische Lebensform in der räumlichen Anordnung des Kosmos nicht zentral ist. Rescher spricht – 1984 – von einem radikalen Kopernikanismus. In der Tat, andere Planetensysteme verdeutlichen nochmals unsere durchschnittliche Lage im Universum. Die Möglichkeit anderer intelligenter Zivilisationen in unserer Milchstraße und in anderen Galaxien führt uns selbst zurück auf die Relativität von beschreibbarer absoluter Erkenntnis. Die kosmische Einheit der Naturgesetze allerdings, formulierbar in der Sprache der Mathematik, macht es möglich, das Universum zu beschreiben, zu verstehen und sich zu verständigen.

Betelgeus
Alnilam
LEP
Adhara
CRATER
SEXTANS

ISCES
CORVUS
Spica
VIRGO
α
ζ
ε
δ
γ

Grundfragen zum Universum und mögliche Antworten

Warum wissen wir so wenig über unser Universum? Weil wir noch nicht lange genug über den Kosmos nachgedacht haben, und weil wir mit unseren Vorstellungen noch zu unvollkommen sind. Im Laufe weiterer Jahrhunderte wird uns das Universum immer verständlicher werden. Oder muss auf solch eine Frage geantwortet werden: weil das Universum *(44)* so groß ist, weil es so alt ist und weil so wenig Licht, in welcher Wellenlänge auch immer, unsere mangelhaften Empfangseinrichtungen trifft? Kann die Antwort auf solch eine einfache Frage nicht auch heißen: weil wir im Augenblick noch die falschen Fragen an das Universum stellen?

Die Kosmologie betrachtet das Universum als Ganzes. Die Gesamtheit der in ihm vorhandenen materiellen und energetischen Strukturen, die Gesamtheit seiner evolutionären und nicht statischen Geschichte, die Gesamtheit seiner Naturgesetze. Die Kosmologie stellt Rahmenbedingungen auf, und liefert die Theorien wie auch die Beobachtungen, die für die Entstehung und Entwicklung kosmischer Objekte notwendig sind. Also die Gesamtheit kosmischer Objekte wird befragt, aber auch die Struktur des Universums selbst. Welche Kosmen sind möglich? Es ist die Frage nach den Weltmodellen schlechthin, die im Rahmen unserer irdischen Logik ausdenkbar sind und dann auf den Prüfstein der Beobachtung gelegt werden müssen. Man treibe die Beobachtungen hinsichtlich der Größe der Empfängerflächen von Teleskopen, hinsichtlich der Empfindlichkeit der Messgeräte und hinsichtlich des Auflösungsvermögens an die äußersten Grenzen! Nur so wird der Prüfstein Beobachtung für Weltmodelle ein stets einsatzbereites Instrumentarium liefern um über Richtig oder Falsch entscheiden zu können. Der Beobachter wird versuchen, über den beobachteten Teil des Universums neue Aussagen zu machen. Skeptisch kann man die Frage nach den möglichen Universen als reine Spekulation abtun. Die Beobachtungsdaten hierzu führen dann zu Fehldeutungen, oder sie werden von Beobachtungsfehlern überdeckt.

Kosmologie ist nicht bloß Theorie und Beobachtung über die Gesamtheit der kosmischen Objekte, sondern muss Raum und Zeit ebenfalls begründen. Natürlich sind Raum und Zeit nur fassbar über Objekte, die der Kosmos selbst enthält. Da unser Zeitbegriff wesentlich unserem begrenzten Erfahrungshorizont entspringt, darf es nicht wundern, wenn plötzlich eine sogenannte Raum- und Zeitsingularität, ein Anfang entsteht und ein Ende erdacht wird. Anfang und Ende sind wesentliche menschliche Begriffe, die auf kosmischen Skalen angewandt leer werden.

Die Kosmologie versucht sich an der Erklärung des Universums und seiner Dynamik. Die Erklärung der Dynamik des Kosmos wird dabei zurückgeführt auf die lokal prüfbaren physikalischen Gesetzmäßigkeiten und deren Anwendung auf die kosmische Gesamtheit schlechthin. In gleicher Weise werden die immer lokal beobachtbaren Strukturen des Kosmos aus dem augenblicklichen Beobachtungszeitpunkt abgeleitet. Die erkenntnistheoretischen Grenzen, an denen wir uns sehr schnell reiben, haben wir schon aufgegriffen. Die zufällige irdische Lebensform, an einem durchschnittlichen kosmischen Ort entstanden – ist deren allgemeine Logik des Denkens die Logik des Kosmos? Wir werden im Folgenden zu solchen Grenzfragen vorstoßen; ob wir sie beantworten können, das wird sich zeigen. Wir werden uns aber auch vergewissern, mit welcher zukünftigen astronomischen Technologie das Gesamtbild des Kosmos und derartige Grenzfragen durch Beobachtung zu Antworten gedrängt werden können.

Vorstoß zum Anfang der Zeit

Die uns im Leben geläufige und erlebte Zeit fließt gleichförmig dahin und wird so von uns als universelles Phänomen gedacht. Diesen Zeitbegriff setzen in der Physik auch die klassischen Sparten Mechanik und Dynamik voraus, nach deren Gesetzen die Planeten kreisen, Wasser im Wasserfall sich bewegt, Billardkugeln stoßen, Züge und Autos fahren. Für die neue physikalische Beschreibung der Welt mit Hilfe von Relativitätstheorie und Quantenmechanik gilt jedoch ein ganz anderer Zeitbegriff. Eine überall gültige, stetig ablaufende Zeit gibt es nicht. Der Zeitablauf ist abhängig vom Beobachter, von seinem Bewegungszustand und von den wirkenden Kraftfeldern. Zeit wird bei sehr hohen Geschwindigkeiten gedehnt; Uhren in starken Anziehungsfeldern oder Beschleunigungen unterworfen, gehen im Vergleich zu Uhren im Ruhezustand beschleunigt oder verlangsamt. Was für uns Gegenwart ist, kann für andere Beobachter bereits Vergangenheit oder noch Zukunft sein. Beim Zeitbegriff, abgeleitet aus unserer erlebten Erfahrung, stoßen wir wieder einmal an Grenzen bei der Beschreibung der Welt, des Universums.

Die astronomischen Zeitskalen beginnen jenseits des menschlichen Vorstellungsvermö-

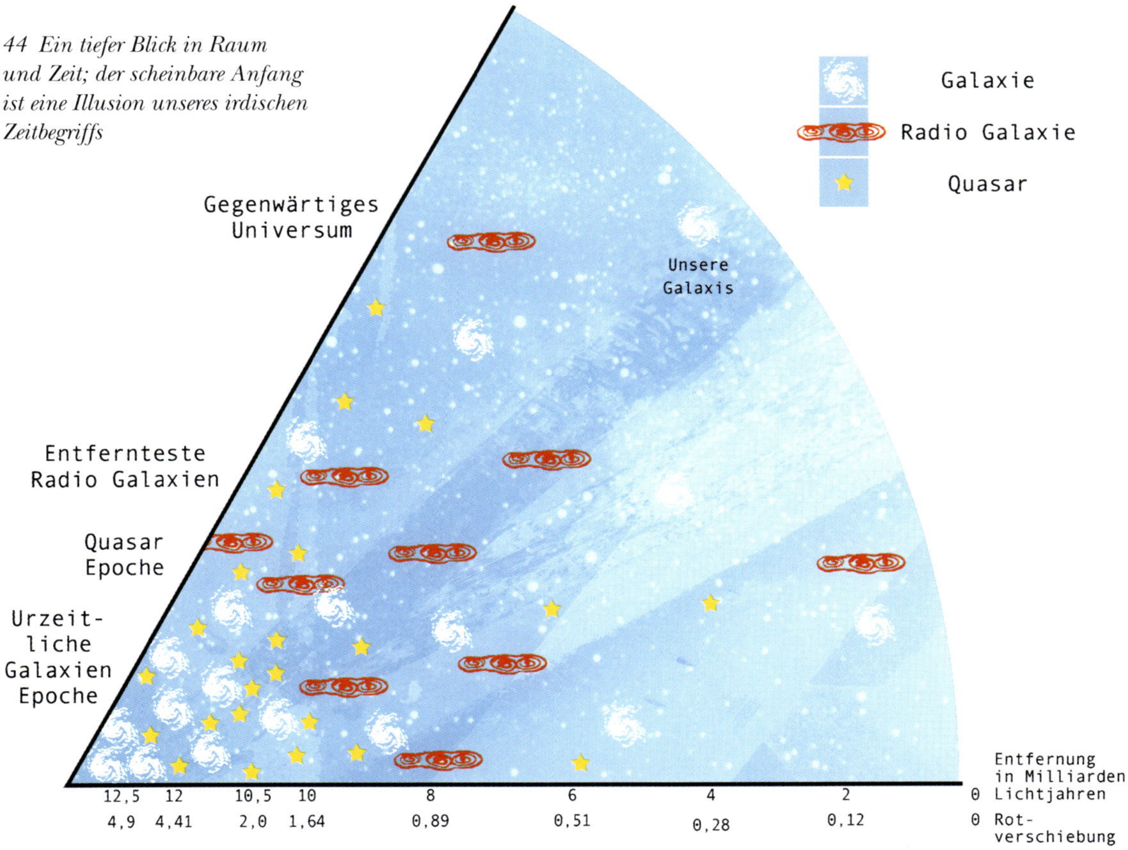

44 Ein tiefer Blick in Raum und Zeit; der scheinbare Anfang ist eine Illusion unseres irdischen Zeitbegriffs

gens. Ein Sternenleben oder die Umdrehungszeit einer Galaxie liegen im Bereich von Millionen Jahren. Das Alter des Universums, dreizehn Milliarden Jahre, umfasst schon einige Sternengenerationen. Verlassen wir das gewohnte Zeitempfinden in umgekehrter Richtung, stoßen wir zu immer kleineren Zeiten vor: auch dann lässt uns die Alltagserfahrung im Stich und Zeit wird nicht mehr vorstellbar. Elementarteilchen zerfallen in zehnmilliardstel Sekunden, wo doch schon eine hundertstel Sekunde Vorsprung eines Läufers oder eines Rennfahrers für unsere Anschaulichkeit nicht mehr vorstellbar ist. Andere Elementarteilchen zerfallen in noch kleineren Zeitmomenten, in Energie oder neue Teilchen. Die sogenannte klassische Elementarzeit der Physik ist die Zeitspanne, die das Licht benötigt, um ein Elektron zu durchqueren. Es sind 9,34 mal 10^{-24} Sekunden, in Worten sind dies rund eine hunderttrilliardstel Sekunde. Aber auch diese Zeitspanne ist nicht die unterste Grenze.

Um die Wende des neunzehnten zum zwanzigsten Jahrhundert entdeckte Max Planck die Quantelung der Energie. Lichtteilchen zum Beispiel können nur in bestimmten diskreten Energiepaketen auftreten. Licht als elektromagnetische Welle und Licht als einzelnes Energiepäckchen sind gleichwertige Beschreibungen des gleichen Phänomens. Es hängt lediglich von dem Messgerät ab, ob uns Licht auf diese oder jene Art erscheint. Die Quantenmechanik ist in der Lage, die Quantelung des Lichts in Energiepakete zu beschreiben. Eine Folge der Energiequantelung ist ebenso die Quantelung der Zeit. Zeit vergeht nicht stetig, sondern in Zeitsprüngen. In unserer Erfahrungswelt merken wir davon nichts, aber in der Welt der Elementarteilchen und des Lichts verstreicht die Zeit sprungartig.

Vorstellbar ist das wie ein Filmablauf. Ab einer Bildzahl größer als zwanzig pro Sekunde nehmen wir einen stetigen Zeitlauf und stetiges Geschehen wahr; das entspricht der Zeit des Alltags. Bei weniger Bildern beginnt der Ablauf zu springen; es sind dann Zeitsprünge im Filmgeschehen festzustellen; die Veränderungen erfolgen ruckweise. In der Welt der kleinen Räume, der Elementarteilchen, verstreicht die Zeit sprungartig. Die Zeitquanten sind dabei winzig kleine Zeitportionen. Solche Zeitquanten sind um zwanzig Zehnerpotenzen kleiner als die Elementarzeit, nämlich 0,5 mal 10^{-43} Sekunden.

Max Planck hat diese Zeit berechnet und man nennt sie deshalb die Planck'sche Fundamentalzeit. Diese Zeitspanne kommt uns sehr bekannt vor. Denn sie tauchte schon im zweiten Kapitel als Zeitbeginn beim Urknall auf, als das erste Zeitkorn schlechthin. Es macht keinen Sinn, zu fragen, was sich zwischen der Zeit Null und der Fundamentalzeit 0,5 mal 10^{-43} Sekunden ereignet hat. Nichts hat sich ereignet, weil die Fundamentalzeit eine untere Schranke für alles Geschehen im Universum ist. Diese Körnung des Universums ist die Grundlage einer Theorie, die Zeit, Energie, Masse, Quanten und Relativität miteinander verbinden kann. Die Körnung des Universums ist eine Grundeigenschaft des Universums. Raum, Zeit und Energie sind körnig, treten nur in bestimmten Quanten auf. Die Quantisierung des Kosmos ist ein universelles Prinzip.

Schauen wir uns das einen Augenblick, eine Fundamentalzeit lang genauer an. Planck fand die Größe der Energiequanten als vielfaches einer Konstanten des Planck'schen Wirkungsquantums. Heisenberg als der zweite Begründer der Quantenphysik fand, dass die Genauigkeit einer Ortsangabe eines Teilchens und die Genauigkeit der Impulsangabe des Teilchens stets nur im Rahmen des Planck'schen Wirkungsquantums angegeben werden können. Damit ist eine unübersehbare Schranke für die Genauigkeit gefunden, mit der Ort und Geschwindigkeit und Masse eines Teilchens gleichzeitig bestimmt werden können. Gemeint sind damit natürlich stets Teilchen im atomaren Größenbereich und keine Automobile, Straßenbahnen oder Sterne.

Verknüpft man nun diese zwei Grundaussagen der Quantenmechanik noch mit den Aussagen der Gleichheit von Masse und Energie aus der Relativitätstheorie, so ist die Körnung des Universums – die kleinste Länge schlechthin – berechenbar. Durch Gleichsetzen der Ortsunschärfe einer Teilchenmasse mit ihrem Gravitationsradius, der angibt, bei welchem Radius eine Masse zum Schwarzen Loch wird, erhält man die Planck'sche Fundamentallänge. Die Plank'sche Fundamentalzeit ist die Durchlaufzeit eines Lichtsignals, die es benötigt, um die Fundamentallänge hinter sich zu lassen. Die drei Naturkonstanten Lichtgeschwindigkeit, Gravitationskonstante und Planck'sches Wirkungsquantum legen Länge und Zeit fest. Kein Ort kann genauer als auf 10^{-33} Zentimeter, keine Zeit genauer als auf 10^{-43} Sekunden angegeben werden. Raum, Zeit und Energie sind quantisiert.

Alle drei Sachverhalte bedingen sich wechselseitig. Für den skeptischen Zeitgenossen hinsichtlich der Körnigkeit des Universums bieten wir eine einfache Handreichung an: Es gibt heute zum Beispiel Laser, Atomuhren und Fernsehen, sie alle beruhen wesentlich auf Quanteneffekten. Die Körnung des Universums reicht somit über die von uns benutzte Technik in den Alltag hinein.

Wir haben die existierende Welt auf die Planckzeit 10^{-43} Sekunden und die Plancklänge 10^{-33} Zentimeter zurückgeführt. Die Plancklänge definiert die Quantisierung des Raumes. In unseren Überlegungen zum Urknall kommen wir, von astronomischen Beobachtungen geführt, in diese Bereiche. Und nun? Von nichts kommt nichts. Eine hübsche Alltagserfahrung. Gilt sie auch bei denjenigen Größen und Zeiten des Universums, die von den Fundamentaleinheiten bestimmt werden? Woher kommt der Urknall? Gab es vorher etwas, kommt der Kosmos aus dem Nichts? Physikalisch gesehen ist das Nichts das Vakuum, der absolut leere Raum und nicht einmal der leere Raum bleibt im Nichts übrig. Einen solchen Raum gibt es jedoch nicht. Jeder Punkt eines wie auch immer dimensionierten Raumes ist von Feldern durchsetzt: elektrische Felder, magnetische Felder, Gravitationsfelder und die Felder der elementaren Bausteine. Jeder Punkt der Raumes, somit des Universums, ist Teil vieler Felder, die durch die Materie hervorgerufen werden. In jedem Punkt eines Feldes und somit Raumteils herrscht eine Energiedichte, die von Null verschieden ist. Die Felder sind dabei nicht stetig, sondern gemäß der Körnigkeit von Zeit, Raum und Energie in winzige Energieportionen gestückelt. Man spricht von einer Quantelung des Vakuums. Nun ist Masse gleich Energie, also kommt jeder Energieportion des Vakuums eine Masse zu. Die Energieportionen des Vakuums sind Feldquanten oder Feldportionen. Das Weltraumvakuum ist demzufolge nicht völlig leer, sondern mit zahllosen virtuellen Teilchen gefüllt. Virtuell heißen die Teilchen, es sind wörtlich aufgefasst Scheinteilchen, weil sie nur unter ganz bestimmten Bedingungen beobachtet werden. Es sind die Teilchen, welche die Wechselwirkungen übertragen: Gravitationskraft, elektromagnetische Kraft und die zwei Kräfte, die Atomkerne zusammenhalten.

Das Vakuum – das Nichts – weist also Struktur und Inhalt in Form einer Energiedichte auf. Zur Zeit 10^{-43} Sekunden war die Temperatur des Ur-Vakuums so extrem hoch, dass es keinen Unterschied zwischen den vier Grundkräften gab; sie waren vereinheitlicht in einer Superkraft, der Supergravitation. Wir können mit unseren Überlegungen jetzt an das anknüpfen, was wir für die Entwicklungsgeschichte des Universums früher hergeleitet haben. Dabei müssen wir im Auge behalten, dass zu dieser Anfangszeit der Raum als eine Nichtexistenz vorlag; es gab noch keinen Raum.

Zum Zeitpunkt Null, also vor der kleinsten Quantenzeit 10^{-43} Sekunden, zwischen der Zeit Null und einem physikalischen Null, müsste nach der naiven Urknall-Vorstellung das Universum punktförmig gewesen sein. Dies bedeutet aber auch eine unendliche Temperatur- und Energiedichte. Ein solcher einzigartiger Zustand – es wäre eine Raum-Zeit-Energie-Singularität – lässt sich physikalisch nicht verstehen. Es kann keine Urknallsingularität gegeben haben. Vielmehr entstand der Kosmos aus einem Quantenvakuum, aus dem scheinbaren Nichts, wobei solch ein Nichts mit der Vorstellung des absolut leeren Raumes ebenfalls nichts zu tun hat. Aus der Eigenschaft des Vakuums, nicht örtlich und nicht zeitlich zu denken, treten spontan Raum-Zeit-Strukturen auf. Aus der Feldenergie, der Supergravitation bildet sich eine Entität, die sich wie ein Luftballon aufzublasen beginnt. Solche Entitäten sind Energieschwankungen im Vakuum. Bei der ungeheuren Energiedichte zu Beginn aller Zeiten entstanden Raum und Zeit und Materie aus Energie ohne Ursache. Denn derartige Energieschwankungen als Quanteneffekte auf kleinsten Längen und Zeiten geschehen grundlos, sie geschehen spontan. Und woher kommt das Vakuum, woher kommen die Quantenfluktuationen und woher die physikalischen Gesetze? Wir stoßen auf eine Frageschleife, die kein Ende zu haben scheint. Unternehmen wir einen zweiten Anlauf, um uns dem Anfang zu näheren.

Das Urknallkonzept ist ein letzter großer Mythos in unserem Denken. Anfang und Ende der Welt, welch eine einfache Lösung, denn dahinter und davor endet die Messtechnik. Die Urknallsingularität ist ein Mangel in der Weltbeschreibung. Eine Singularität ist in der Mathematik wohl definiert und tritt oft in Erscheinung. Eine Funktion wird zu Null oder Unendlich, das sind mathematische Singularitäten. In der Physik sind Singularitäten unbekannt, weil in der Natur stets Lösungen vorhanden sind.

Die bei formaler mathematischer Beschreibung eines physikalischen Sachverhaltes auftretenden Singularitäten haben keine Entsprechung im realen physikalischen Systemen. Die Urknallsingularität ist solch ein Fall. Um eine physikalische Aussage zu machen, entlehnen wir häufig Begriffe, auch physikalische, unserer Alltagserfahrungen. Sie sind aber oft, und der Urknall ist dafür ein Beispiel – falsch auf bestimmte Sachverhalte angewandt. Ein anschauliches Beispiel für eine Singularität sind die geographischen Pole auf dem Erdkörper; an der Stelle, wo die gedachte Erdachse den Erdkörper durchstößt. Das Koordinatensystem hat dort eine Singularität, der Erdkörper nicht. Am Nordpol selbst gibt es keine Nord-, Ost- oder Westrichtung. Jede Richtung ist Süden. Die geographische Länge ist unbestimmt. Ebenso kann für den Nordpol keine Rotationsdauer angegeben werden. Der Polpunkt ist ein ausdehnungsloses Gebilde; als mathematische Fiktion ist er nützlich, physikalisch aber ist er jederzeit überschreitbar. Wir stellen fest, dass bei einer solchen selbstgemachten Singularität gewisse Begriffe ihre Bedeutung verlieren. Die Natur des Erdkörpers hingegen kümmert sich um diese Begriffe überhaupt nicht. Ein Polarforscher auf dem Weg zum Pol überschreitet den 87. Breitengrad, den 88., den 89. Breitengrad; den 90. Breitengrad kann er nicht überschreiten. Er ist im Nordpunkt verschwunden und zwingen wir ihn mit unserer Aufforderung, den 91. Breitengrad zu überschreiten, wird unsere Forderung sinnlos. Ähnlich verhält es sich mit unseren Fragen, abgeleitet aus Alltagserfahrung, wenn wir uns der kosmischen Scheinsingularität nähern.

Die entscheidende physikalische Größe für die Beschreibung der Vorgänge in der Anfangsphase des Universums ist die Temperatur, von der die Energiedichte des Vakuums angegeben wird. Sie bestimmt, welche Elementarteilchen wann existieren und wie sie miteinander wechselwirken. Die Beschreibung hört bei 10^{-43} Sekunden vor der Singularität der Zeit Null auf. Was davor geschah, entzieht sich unserer Kenntnis; die Planck-Ära wird diese Minizeitspanne genannt. Zum Zeitpunkt 10^{-43} Sekunden betrug die Temperatur 10^{32} Kelvin und die Dichte des Vakuums 10^{92} Gramm pro Kubikzentimeter in Form von Energie. In der Planck-Ära herrscht ein maximaler Grad an Symmetrie. Es gab nur die Superkraft der Gravitation. Die Zeitspanne von 10^{-43} Sekunden liegt demnach unendlich weit weg vom Zeitpunkt Null, der geheimnisvollen Urknallsingularität, zu der die Energiedichte unendlich hoch, der Raum aber ausdehnungslos gewesen sein soll.

Die Urknallsingularität lässt sich mit Hilfe

45 Quantenfluktuation des Vakuums als Beginn von Zeit und Raum eines neuen Universums

des energiegefüllten Vakuums beseitigen. Die Unschärferelation der Quantentheorie verabschiedete ja die Vorstellung eines absoluten Raumes und einer absoluten Zeit. Das physikalische Vakuum im raum- und zeitlosen Nirgendwo ist ein Energiezustand, in dem Energiequanten entstehen und wieder zerfallen. Dies alles ohne Kausalbeziehung, spontan als eine Art willkürlicher Fluktuation. Auf solche sehr kleinen Zeit- und Raumbereiche muss die Unschärfenbeziehung selbst angewandt werden. Wir haben es schon erfahren: Der Ort eines Ereignisses kann nicht genauer als 10^{-33} Zentimeter und sein Zeitpunkt nicht genauer als 10^{-43} Sekunden angegeben werden. Es ist daher auch nicht möglich, einen absoluten Zeitpunkt Null festzulegen. Innerhalb der fundamentalen Unschärfe aller Messaussagen in dieser Welt verwischen sich die Dimensionen von Raum und Zeit. Raumartige und zeitartige Entfernungen sind in ihren winzigen Bereichen ununterscheidbar. Physikalisch wird von der schaumartigen Struktur der Raumzeit gesprochen. Eine Folge hiervon ist die Unmöglichkeit, Ereignisse in der zeitlichen Reihenfolge zu ordnen. Es gibt kein Vorher und kein Nachher, der Zeitablauf setzt erst ein im Augenblick der Planck-Ära. Unser Universum trat also aus einer Energieschwankung *(45)* des Vakuums ins Dasein und begann sich auszudehnen: Ein energiegequanteltes Vakuum war das Saatkorn unseres Kosmos. Es war ein Vorgang ohne kausalen Hintergrund. Damit wird die Frage überflüssig und bleibt unbeantwortbar: Was geschah vor dem Urknall? Es ist die Aufforderung an den Polarforscher, er solle den 91. Breitengrad erreichen. Das Weltall ist durch einen Phasenübergang aus seinem Vakuumzustand in einen anderen Energiezustand übergegangen und hat Raum und Zeit entstehen lassen. Die vollkommene Symmetrie der Superkraft Gravitation wird im Entstehungsprozess gebrochen. Die Welt entstand nicht in der Zeit, sondern mit der Zeit.

Der Nullpunkt der Zeit

Am Anfang, da gab es die Singularität – jetzt nicht mehr. Der Energiezustand des Vakuums, zeitlos, raumlos, bedingungslos und allüberall, in ihm ist alles besiegelt. Mit unseren Begriffen des Alltags ist es schwer, eine Beschreibung dieses Sachverhaltes zu finden, welche ohne die drei wesentlichen Ordnungsstrukturen unserer Welt, ohne Raum, Zeit und Materie auskommen soll. Die Quantelung der Welt, ihre Körnigkeit bedeuten das Ununterscheidbarwerden von Zeit, Raum, Energie und Materie und die Unmöglichkeit einer Anfangspunkt-Festlegung; alle diese Dinge sind einander überblendet.

An dieser Stelle spüren wir einen Bruch mit der Alltagserfahrung und auch mit den Lehrsät-

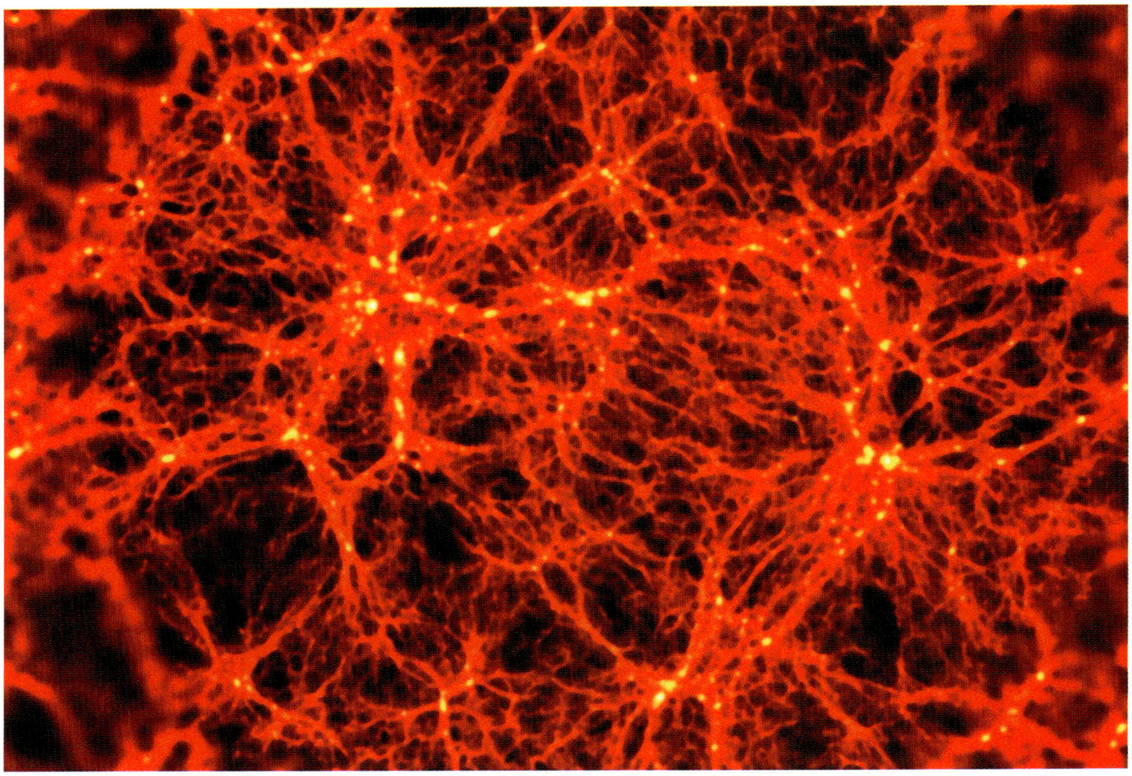

46 Nummerische Simulation der ersten Materieverteilung bei einem Weltalter von wenigen Stunden. Die Verteilung der später sich ausbildenden Galaxienhaufen ist schon angelegt

zen der Philosophie. Kein Ding kann aus nichts entstehen oder ins Nichts verschwinden, schon gar kein Universum, und das auch nicht mit göttlicher Hilfe. Der Wissenschaftsphilosoph Kanitscheider beschreibt, im Jahre 1989, die Rationalisierung der Naturerfahrung, die sich in dieser Aussage niedergeschlagen hat. Um 500 vor unserer Zeitrechnung entwickelte sich im griechischen Kulturraum eine neue Naturauffassung derart, dass die Natur Gesetzen unterworfen ist und nicht nur den Machtansprüchen der Götter. Die Gesetze der Natur sind dem Menschen zugänglich, denn er kann die Mathematik auf die Natur anwenden. Die Zeitstruktur der Welt wurde von Aristoteles als ohne Anfang und Ende gedacht. In der christlichen Ära änderte Thomas von Aquin das aristotelische Weltbild; die Ewigkeit der Welt ist mit der christlichen Lehre nicht vereinbar. Das kosmologische Modell des Universum muss Platz für Schöpfung und den Jüngsten Tag haben. Diese Denkstruktur, eine philosophische und religiöse Lehrmeinung, sie lastet auf den Vorstellungen zur Entstehung des Kosmos. Erst die neuzeitliche Naturwissenschaft fängt an, sich von den Begriffen Anfang und Ende zu trennen, zumal der Mensch immer mehr als ein historisches Phänomen in einer bestimmten kosmischen Epoche gesehen wird. Dies bedingt ebenso die Geschichtsabhängigkeit des vom Menschen benützten Begriffskanons.

Der Entwicklungsgedanke, auch für kosmische Strukturen, beginnt sich schließlich durchzusetzen und verschiedene Kosmologien, Universumsgeschichten werden diskutiert. Die erklärungsheischenden Fragen, warum das

Universum sich ausdehnt und was es mit dem Anfang der Zeit auf sich hat, standen und stehen dabei oft im Mittelpunkt. Der Anfang in der endlichen Vergangenheit der kosmischen Zeit wurde so zu einem Problem.

Kosmische Zeit ist jene Zeit, die von einem mitbewegten Beobachter, der im expandierenden Raum ruht, auf seiner Uhr abgelesen wird. Somit führen die Universumsmodelle zunächst zu einem scheinbar absoluten Nullpunkt der Zeit. Es wäre schön, könnte man wie beim absoluten Temperaturnullpunkt – also beim Zustand des Einfrierens aller Bewegungsmöglichkeiten – argumentieren. Die Temperatur ist eine Zustandsgröße physikalischer Systeme, die sich in der Raumzeit befinden; sie hat einen Nullpunkt. Raum und Zeit liefern aber den Rahmen für alles Existierende überhaupt. Die Zeit bei Null wegzunehmen bedeutet, den Rahmen aufzulösen. Es muss daher nach einer anderen Lösung gesucht werden.

Betrachten wir nochmals den Begriff des Urknalls. *(46)* Es ist ein vieldeutiger und geradezu falscher Begriff eines Anfanges. Geknallt hat es überhaupt nicht, muss als erstes festgestellt werden. Der Begriff schürt auch die Vorstellung, dass er in Raum und Zeit stattgefunden hat, also zu einem Zeitpunkt und an einem Ort; auch dies ist falsch. Denn Zeit und Raum wurden ja erst physikalisch durch solch ein Ereignis erzeugt. Der Zeit- und Raumpunkt Urknall ist der Rand der Raumzeit und gehört der auf ihn aufbauenden Geometrie nicht an. Auf diesem Randpunkt gilt auch die Relativitätstheorie nicht mehr, weil sie ja schon die Raumzeit voraussetzt. Insofern lässt das Urknall-Modell auch keine kausale Deutung zu derart, dass das Universum aus irgendeinem früheren Zustand auf natürliche oder übernatürliche Weise entstanden ist. Dies ist wichtig für jene Menschen, die um theologische Erklärungen bemüht sind, also den Urknall als ein Schöpfungsereignis deuten. Wissenschafttheoretiker haben – wie zum Beispiel Adolf Grünbaum 1989 – darauf hingewiesen, dass eine solche Deutung von der benützten Theorie versperrt wird.

Es war immer schon die Methode der Wissenschaft, keine absoluten Entstehungsprozesse zuzulassen. Solche Vorgänge sind unerklärbar. Ziel der Wissenschaft ist es, die Welt verständlich zu machen und nicht Unerklärliches in die Realität einzuführen. Die Welt ist kausal gesetzesartig und besitzt keine zeitlichen Ränder; mit dieser pragmatischen Einstellung ist es möglich, wirkliche Erklärungen zu liefern. So gibt es weder von der Relativitätstheorie noch von der Quantenmechanik her einen grundsätzlichen Einwand gegen eine spontane Entstehung des Universums aus einem Vakuumzustand. Weiter verallgemeinert führt dies zur Aussage Bertram Russels: „Es gibt weder einen Grund dafür, warum die Welt nicht auch ohne eine Ursache begonnen haben könnte, noch warum sie nicht schon immer existiert haben sollte“. Heute benötigt man die Idee einer akausalen Entstehung des Kosmos im Sinne eines Schöpfungsaktes nicht mehr. Der Anfang des Kosmos ist ein relativer Anfang in einem umfassenderen physikalischen Modell. Wir sagten es schon, Ziel der Wissenschaft ist es, das Verständnis der Welt möglichst weit zu treiben. Welche Anfangsbedingungen waren also notwendig, damit der Kosmos so beschaffen ist, wie wir ihn heute beobachten?

Die Einzigartigkeit unseres Universums ist bewiesen, sobald nur ein Satz von Anfangsbedingungen für seine Existenz notwendig ist. Mit anderen Worten, wir suchen im Rahmen einer vollständigen, sich selbst begründenden Theorie nach einer Weltbeschreibung, in der keine frei und willkürlich festgelegten Werte vorkommen und in der es natürlich auch keine Ränder der Raumzeit gibt, an denen die Theorie ungültig wird. Der Wissenschaftsphilosoph Kanit-

47 (folgende Doppelseite) Junge Galaxien im Stadium der Entstehung. Die Ziffern sind ein Maß für die Rotverschiebung; je größer, umso weiter entfernt und umso jünger sind die Galaxien. Je weiter wir ins All blicken, desto irregulärer werden die Sternsysteme

0.56
0.85
1.15
3.43
2.23
0.96
3.37
2.42
2.99
0.39
0.75
0.20
0.48
2.49
0.48
0.51
2.23
0.48
0.09
1.32
0.32
3.23
0.95
0.64
0.40
0.68
0.78
0.47
0.52
0.47
0.32
1.24
0.95
1.23
0.79
0.52
3.36
0.56
4.02
0.32
0.03
0.40
0.56

0.44
2.93
0.48
0.56
.93
0.68
0.56
0.85
2.59
0.40
0.87
0.61
0.32
2.27
0.42
0.75
0.46
1.02
3.22
2.97
0.43
0.48
0.95
0.96
0.45
0.46
0.68
1.24
2.80
1.02
0.46

scheider führt dazu aus: Eine vollständige Theorie der Welt muss auch das Problem des Anfangs lösen, sie darf nicht einfach sagen „die Welt ist heute so wie sie ist, weil sie damals, zur Zeit Null, so war, wie sie war".

Vom wissenschaftsphilosophischen Standpunkt muss darauf hingewiesen werden, dass die Suche nach vollständigen Theorien aus innerphysikalischen Motiven entspringt. Die Frage nach dem Anfang und der Eindeutigkeit eines physikalisch kosmischen Modells entspringt nicht einer antireligiösen Haltung. Vereinheitlichung und Vervollständigung einer Theorie über den Kosmos sind die Fortführung der naturwissenschaftlichen Gesetzeserkenntnis mit stärkeren Mitteln. Gesetzeserkenntnis heißt bei Kanitscheider generell, die zufälligen und beliebigen Züge der Welt als notwendig und als erklärbar zu erkennen. Das Beseitigen der Unvollständigkeiten in kosmologischen Modellen ist deshalb keine menschliche Hybris, die zum Beispiel gegen die christliche Theologie oder Religionen schlechthin gerichtet ist, sondern es ist das Weiterführen der üblichen Methodik der Naturwissenschaft.

Es gibt zur Zeit mehrere Ansätze, die versuchen, den Zeitnullpunkt in einer allgemeinen umfassenden Theorie einzubetten. Ein Ausgangspunkt ist die Mikrostruktur des leeren Nichts, des Quantenvakuums. Im Rahmen von Relativitätstheorie und Quantenphysik ist die Mikrostruktur des Nichts von Raum-, Zeit- und Quantengesetzen geprägt. Die Welt existiert demnach, weil das Nichts instabil ist. Weil der Energieinhalt des leeren Raums notwendigerweise schwankt, ist die Welt das zufällig unverursachte Ergebnis dieser Vakuumaktivität und aus dem Quantenschaum des Vakuums hervorgegangen.

Stelle man sich, um diese Aussage anschaulich zu machen, eine stille Meeresoberfläche vor; sie entspräche dem energiegefüllten beruhigten Vakuum. Nun wird das Vakuum, das Meer, von Wellenpaketen durchpflügt. Der Nullenergie der ebenen Meeresoberfläche wird durch Wellenbewegung mehr oder weniger Energie in der Art von Wellenbergen und Wellentälern aufgeprägt. Ein Wellenberg verselbstständigt sich und spaltet sich, ausgestattet mit seiner Wellenenergie, von der Meeresoberfläche ab. Die Meeresoberfläche bleibt mit einem Tal negativer Energie zurück. Solch ein Vorgang entspräche auf der Größenskala der Quantenwelt dem Embryo-Universum. Die Welt blüht aus dem Nichts auf; in unserem Bilde in der aufbrandenden Meereswelle. Die Quantenkosmologie, als eine Physik der Entstehung von Universen, macht sich die Tatsache zunutze, dass es in der Quantenwelt Wirkungen ohne Ursache gibt. Eine Weiterführung dieser Überlegungen stammt von den Kosmologen Stephan Hawking und Kim Hartle. In dem Buch Eine kurze Geschichte der Zeit wird dies verständlich erläutert. Hawking und viele andere Forscher suchen einen Energiezustand für den Quantenschaum des Vakuums, aus dem sich das Universum spontan heraus entwickelt und in den es wieder zurückkehren kann. Solch einen Lösungsansatz zu haben bedeutet das Verschwinden der Ränder der Raumzeit, das Verschwinden des Zeitbeginns. Die Geometrie solch eines Zustandes ist als – eigentlich vierdimensionaler – Ballon denkbar. Auf der Ballonoberfläche gibt es einen Rand; Raum und Zeit haben keinen Anfang, der Ballon beginnt als geometrischer Punkt. Die Grenzbedingungen der endlichen oder unendlichen Vergangenheit und ebenso des Endes entfallen. Die Zeit bildet sich erst in der Raumgeometrie aus, vorzustellen als Ausdehnbewegung des Ballons. Die Fragen nach dem Anfang der Zeit und dem Ursprung des Universums werden damit unstellbar; sie sind nicht definiert. Der klassische Schöpfungsbegriff ist damit aber unhaltbar geworden. Man erinnere sich: Der Polarforscher kann den 91. Breitengrad niemals erreichen, wenn er auf der Polsingularität steht.

So, wie wir uns die Expansion des Universums in höhere Dimensionen mit Hilfe des Luftballonmodells veranschaulichten, wollen wir einen zweiten Versuch machen, den Beginn von Raum und Zeit als Quantisierung, als Quantenereignis zu verstehen. Wir wollen ein Modell ableiten, das den Rand des Raum-Zeit-Begriffs erläutert. Dabei übersetzen wir die theoretischen Überlegungen des Kosmologen Alex Vilenkin in unsere dreidimensionale Raum-Zeit-Welt. Unsere heutige geistige Anstrengung hierbei lässt sich als genauso schwer vorstellen wie vor tausend Jahren die geistigen Anstrengungen beim Verlassen der Vorstellung einer flachen Erdscheibe und dem Übergang zum kugelförmigen Erdkörper.

Um mit unserem beschränkten Anschauungspotential zurechtzukommen, müssen wir uns den physikalischen Raum, in dem wir leben, eindimensional vorstellen. Wir denken uns eine Kugel, über einem unendlich großen ebenen Blatt aufgehängt. Dieses ebene Blatt ist unser Hyperraum. Die Kugel ist eine Energieschwankung des Quantenvakuums; das unendlich ausgedehnte Blatt, die Ausformungsfläche für den Kosmos, der in der Realität vierdimensionale Hyperraum, ist hier jetzt zweidimensional vorgestellt. Die Kugel beginnt nun durch das Blatt zu sinken. Zunächst ist nichts da, weder Raum noch Zeit; die Kugel berührt das Blatt noch nicht. Dann berührt die Kugel unsere unendliche Ebene, den Hyperraum. Jetzt ist der Raum des Universums der Berührungspunkt. Wenn die Kugel weiter in die Ebene eindringt, wächst der Punkt zu einem Kreis, der Schnittlinie zwischen Kugel und Hyperraum. Die Schnittlinie zwischen der Kugeloberfläche und dem Blatt ist ein Ring und in diesem Ring, eindimensional, können wir unser gedachtes Universum identifizieren. Der Hyperraum, das Blatt, birgt den eindimensionalen physikalischen Raum. Das Einsinken der Kugel in das Blatt bedeutet, dass die Schnittlinie sich immer weiter ausdehnt. Dies entspricht der kosmischen Expansion. In unserem Bild trat eine Energiefluktuation in einen Hyperraum ein und dabei entstanden Zeit und physikalischer Raum. Bei diesem Versuch, die Vielzahl der Modellvorstellungen vom Anfang des Kosmos in unserem dreidimensionalen Raum- und Zeitgefüge zu veranschaulichen, wollen wir es bewenden lassen.

In diesem Zusammenhang kommen wir zur Vakuumenergie zurück, die wir früher schon benötigten, um Aussagen zur kritischen Dichte des Kosmos zu machen. Die Vakuumenergie ist der Treibsatz für die kosmische Expansion. Die jüngst durch Beobachtungen festgestellte beschleunigte Expansion des Universums geht auf ihr Konto. In der beschleunigten Ausdehnung des Kosmos ist daher eine über Messungen eingeholte Bestätigung zu sehen, dass die Vakuumenergie des Nichts vorhanden ist. Auf den großen kosmischen Skalen ist Vakuumenergie – genauso wie im Labor nachgewiesen – keine theoretische Fiktion, sondern im Experiment erhärtete physikalische Realität.

Der Mensch im Kosmos

Warum gibt es überhaupt etwas und nicht vielmehr nichts? Weil das Vakuum eine Nullpunktenergie besitzt. Und warum besitzt das Vakuum eine Nullpunktenergie? Warum ist unsere Welt gerade so, wie sie ist? Welche Bedeutung hat der Mensch im Kosmos? Die Kosmologie führt sehr schnell zu solchen wundersamen Fragen. Zunächst gilt, wir müssen diese Fragen aushalten. Die Weltbildrelevanz der Kosmologie, der ist nicht zu entkommen; denn die Grenzfragen zwischen Naturwissenschaft und Philosophie, sie sind leicht gestellt, aber sehr schwer beantwortet. Das anthropische Prinzip kann dabei hilfreich sein. Es ist die Bezeichnung für verschiedene Ideen und Argumente, die erklären sollen, warum die Welt so ist, wie sie ist. Dabei ist es deren besonderes Merkmal, die Existenz des Menschen, griechisch anthropos, im Kosmos wesentlich einzubeziehen. Zwei amerikanische Astrophysiker haben mit ihren Fragestellungen diesen philosophischen Ansatz ins Gespräch gebracht. R. H. Dicke, 1961, und F. Dyson, 1979, stellten – naturwissenschaftlich gesehen völlig unüblich – eine Sinnfrage derart „...der Blick in die Tiefen von Raum und Zeit, der Blick ins Universum, zeigt eine ungeheure vielfältige Feinabstimmung von physikalischen

Gesetzen. Ohne diese Feinabstimmung könnte es uns Menschen nicht geben. Hat das Universum gewusst oder darauf hingearbeitet, dass wir auftauchen...?"

Durch uns – und vielleicht irgendwo anders durch ähnliche Lebensformen – kamen Bewusstsein, Intelligenz und Erkenntnis ins Universum. Im Alltag spreche wir von Sinn, wenn es um den Zweck, das Ziel und den Inhalt des Daseins geht. Es fragt sich, ob es auf der Ebene der kosmischen Realität ein Analogon zum Sinn der menschlichen Existenz gibt. Der naturwissenschaftliche Befund zeigt, dass schon kleine Abweichungen der Anfangsbedingungen des Kosmos und kleine Änderungen der Naturkonstanten zu einem gänzlich anderen Universum geführt hätten. In diesem Universum wären auch die Lebensbedingungen völlig andere. Die philosophische Frage ist, ob daraus ein Argument gewonnen werden kann, das erklärt, warum die Welt gerade so ist, wie sie ist.

Fünf Beispiele für die kosmische Feinabstimmung sollen erhellen, was hinter der anthropischen Aussage steckt. Weil es in diesem Universum Beobachter gibt, muss das Universum Eigenschaften besitzen, welche die Existenz dieser Beobachter zulassen.

Erstens: Die Verteilung der Energie und kurz darauf die der Materie wenige Sekunden nach dem Aufblähen aus einer Vakuumschwankung, dem Urknall, waren turbulenzfrei. Ohne diese „Glattheitsbedingungen" wäre die Materie in Schwarzen Löchern zusammengeklumpt und geordnete Galaxienbildungen hätten nicht stattfinden können.

Zweitens: Die Ausdehnungsgeschwindigkeit des Kosmos darf nicht so klein sein, dass nach Millionen Jahren alles zum Stillstand kommt. Sie darf aber auch nicht so groß sein, dass die Materie zu stark ausdünnt, Galaxienbildung *(47)* nicht zustande kommt. Die Ausdehnung muss auf die Ausbildung eines dreidimensionalen Raumes abgestimmt sein. Das Universum muss flach sein.

Drittens: Die Flachheitsbedingung des Kosmos, als Voraussetzung eines Dreierraumes, bedeutet: Hätte der Raum mehr als drei Dimensionen, dann gäbe es keine stabilen Galaxien und Planetensysteme; dies ist ein Ergebnis der Himmelsmechanik. Hätte der Raum weniger als drei Dimensionen, dann gäbe es keine komplexen neuronalen Netzwerke; dies ist ein Ergebnis der Hirnforschung. In beiden Fällen wäre niemand im Kosmos da, der Fragen nach dem Kosmos stellen könnte.

Viertens: Die vier Grundkräfte, auf denen alle kosmischen Strukturen aufbauen, müssen untereinander ihre tatsächliche Stärke besitzen. Wenige tausendstel Prozent Abweichung ändern die quantitativen Züge des Elementaufbaus und der makroskopischen Feldstärken. Die geänderten Wechselwirkungsbedingungen würden Leben unmöglich machen.

Fünftens: Die Bedingungen für das Entstehen von Elementarteilchen legen die Massenverhältnisse im materiebildenden Substrat fest. Elektron, Proton, Neutron mit anderen Massenwerten können keine atomaren oder molekularen Bausteine sein, die Organismen aufbauen.

Solche und andere Feinabstimmungen sind die notwendigen physikalischen Bedingungen für Leben. Das philosophische Problem, bei dem die Sinnfrage ins Spiel kommt, so Kanitscheider, besteht nun darin, eine erklärende Hypothese dafür zu finden, warum in unserem Universum eine so große Zahl notwendiger Voraussetzungen zwingend erfüllt sind. Drei Antworten können auf den Sachverhalt der anthropischen Feinabstimmung gegeben werden. Ihre erkenntnistheoretische Wertigkeit werden wir im nächsten Kapitel besprechen. Wir erinnern uns: unter anthropischer Feinabstimmung verstehen wir die Tatsache des Vorhandenseins von intelligenten Wesen im Kosmos.

Die theologische Deutung führt die anthropische Feinabstimmung auf die Planung einer transzendenten Macht zurück. Der Sinn der Universums läge in diesem Fall in der Absicht des metaphysischen Wesens. Der Nachteil dieser Interpretation besteht darin, dass der naturwissenschaftliche Erklärungsrahmen der Wissenschaft verlassen wird. Ferner muss im Urheber der Feinabstimmung genauso viel Komplexität enthalten sein wie in der geplanten Welt. Es bleibt unbeantwortet, weshalb das transzendente Wesen gerade die lebensdienliche Feinabstimmung unseres Kosmos gewählt hat und keine andere.

Die pragmatische Deutung sieht in der anthropischen Feinabstimmung reinen Zufall ohne tiefere Ursache. Der Mensch muss sich mit der puren Faktizität der Existenz eins Kosmos abfinden. Einen objektivierbaren Sinn des Universums *(48)* gibt es nicht. Die Würde des Menschen liegt in seiner Kraft, so etwas auszuhalten. Unbefriedigend hierbei ist das abrupte Abschneiden menschlichen Deutungsdranges. Stets suchen wir Ursachen und geben uns mit bloßen Fakten nicht zufrieden.

Dies führt schließlich zur wissenschaftlichen Erklärung der anthropischen Feinabstimmung. Unsere Verwunderung über die lebensgünstigen Anfangsbedingungen und Feinabstimmungen schwindet, wenn wir die Annahme der Existenz eines einzigen Universums aufgeben. Es gibt viele Universen mit völlig verschiedenen physikalischen Eigenschaften, wobei die Mehrzahl dieser Universen lebensfeindlich sein kann. Diese uns völlig fremden Welten, in den uns unentdeckbar bleibenden Universen, besitzen für Leben ungünstige Feinabstimmungen. Komplexere Materieordnungen werden dort die physikalische Ebene der Entwicklung nie verlassen können. Unter dieser Annahme ist es wahrscheinlich und nicht verwunderlich, einen Kosmos zu finden, unser Universum, in dem die physikalischen Bedingungen Leben zulassen. Unser Universum wäre zwar eine sehr unwahrscheinliche, aber dennoch mögliche Ausformung aus dem Quantenvakuum. Das Vorhandensein der vielen Universen macht das Auftreten der Feinabstimmung in unserem Universum plausibel, so wie die große Zahl von Lottospielern das wöchentliche Ereignis eines Millionengewinnes. In den von uns erarbeiteten physikalischen Zusammenhängen ist die Entstehung von vielen parallelen Universen jeder-

48 Ein Universum entsteht spontan aus dem Vakuum

zeit und jedenorts möglich, ohne uns eine Zugriffsmöglichkeit auf diese Universen zu eröffnen. Die Allgegenwart des Quantenvakuums macht die Vielweltenhypothese möglich als notwendige Folge der Quantenkosmologie.

Die Frage, wann und wo die anderen Universen entstanden sind oder entstehen, ist unbeantwortbar. Denn die drei Raumkoordinaten und die Zeitkoordinaten unseres Universums vermögen nur Ereignisse in unserem Weltall zu lokalisieren, nicht jedoch in anderen Kosmen. Der Zeitablauf und die Räumlichkeit begannen mit einer Energieschwankung im Quantenvakuum, die unser Universum entstehen ließ. Zeitlichkeit und Räumlichkeit haben auch nur für unser Universum Gültigkeit. Eine Vielzahl anderer Universen ist denkbar als Aussage einer Theorie; messtechnisch ist keines dieser Universen grundsätzlich jemals erreichbar.

Die Erde ist eine Scheibe, die Sonne umläuft die Erde... Jahrhunderte brauchte es, bis die Menschen mit der neuen elementaren Geometrie des Planetensystems vertraut wurden und die direkten Sinneseindrücke der täglichen Erfahrung als nicht richtig begriffen. Heute ringen wir um ein Verständnis von Raum und Zeit jenseits der gemütlichen Dreierdimensionalität und dem bequemen Anfang und Ende von Zeitläufen. Auch heute ist es langwierig und schmerzhaft, diese begriffliche Geborgenheit zu verlassen.

Für die anthropische Sinnfrage ist die Vielweltenhypothese enttäuschend. Die besondere Eigenart unseres Universums verschwindet in der Vielzahl der die gesamte physikalische Wirklichkeit ausmachenden anderen Universen. Die Vielweltenhypothese bettet unser Universum in eine Vielzahl anderer Universen ein und nimmt ihm dabei Anfang, Ende und Einzigartigkeit. Wiederum werden wir auf einen durchschnittlichen Standort in der Welt schlechthin verwiesen. Die Sinnfrage im Zusammenhang anthropischer Feinabstimmung steht jedoch in einer Linie geistesgeschichtlicher Entwicklung, die mit Kopernikus begonnen hat. Der planetare Wohnort des Menschen ist nicht der Mittelpunkt des Universums. Seit Darwin ist die menschliche Existenz als Durchgangsstadium erkannt. Eine lange Kette von Evolutionsschritten treibt eine mögliche kosmische Lebensform in ihre unbestimmbare Zukunft. Die Psychoanalyse lehrte dieser Lebensform, dass sie nicht einmal Herr im Haus des eigenen Gefühls- und Trieblebens ist, sondern von dunklen Mächten ihres Innenlebens in fast unbeeinflussbarer Weise gesteuert wird. Die kosmologische Vielweltenhypothese raubt der irdischen Lebensform Mensch die ausgezeichnete Rolle im Gesamtverband der möglichen Universen. Ein subjektiver Auswahleffekt, sagt Kanitscheider, spiegelt uns lediglich über die Feinabstimmung eine besondere Bedeutungshaftigkeit unseres Universum vor. Daraus ist sicher keine metaphysische, auf Transzendenz zielende These über den Sinn und über die Rolle unseres Universum ableitbar.

Zwei Dinge können ohne Einschränkung gesagt werden: Unsere menschlichen Kategorien, mit denen wir lokal im Sonnensystem, in der Milchstraße, Raum und Zeit einteilen, sind nicht auf den gesamten Kosmos übertragbar. Sie sind nicht übertragbar auf die außermenschliche Realität. Die kosmische Durchschnittlichkeit unseres Ortes gilt für das gesamte Universum im Rahmen der Gesamtheit aller möglichen Universen. Solche entscheidenden Sachverhalte, bei der Suche nach dem Sinn hinter dem Universum, müssen den Menschen zur Bescheidenheit führen.

Sinnfragen sind Erscheinungen, die im Universum zu späten Zeiten auftreten, dann nämlich, wenn nachdenkende Lebensformen auftauchen, die sich Ziele setzen und im Verlaufe ihres endlichen Daseins deren Durchsetzung oder deren Scheitern erfahren. Am physikalischen Kosmos lässt sich keine wie immer geartete objektive Bedeutungshaftigkeit festmachen. Die Suche nach einem solchen Sinn verhilft allerdings den Menschen zu entscheidenden Einsichten über seine Stellung im Kosmos.

Scheinbar unlösbare Fragen

Gibt es besondere wissenschaftliche Themen und Probleme, deren Lösung grundsätzlich nicht im Bereich der Wissenschaft liegt? So fragt Nicholas Rescher, ein Philosoph und Wissenschaftstheoretiker. Wir wollen seinen Überlegungen hierzu ein Stück folgen. In der Wissenschaft sind stets ungelöste Fragen vorhanden; immer lassen sich Fragen finden, auf die es keine Antwort gibt. Es sind Fragen, denen die Wissenschaft zur Zeit nicht gewachsen ist, da unser Wissen niemals und in keinem Stadium vollendet ist. Diese Situation heißt die schwache Begrenzung des Wissenschaftshorizonts. Wissenschaft ist fortdauernd unvollständig, denn als ein nicht geschlossenes Fragensystem benötigt Wissenschaft einen offenen Forschungshorizont. Mit den Fragen nach dem Anfang des Universums sind wir an einer wissenschaftlichen Horizontlinie angekommen.

Die starke Begrenzung des Wissenschaftshorizontes macht die Aussage: Es existieren für uns unlösbare Probleme. Es gibt Fragen, die in jedem Stadium des Wissenschaftsfortschrittes unbeantwortbar sind. Das mündet in die Feststellung der Existenz von unsterblichen Fragen. Gewisse Fragen sollen also über unser Erklärungspotential hinausgehen und innerhalb jedweden Wissenssystems keine Lösung zulassen. Der Existenznachweis jedoch von prinzipiell unlösbaren Fragen ist uns grundsätzlich nicht möglich. Denn der Gewissheitshorizont der Wissenschaft ist stets offen. Wissenschaft lebt also mit einem offenen, nicht abschließbaren Wissenshorizont. Die Würde des Menschen besteht darin, mit unlösbaren Fragen leben zu müssen und leben zu können; das haben wir schon einmal angedeutet. Nur Religionen liefern einen Ausweg in solchen Situationen. Sie nämlich begründen Moral, beantworten die Sinnfrage und geben Hoffnung; sie machen in der Welt heimisch. Wir suchen nach anderen Wegen.

Beispiele von angeblich unlösbaren wissenschaftlichen Frage sind: Warum ist überhaupt etwas und nicht vielmehr nichts? Warum gibt es überhaupt physikalische Dinge? Warum existiert überhaupt ein Etwas? Diese Fragen heißen in der philosophischen Tradition letzte Fragen. Es sind globale, allumfassende Fragestellungen. Eine Antwort nach dem üblichen Verfahren, eine Sache mit einer anderen erklären zu wollen, ist nicht möglich. Die erste Sache ist so weit ausgedehnt, dass sie augenblicklich die andere umfasst und verschlingt. Die gewöhnliche Form der Erklärung, der Erklärungsprozess selbst, wird zirkulär. Anzunehmen ist außerdem, dass solche letzten Fragen sich weniger auf Forschungsinhalte beziehen als vielmehr auf Voraussetzungen von Wissenschaft.

Zur Erklärung von Existenz in solchen letzten Fragen sind vier verschiedene Arten von Antworten möglich:

– Es sind illegitime und unpassende Fragen. Solch eine Lösung stellt eine letzte Zuflucht dar, welche die Frage umgeht. Andererseits sind in der Naturwissenschaft nur bestimmte Fragen erlaubt; so sind Sinnfragen ausgeschlossen.

– Es sind legitime Fragen, aber unbeantwortbar; ein nichthinterfragbares Geheimnis steht uns gegenüber. Eine solche Lösung scheint nicht besonders anziehend zu sein, denn das Zurückgreifen auf irgendwelche Geheimnisse hemmt jede weitere Beschäftigung.

– Es sind legitime und beantwortbare Fragen. Inhaltlich beantwortbar mit Hilfe eines Etwas, das Ursprung seiner selbst ist und gleichzeitig die Wirkursache von allem anderen. Wir laufen damit in die Schwierigkeit einer Selbstsuggestion hinein, die sich als Glaube an ein ewig Seiendes von wissenschaftlichen Fragen verabschiedet.

– Es sind legitime Fragen und beantwortbar auf einem Weg, der auf irgendein kreatives Prinzip hinausläuft. Ein solches Prinzip hat keine Grundlage in einem vorher existierenden Ding.

In der westlichen Philosophie ist ein Grundgedanke tief verwurzelt: Dinge können nur aus Dingen hervorgehen. Von nichts kommt nichts; kein Ding kann aus einem dinglosen Zustand entstehen. Geben wir diese Behauptung auf, haben wir ungeheuren Freiraum gewonnen. Viele physikalische Prozesse der Quantenmechanik rechtfertigen eine solche Aufgabe. Substanz muss nicht unvermeidlich aus Substanz hervorgehen.

Es gibt keinen ersichtlichen Grund, warum eine Existenztatsache nicht in einer nichtexistenzhaltigen Tatsache gründen kann. Das heißt aber, die kreative Wirksamkeit von Prinzipien ist als Erklärung von Existenz möglich. Mit der letzten Lösung stehen wir wieder bei den wissenschaftlichen Lösungsansätzen, mit denen die Kosmologie den letzten Fragen beizukommen versucht. Das Universum begründet sich und schafft sich selbst. Eine Idee, die Hawking und viele andere Forscher verfolgen und der auch der Autor anhängt.

Die allgemeine Zulässigkeit eines solchen Erklärungsansatzes liegt ebenfalls in der Undurchführbarkeit des Nachweises, dass es unlösbare Probleme gibt. Denn jeder Anspruch ist anfechtbar, der unlösbare Probleme dadurch nachzuweisen versucht, Fragen von hier und jetzt als Fragen unlösbarer Probleme auszugeben. Um ein unlösbares Problem nachzuweisen, müsste man Folgendes zeigen können: Eine wissenschaftliche Frage ist solcher Art, dass ihre Lösung jenseits jedes Leistungsstandes zukünftiger Wissenschaft liegt. Das ist unmöglich.

Die Theorie von der Entstehung des Kosmos und seiner letztendlichen Begründung liegt in den Gleichungen beschlossen, die sich auch zum Zeitpunkt Null als widerspruchsfrei erweisen. Um zu diesem Ziel zu gelangen, sind von der Wissenschaft heute schon wesentliche Ansätze erarbeitet worden. Mit Rescher können wir sagen, die Wissenschaft ist zwar immer beschränkt und kann niemals alle ihre Probleme lösen, es gibt für sie aber keine Grenzen. Es gibt keine wissenschaftlich vertretbaren Fragen, welche die Wissenschaft prinzipiell nicht lösen kann und daher auch in Zukunft nicht lösen könnte. Probleme, unlösbare Fragen haben keinen Platz in der wissenschaftlichen Forschung.

Offene Horizonte

Die Frage nach der Entstehung und Entwicklung des Universums, seiner räumlichen und zeitlichen Struktur gehört zur exakten Naturwissenschaft; andererseits berührt dort die Philosophie mit letzten Fragen ein Grenzgebiet. Die Diskussion unserer Denk- und Fragemöglichkeiten machte deutlich, wie schwer es ist, zu erklären und zu begründen, warum die Welt gerade so ist, wie sie ist. Anfangsbedingungen und Gesetze sind widerspruchsfrei zu finden. Die Theorie wissenschaftlichen Erklärens baut stets auf irgendwelchen Grundannahmen auf, die unerklärt vorausgesetzt werden müssen. Diese Grundannahmen immer enger zu fassen, dazu sind nur astronomische Beobachtung *(49)* und physikalisches Experiment in der Lage. Strahlungsströme der kosmischen Hintergrundstrahlung, Galaxienverteilungen, Galaxien selbst sind individuelle Dinge des Kosmos, deren Ursprung, Fortdauer und Aufbau eine Erklärung fordern. Das Universum ist die Gesamtheit der Dinge, die in ihm enthalten sind. Diese Gesamtheit kann als Ganzes nur verstanden werden, wenn wir die Bausteine des Ganzen begreifen. Zurück zur Beobachtung!

Himmlische Entdeckungen haben sich in den letzten Jahrzehnten gehäuft und liegen auch derzeit in der Luft. So sagt man und dennoch sind sie nicht vorhersagbar. Immer stehen jedoch astronomische Entdeckungen im Zusammenhang mit der Anwendung neuer technischer Beobachtungskonzepte und Beobachtungsverfahren. Auch sind sie verknüpft mit dem Forschungsstand von Physik, Mathematik und der Schnelligkeit und Größe von Rechnersystemen. Die befruchtende Wechselwirkung zwischen naturwissenschaftlichen Disziplinen darf ebenfalls nicht vergessen werden. Steigerung von Auflösung, Lichtempfindlichkeit und Erschließung neuer Wellenlängenbereiche sind Schlüsselbegriffe, wenn über Neuentdeckungen und Entwicklungsrichtungen der Astronomie im anbrechenden Jahrhundert nachgedacht wird.

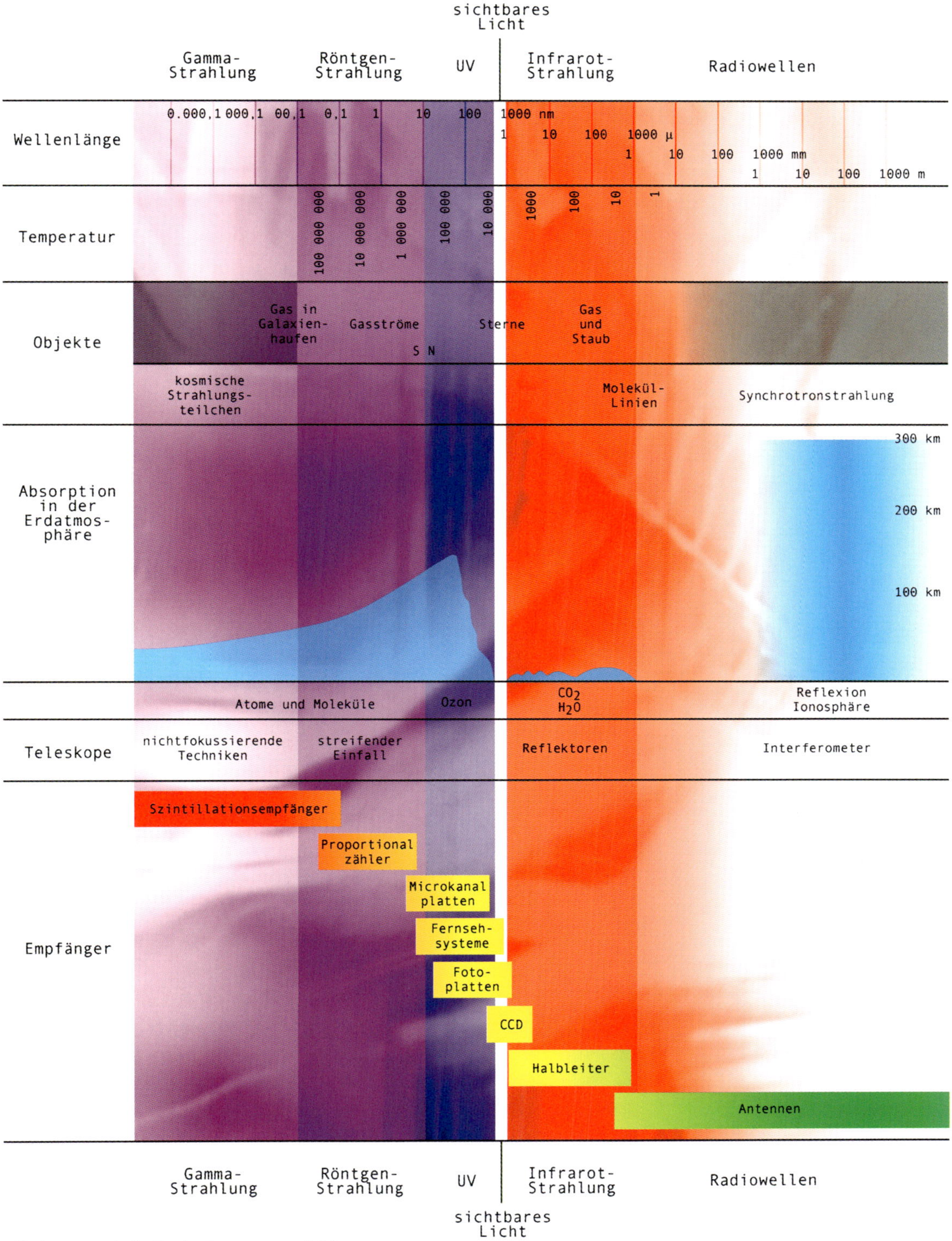

49 Astronomische Beobachtungen und Messungen als Funktion der Beobachtungswellenlänge. Nur mit den unterschiedlichsten Messgeräten kann das gesamte elektromagnetische Spektrum erfasst werden

Die Astronomie kann nur beobachten, was angeboten wird. Das Angebot erhält sie über die elektromagnetischen Wellen, die auf der Erdoberfläche oder in naher Erdumgebung empfangen werden, gelegentlich auch von auf die Erde gefallenen Gesteinsbrocken – Meteoriten – und noch viel seltener über Gesteinsproben, die Messsonden auf anderen Mond- oder Planetenoberflächen untersuchen oder zur Erde zurückbrachten. Messsonden in Erdumlaufbahnen oder im interplanetaren Raum sind zunächst Sammelstationen für elektromagnetische Strahlung, dann aber Relaisstationen für die Übermittlung dieser empfangenen Informationen zur Erde. Die kosmische Strahlung, eine Partikelstrahlung aus Elementarteilchen bestehend, ist das dritte Beobachtungsangebot, das irdischen Beobachtern gemacht wird.

Aus der Fülle dieser Beobachtungen versucht der Astronom Erkenntnisse über den räumlichen Aufbau und die zeitliche Entwicklung des Kosmos und seiner Bestandteile zu ziehen. Das Erkennen von kausalen Zusammenhängen zwischen den beobachteten Erscheinungen und das Auffinden von Gesetzmäßigkeiten führen zur Aufstellung von Theorien, in denen die räumlichen und zeitlichen Ereignisse miteinander logisch verknüpft werden. Jede Theorie enthält somit ein sie erfüllendes Modell.

Der Astronomie ist es versagt, mit der Natur Experimente durchzuführen, um Aussagen astronomischer Theorien im Rahmen eines Modells zu überprüfen. Jede astronomische Beobachtung ist daher zunächst das Festhalten eines einmaligen Naturereignisses. Jede Beobachtung kann somit verstanden werden als Aufzeichnung eines Experiments, das die Natur selbst anstellt, auf das wir als Astronomen aber keinen Einfluss haben. Für den Nachteil, keine Experimente durchführen zu können, entschädigt die Natur den Astronomen auf andere Art: Er kann kosmische Objekte in verschiedenen Entwicklungsstufen beobachten. Wir sehen ganz junge Sterne, wir sehen alte Sterne, wir sehen Sternreste, die gerade eine Explosionsstörung hinter sich haben. Die Vielfalt der beobachtbaren kosmischen Objekte verschiedenen Alters bildet den natürlichen „Experimentezoo" der Natur.

Das Erfinden einer praktikablen Theorie, das Einpassen möglichst vieler Messgrößen in diese Theorie, die Änderung der Theorie, wenn beobachtete Messgrößen nicht stimmig sind – dies führt schließlich zu dem Modell, das kosmische Phänomene erklärt. Mit solchen Modellen versucht die Astrophysik durch Voraussagen, Verallgemeinerungen und Folgerungen aus gegebenen Sachverhalten die Natur des gesamten Kosmos geistig zu durchdringen. Die Werkzeuge für die Theorien sind für den Astronomen die in den irdischen Laboratorien gefundenen Naturgesetze. Ein einziges Naturgesetz wurde bisher aus dem Kosmos abgeleitet: Es ist das Newton'sche Gravitationsgesetz. Die in den irdischen Laboratorien experimentell gefundenen und bestätigten Naturgesetze, ihre allgemeine Gültigkeit und ihre Unveränderlichkeit in Raum und Zeit sind die Voraussetzungen für astrophysikalische Forschung. Viele im Labor gefundenen Naturgesetze wurden im Kosmos bestätigt.

Die elektromagnetischen Wellen, die astronomische Beobachtungen ermöglichen, können durch sechs Parameter beschrieben werden. Die Parameter enthalten Informationen sowohl über das beobachtete astronomische Objekt als auch über die Veränderungen der elektromagnetischen Strahlung auf ihrem Weg von der Quelle zum Empfänger. Die sechs Parameter sind

Erstens: Der spektrale Bereich, in dem die Beobachtung gemacht wurde; wir sprechen zum Beispiel von Radio- oder Röntgenastronomie.

Zweitens: Die spektrale Auflösung; sie gibt an, wie stark die Intensivitätsverteilung bei verschiedenen Wellenlängen von einem Messinstrument auseinander gezogen werden kann.

Drittens: Die erreichte Winkelauflösung, das heißt die Genauigkeit der Richtung, aus der die Welle ankommt; dadurch wird die Position der

Quelle in der Himmelssphäre festgelegt oder die räumliche Struktur von Quellen aufgeschlüsselt.

Viertens: Die zeitliche Auflösung; hier werden zum Beispiel Helligkeitsschwankungen eines Sterns festgelegt.

Fünftens: Die Schwingungsrichtung der elektromagnetischen Welle; die Schwingungsrichtung erhält Informationen über die Entstehungsmechanismen der Strahlung.

Sechstens: Die absolute Intensität der Strahlung; nur wenn die Objektentfernung zugänglich ist, kann die Größe der Energieumsetzung und Abstrahlung des kosmischen Objekts bestimmt werden.

Sind uns diese sechs Parameter bekannt, so ist die elektromagnetische Strahlung eines astronomischen Objektes vollständig beschrieben, und wir besitzen das Handwerkszeug, Angaben über die Zustandsgrößen des kosmischen Objekts zu machen. Immer wenn es den Astronomen gelang, in diesem Parameterraum einen neuen Wellenlängenbereich zu erschließen oder zu einer neuen Größenordnung in den Messempfindlichkeiten vorzustoßen oder überhaupt einen dieser Parameter genauer zu erfassen, dann wurden neue Entdeckungen gemacht. Als Friedrich Wilhelm Bessel 1838 die Parallaxe des Sterns 61 Cygni bestimmte, musste er die Sternposition mit einer Genauigkeit beobachten, die sich in Bruchteilen einer Bogensekunde bemaß. Er steigerte seine Messgenauigkeit gegenüber den Zeitgenossen um einen Faktor 10 mit einem von Fraunhofer gelieferten Teleskop und fand für die Parallaxe 0,3136 Bogensekunden. Zwei Jahre später revidierte er den Wert auf 0,3483 Bogensekunden; der heutige Wert liegt bei 0,292 Bogensekunden.

Die Verbesserung des Winkelauflösungsvermögens führte zur ersten geometrischen Entfernungsbestimmung eines Sterns. Die Astronomie, zunächst in der Messkunst die Wissenschaft der kleinen Zahlen, benützt die kleinen Zahlen, um über ein Modell zu den großen Zahlen vorzustoßen.

Gelingt es der Messtechnik, die Genauigkeit um eine weitere Größenordnung zu steigern, den Fehlerbereich von einem Zehntel auf ein Hundertstel oder gar auf ein Tausendstel weiterzutreiben, dann brechen Theorien zusammen oder müssen zumindest erweitert und abgeändert werden. Astronomisches Neuland liegt immer hinter der letzten Stelle nach dem Komma. Die Modelle können dann mit jedem Weiterrücken der Messbereiche detailreicher gestaltet werden.

Die kleinen Zahlen der Messungen, das Weitertreiben der Genauigkeit hinter die letzten Kommastellen bringen plötzlich den Kosmos der großen Zahlen, den Anfang des Universums, die Massen der Galaxien oder die bildhafte Auflösung von Planetenoberflächen näher.

Jeder Blick in die Tiefen des Kosmos hinein ist ein Blick in die Zeit zurück, bei immer schwächer werdenden Lichtintensitäten. Astronomische Forschung muss daher, wenn sie die Tiefen des Weltalls erreichen will, stets versuchen, immer lichtschwächere Objekte zu registrieren. Dies gelingt durch Vergrößerung der Sammelflächen für elektromagnetische Strahlung, also größere Teleskope, und durch den Einsatz empfindlicherer Registriergeräte.

Die Erdatmosphäre lässt nur einen begrenzten Teil des elektromagnetischen Spektrums ungehindert passieren. Die Überwindung dieses Filters mit Hilfe von hochfliegenden Ballonen, Raketen oder Satelliten erschloss der Astronomie ganz neue spektrale Beobachtungsfenster. In allen diesen Fenstern wurden die Astronomen fündig und entdeckten neue Klassen kosmischer Objekte. Durch das Hinzufügen dieser neuen Informationskanäle zu den schon vom Erdboden aus genutzten konnte auch oft die Kenntnis über schon lange bekannte astronomische Objektgruppen entscheidend erweitert werden. Noch nie waren die Beobachtungshorizonte der Astronomie so vielversprechend und vollständig geöffnet wie zu Beginn des neuen Jahrhunderts.

Astronomie im neuen Jahrhundert

Ein Aspekt für die Stärke der Forschungsintensität in einem Fach sind die finanziellen und personellen Ressourcen, welche die Gesellschaft bereit ist zur Verfügung zu stellen. Die großen Geräte der Astronomie, seien es Teleskope oder Raumsonden, sind extrem teuer und nicht in beliebiger Anzahl vermehrbar. Auch wird aus bestimmten Bevölkerungsgruppen nur ein kleiner Prozentsatz an Menschen geeignet und gewillt sein, Sternforschung zu betreiben, und auch hier ist die Finanzierung dieser Forscher Voraussetzung für ihre Arbeit. Die Zahl der Astronomen weltweit, die beruflich in einer Dauerstellung auf diesem Wissenschaftsfeld forschen, liegt heute bei etwa zehntausend Personen, Randbereiche mit eingeschlossen. Um das Jahr 1900 zählte man rund zweihundert Fachastronomen, wesentlich auf Europa und Nordamerika konzentriert. Von 1900 bis zum Jahr 2000 nahm die gesamte Teleskopfläche um den Faktor 100 zu. Astronomen bemessen die Größe eines Teleskops nach dessen Spiegelgröße; so spricht man zum Beispiel von Einmeter-, Viermeter- oder Zehnmeter-Teleskopen. Teleskopfläche kann hier als eigentliche Werkzeugfläche angesehen werden, nämlich als Spiegel- oder Linsenfläche, über die der Kosmos beobachtet wird; absolut gesehen stehen heute wissenschaftlich rund fünftausend Quadratmeter Beobachtungsfläche im optischen Spektralbereich zur Verfügung.

Nahezu parallel zur Zunahme der Spiegelfläche verlief die Zunahme der Astronomen, wenn man die Mitgliederzahl in der Internationalen Astronomischen Union hierfür als Maßeinheit nimmt. Dies bedeutet aber, dass die zur Verfügung stehende Beobachtungszeit pro Astronom und Teleskopfläche sich in den letzten hundert Jahren nicht wesentlich verändert hat. Nur in der Radioastronomie wird die zur Verfügung stehende Beobachtungsfläche um Größenordnungen übertroffen. Das liegt in der Natur der großen Radioteleskope. In allen anderen Wellenlängengebieten liegt die astronomische Arbeitsfläche unter hundert Quadratmetern.

Die kosmischen Objekte im neuen Jahrhundert werden unabhängig von Art und Entfernung in immer größerem Umfang multispektral untersucht. Nicht das Bild in einer Wellenlänge wird die kosmischen Objekte charakterisieren, sondern die synoptische Zusammenschau aller Wellenlängenformationen – und natürlich Intensitäts- und Polarisationsinformationen ebenso – wird in die Modellbildung eingehen. Die astrophysikalischen Modelle – und die bei noch unzureichend vorliegenden Informationen sogenannten kosmischen Szenarien – sind dann vollständige Abbildungen der beobachteten kosmischen Wirklichkeit.

Eine unendliche Anzahl von Objekten, Galaxien und Einzelsternen macht die Astronomie zur Wissenschaft der großen Zahlen. Die großen Zahlen der dabei anfallenden Datenmengen helfen Großrechenanlagen zu verarbeiten. Die Beobachtung liefert kleine und kleinste Zahlen: Winkelmessungen, Intensitätsverhältnisse, Wellenlängenauflösung. In diesen kleinen Zahlen versteckt sind die anderen großen Zahlen der Entfernungen, der Massen, der Geschwindigkeiten und chemischen Häufigkeiten der Elemente. In den Großrechnern können mit Hilfe der beobachteten Datensätze und der Theorien astrophysikalische Modelle durchgespielt werden, die im Zeitraffer kosmische Entwicklungen ablaufen lassen. Der Astronom erhält dadurch eine Art nummerisches Observatorium, das ihm erlaubt zu experimentieren. Im Rahmen der Modelle ist es möglich, neue Fragen an die Natur zu stellen. Mit ergänzenden Beobachtungen können auf diese Art Modelle erweitert, abgeändert oder verworfen werden. Die mit den Großrechnern möglich gewordenen nummerischen Observatorien entsprechen letztendlich den Armillasphären des 15. Jahrhunderts, mit denen Mond-, Planeten- und Sonnenlauf modellhaft nachgebildet wurden.

Neue Technologien im Teleskop- und im Empfängerbau steigern Empfindlichkeit und

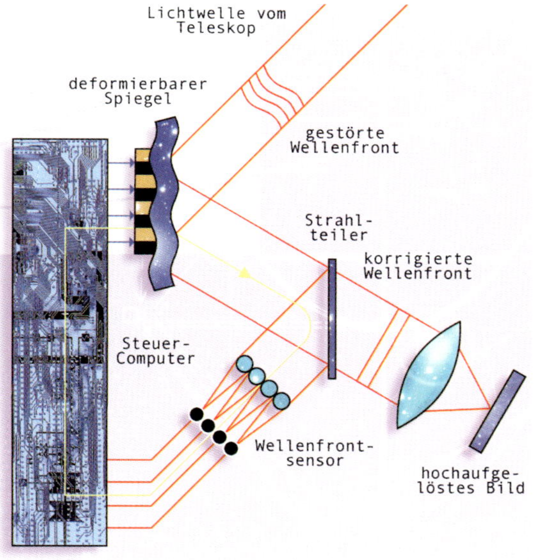

50 Messprinzip moderner, sich selbst korrigierender Spiegelteleskope. Die durch die Turbulenz der Erdatmosphäre gestörte Wellenfront des Sternlichtes wird durch entsprechende Verformung des Spiegels ausgeglichen

Auflösung und tragen dazu bei, die kosmischen Beobachtungsgrenzen in Raum und Zeit weiter hinauszuschieben. Wichtige Beispiele sind hierbei die anpassungsfähigen Optiken *(50)* der Großteleskope etwa ab vier Metern Spiegeldurchmesser. Durch die Turbulenz der Erdatmosphäre, die alle Bilder verwischt, sind die Beobachtungen auch mit Großfernrohren auf rund eine Bogensekunde Auflösung begrenzt. Das Weltraumteleskop außerhalb der Erdatmosphäre hat eine Auflösung von einer Zehntel Bogensekunde. Mit der Hilfe der anpassungsfähigen Optiken lässt sich jedoch die Auflösung auch bodengebundener Teleskope steigern. Das Grundprinzip dabei ist, die durch die Erdatmosphäre verformte Wellenfront eines kosmischen Objekts beim Teleskopeintritt hinsichtlich ihrer Verformung mit Hilfe eines schnellen Rechners zu analysieren und damit ein Stützensystem für die anpassungsfähige Spiegelfläche zu steuern. Das Stützensystem des Spiegels verformt diesen so, dass die Wellenstörungen ausgeglichen werden. Das Bild des kosmischen Objekts wird scharfgestellt. Zusätzlich wird der Spiegel selbst, unabhängig von der Teleskopstellung, in optimaler Form gehalten. Voraussetzung für dieses Verfahren sind dünne, deformierbare Großspiegel, die heute hergestellt werden können.

Die Empfängertechnik steht ebenfalls mit der Verkleinerung der Einzelbildelemente, der pixel, bei elektronischen Kameras vor gewaltigen Entwicklungssprüngen hinsichtlich Auflösung und Empfindlichkeit. Nahezu alle Wellenlängenbereiche können heute schon mit elektronischen Kameras abgedeckt werden. Die Detektorempfindlichkeit steigerte sich in den letzten Jahren um einen Faktor 1000 und hat ihre Grenzen noch nicht erreicht.

Die Bündelung von Teleskopen über Strahlungsleiter wie zum Beispiel die Glasfaser, das heißt das interferometrische Zusammenschalten von Teleskopen im optischen, infraroten oder Radiobereich, wird ebenfalls Auflösung und Empfindlichkeit steigern. Interferometrisches Zusammenschalten von Teleskopen bedeutet die Überlagerung der Wellenfronten, die in den beiden Teleskopen empfangen werden. Da die Bildauflösung dem Abstand der Teleskope, der Basislänge, proportional ist, können so Auflösungsvermögen im tausendstel Bogensekundenbereich erzielt werden. Die Großteleskope der Europäischen Südsternwarte sind für solch ein Bilderzeugungsverfahren mit ihren Zusatzgeräten ausgelegt. Das für 2050 geplante europäische Hundert-Meter-Teleskop wird eine Blickreichweite in die Tiefe des Kosmos, also in die Zeit zurück, von einem Viertel des Weltalters besitzen. Es wird um eine Größenordnung mehr leisten können als das für 2010 geplante Acht-Meter-Weltraumteleskop, mit dem das derzeitige Hubble-Weltraumteleskop ersetzt werden soll.

Die Kombination von Erd- und Weltraumteleskopen wird die Basislängen bei der Interferometrie spielend vertausendfachen. Interkontinentale Interferometrie wird ergänzt werden durch Erde-Weltraum-Interferometrie.

Nach der Stationierung von Mondteleskopen ist eine weitere Basislängen-Erweiterung möglich.

Der Mond als Beobachtungsplattform ist ideal. Ohne Atmosphäre und elektrisch leitende Atmosphärenschichten, das ist für die Radioastronomen wichtig, sind alle Wellenlängen zugänglich. Die geringe Schwerkraft auf der Mondoberfläche erlaubt eine Leichtbauweise für astronomische Großteleskope. Die gebundene Mondrotation – die Mondrückseite ist stets erdabgewandt – macht die Mondrückseite als Dauerbeobachtungsplatz geeignet. Die Mondoberfläche ist außerdem ideal für die Empfängereinrichtungen von Gravitationswellen. Auch hier wird bei großen Basislängen auf erschütterungsfreiem Boden – Mondbeben sind selten – die Gravitationswellenastronomie ideal aufgehoben sein.

Astronomische Grundlagenforschung hinsichtlich Position, Eigenbewegung und Entfernung der Sterne hat ihre große Zukunft ausschließlich im Weltraum und auf dem Mond. Astrometrische Entfernungsbestimmung als Grundlage für die Festlegung stellarer Zustandsgrößen wird ausschließlich extraterrestrisch arbeiten. Natürlich werden auch die Teleskopplattformen auf Zeppelinen, stationiert über Nord- und Südpol, in der jeweiligen Polarnacht in Konkurrenz zur Satellitenastronomie treten.

Eine ganz neue Dimension von Datensammlungen ergibt sich durch den Einsatz vollautomatischer digitaler Himmelsdurchmusterungen. Der erste Sternkatalog, etwa 140 vor unserer Zeitrechnung von Hipparkos erstellt, enthielt 850 Sterne. Dreihundert Jahre später listete Ptolemäus in seiner Zusammenstellung 1027 Sterne nach Positionen geordnet auf. Die große Himmelsdurchmusterung der Bonner Sternwarte, durchgeführt von 1852 bis 1856, verzeichnete für den nördlichen Sternenhimmel 324.198 Sterne bis zu einer Helligkeit von 9,5ter Größe. Die Fortsetzung für den Südhimmel lieferte nochmals ein Katalogwerk mit 747.612 Sternen bis 10ter Größe. Diese Sterne wurden einzeln am Fernrohr eingemessen.

Die Astronomen sprechen von Himmelsdurchmusterungen, wenn bis zu einer bestimmten Grenzhelligkeit möglichst vollständig alle oder bestimmte Himmelsobjekte in Position und Helligkeit erfasst werden. Ähnlich einer Volkszählung sind diese Durchmusterungen Bestandsaufnahmen kosmischer Objekte. Sie bilden die Grundlage für Untersuchungen zur Verteilung und Entwicklung der Materie im All. In heutigen Katalogen taucht nur ein Teil aller mit heutigen instrumentellen Mitteln erfassten kosmischen Objekte auf. Die 1950 begonnene und 1970 abgeschlossene fotografische Himmelsdurchmusterung mit großen Teleskopen auf der Nord- und der Südhalbkugel hat auf den Fotoplatten rund fünfhundert Millionen Sterne und zwanzig Millionen Galaxien registriert. Fast alle Objekte blieben anonym und nummernlos. Ihre genauere physikalische Natur ist uns unbekannt.

Neue Technologien schaffen hier Abhilfe. Um die Anzahl der anonymen kosmischen Objekte zu verringern und so unseren Blick in das Universum zu schärfen und zu erweitern, wurde vor einigen Jahren die größte Himmelsdurchmusterung geplant, die je in Angriff genommen wurde. Das dafür nötige Teleskop, ausgestattet mit einem Zweieinhalb-Meter-Spiegel, steht in New Mexiko in den USA und wird von der Alfred-Sloan-Wissenschaftsstiftung finanziert. Auf hundertvierzig Millionen Mark belaufen sich die Gesamtkosten für die Entwicklung und fünfjährige Beobachtungskampagne. Bei diesem Unternehmen handelt es sich nicht um eine fotografische Durchmusterung des Himmels, bei der die Sterne oder die Sternsysteme auf der Fotoplatte zwar eingefangen werden, aber immer noch anonym bleiben, sondern um eine digitale Himmelsdurchmusterung.

Die erste digitale Durchmusterung des Universums benutzt als Lichtempfänger vierundfünfzig Halbleiterzellen mit je vier Millionen Bildpunkten, von denen die Lichtinformation über Großrechner abgerufen werden kann. Damit ist direkt Position und Helligkeit von

Stern, Galaxie oder Quasar festgelegt, nummerierbar, speicherbar und somit direkt bearbeitbar geworden. Mit einem Schlag kann ein 15 Grad großes Bildfeld in fünf verschiedenen Spektralfarben gleichzeitig abgetastet werden. Die Empfindlichkeit ist hundert mal größer als bei den alten fotografischen Durchmusterungen. Zweihundert Gigabyte Daten pro Nacht werden hierbei erzeugt. Der so entstehende Katalog wird nie zu Papier werden. Die Datenmenge erlaubt nur eine elektronische Speicherung. Innerhalb von fünf Jahren werden hundert Millionen Himmelsobjekte aller Art einzeln erfasst. Abgesehen von den Sternen, liegen dann für fünfzig Millionen Galaxien und hunderttausend Quasare genaue Messdaten vor. Am selben Teleskop werden sich auch für rund eine Million Objekte Spektren aufnehmen lassen, aus denen Geschwindigkeiten abgeleitet werden können. Positionen und die in Entfernungen umgerechneten Geschwindigkeiten erlauben das Zeichnen einer dreidimensionalen Kosmoskarte der Materieverteilung. Die Reichweite dieser Kartierung beträgt anderthalb Milliarden Lichtjahre. Die digitale Himmelsdurchmusterung wird sicher zum Schlüssel für ein tieferes Verständnis der kosmischen Entwicklung werden.

Auf der Erde stationierte Teleskope lassen sich leicht warten. Weltraumteleskope sind kostenintensiver, haben jedoch einen All-Wellenzugang. Bei optischen Wellenlängen lässt sich heute noch nicht entscheiden, welche Stationierungsart – Erde oder Weltraum – günstiger ist. Wartung und Neuinstallation von Zusatzgeräten sind im Weltraum nur mit großem Aufwand möglich. Keine Alternative gibt es natürlich für die Spektralbereiche, die vom Erdboden aus unzugänglich sind, etwa die Ultraviolett-, Röntgen- oder Infrarotwellenlängen.

Im Infraroten ist Weltraumastronomie notwendig, weil die Erdatmosphäre nur für sehr begrenzte Bereiche dieser Wellenlänge Durchlässigkeitsfenster besitzt. Künftige Großteleskope im Weltraum werden bis zu tausend Quadratmeter große Leichtspiegel besitzen. Auf kohlefaserverstärkten Trägerstrukturen werden Membranspiegel von wenigen Millimetern Dicke als Lichtsammelfläche arbeiten. Bei geringster Schwerkraft, keinem Windstrom ausgesetzt, gekühlt von flüssigem Helium sind sie die Garanten für neue Entdeckungen. Die nächsten Jahrzehnte werden vermutlich ohnehin als die Dekade der Infrarotastronomie bezeichnet werden, im Wellenlängebereich von einem bis hundert Mikrometer. Infrarotstrahlung hat jetzt erst in der Detektorentwicklung den Anschluss an die übrige Astronomie erreicht. Infrarotastronomie ist für alle Aspekte der Astronomie aufgrund von vier Fakten wichtig, wobei sowohl vom kosmologischen Standpunkt aus als auch von der Physik des Einzelsterns und des interstellaren Mediums entscheidende Beiträge zu erwarten sind. Wichtige Atome und Moleküle strahlen maximal im Infraroten. Wichtig bedeutet hinsichtlich der kosmischen Häufigkeit – molekularer Wasserstoff – oder als Spurenelement oder Indikator für astrophysikalische Prozesse. Die breiten Absorptionsbänder von Molekülen sind hierbei interessant.

Der interstellare Staub strahlt maximal bei Wellenlängen größer als ein Mikrometer. Wer also die Stern- und Planetenentstehungsgebiete untersucht, muss im Infraroten seine Messungen durchführen. Der Großteil einer Galaxienmasse sitzt in kühlen Sternen mit Strahlungsmaxima von einem bis zehn Mikrometer. Massenverteilung in Sternensystemen wird also über die Infrarotstrahlung zugänglich. Kühle Sterne bilden das Gros von Sternpopulationen, sie sind der zahlreiche schwach strahlende Massenanteil. Hier könnten sich möglicherweise Übergänge zur Fragestellung nach der kosmischen Dunkelmaterie ergeben.

Die kosmische Expansion, die Rotverschiebung, bewegt die Ultraviolettstrahlung entfernter Galaxien in den Infrarotbereich. Da Sternentstehungsgebiete maximal im Ultravioletten strahlen, enthält die Infrarotstrahlung Informationen über die Anfangszustände der Galaxien. Wenn wir etwas über Galaxienentwicklung herausbekommen wollen, dann müssen die Beobachtungen mit Infrarotteleskopen durchgeführt werden.

Unvorhergesehenes lässt sich nicht vorher erkennen; zumindest können wir uns aber dort beobachtungsmäßig einrichten, wo die Wahrscheinlichkeit für Neues am größten ist. Unvorhergesehenes im Kosmos tut sich auf, wenn zu schwächeren Objekten vorgestoßen wird, wenn die Stichproben größer werden und wenn sich zeitliche und räumliche Auflösung steigern lässt. Von den neuen spektralen Fenstern haben wir schon gesprochen.

Beträchtliche technische Neuerungen in der beobachtenden Astronomie zogen stets wichtige Entdeckungen nach sich. Galilei's Fernrohr von 1609 oder Jansky's Radiowellen-Empfangsantenne von 1931 stellen solche Schritte dar. Auf den Einsatz einer vollkommen neuen Technik in der Astronomie folgen grundlegende Entdeckungen in geringem zeitlichen Abstand. Kaum begann der erste Messsatellit für Röntgenstrahlung seine Arbeit, als auch schon eine Vielzahl von Röntgendoppelsternen registriert wurde. Oft sind die bei der Entdeckung neuer Phänomene benutzten Instrumente von den Beobachtern selbst konstruiert und ausschließlich von ihnen benutzt worden. Die genaue Kenntnis der Eigenschaften und Fähigkeiten eines Messgerätes ist für die Datengewinnung ausschlaggebend. Dennoch beruhen Entdeckungen neuer Phänomene aufgrund von Beobachtungen häufig auf Zufall. Der Zufall mag auch eine glückliche Handreichung der Natur sein, dass sie eben in diesem neu erschlossenen Informationskanal etwas anzubieten hat.

Auch eine gänzlich andere Art der Abbildung wird der Astronomie neue Erkenntnisse bescheren. Es sind Linsensysteme, die in den kosmischen Weiten vorkommen, Gravitationslinsen. Wir haben davon schon im Abschnitt Dunkelmaterie und Dunkelenergie gesprochen und Gravitationslinsen benützt, um Werte für die Masse der Dunkelmaterie zu erhalten.

Gemeinhin gilt ein Lichtstrahl als Inbegriff der Gradlinigkeit. Aber schon einige Phänomene bei der Ausbreitung von Lichtstrahlen unserer Erdatmosphäre zeigen, dass sich Lichtstrahlen krümmen können. Der Grund hier auf der Erde sind Temperatur- und somit Dichteunterschiede in der irdischen Lufthülle. Das Spiegeln des Himmels über einer heißen Teerstraße ist allen Autofahrern bekannt. Die Fata Morgana, das Auftreten von Scheinbildern über Wüstengegenden, ist ein anderes typisches Beispiel, dessen Ursache ebenso ein Temperaturunterschied zwischen heißen bodennahen und kühlen höheren Luftschichten ist. Im Gegensatz dazu haben kosmische Fata-Morgana-Erscheinungen ihre Ursache in den Linseneffekten massereicher Sternsysteme. Den Photonen, den Lichtteilchen, kann man, da sie ja bestimmte Energie besitzen, auch eine Masse zuordnen. Auf die Photonenmasse wirkt also die Anziehungskraft, die Gravitation. Jeder Lichtstrahl, der an einer Masse vorbeiläuft, wird notgedrungen von der Masse angezogen, also gekrümmt. Jede Massenverteilung wirkt als eine Art Gravitationslinse.

Der Nachweis dieser Strahlkrümmung bei einer Sonnenfinsternis im Jahre 1919 war der erste experimentelle Beweis für die Richtigkeit der Einstein'schen allgemeinen Relativitätstheorie. Am 4. Dezember 1936 veröffentlichte Albert Einstein im Band 83 der Zeitschrift Science auf Seite 506 einen kleinen Aufsatz mit dem Titel Lens like action of a star by the deviation of light in the gravitational field. Hierin zeigte er, dass jeder Stern solch eine gravitative Linsenwirkung hervorruft. Ein Jahr später machte der Astronom Fritz Zwicky auf die Möglichkeit viel größerer Linsenwirkungen von ganzen Galaxien oder Galaxienhaufen aufmerksam.

Die Bilder kosmischer Gravitationslinsen entstehen, wenn zwei oder mehr verschieden weit von der Erde entfernte Objekte fast genau entlang der selben Sichtlinie angeordnet sind. Das näher gelegene Objekt ist die Linse, das weiter entfernte Objekt die Strahlenquelle.

Das Gravitationsfeld des Vordergrundobjektes beugt die Strahlung des entfernteren Objektes und erzeugt so Mehrfachbilder. Je nach geometrischer Anordnung von Quelle und Linse können Ringstrukturen, Doppel- oder Dreifachbilder und völlig unsymmetrische oder gespiegelte Bilder entstehen. Als Lichtquellen kommen weit entfernte, leuchtkräftige und sehr kompakte Kerne von Galaxien in Frage. Wir wissen heute, dass dies die Quasare sind. Als Linsen mit genügend großer Masse wirken relativ nahe Galaxien oder ganze Galaxienhaufen.

Es dauerte fast fünfzig Jahre, bis die erste Gravitationslinse im Jahre 1979 von den drei amerikanischen Astronomen D. Walsh, R. F. Carswell und R. J. Weymann entdeckt wurde. Den Astronomen fiel ein sogenannter Doppelquasar auf, dessen beide optischen Bilder einen Abstand von nur 6,1 Bogensekunden hatten. Die genauere Untersuchung zeigte die Richtigkeit der Vermutung. Es war das von einer Gravitationslinse erzeugte Bild. Zwischen den fast identischen Quasarbildern konnte die viel lichtschwächere Vordergrundgalaxie identifiziert werden. Außerdem lieferten beide Quasarbilder fast identische Spektren. Der endgültige Beweis, ob es sich bei den kosmischen Fata-Morgana-Erscheinungen wirklich um die gleichen Bilder ein und derselben Quelle handelt, die hinter einer Gravitationslinse sitzt, kann nur über spektroskopische Untersuchungen geführt werden.

Zur Zeit werden rund hundert Objekte gezählt, deren Struktur auf eine Gravitationslinsenwirkung zurückgeführt werden kann. Die spektakulärsten Fälle sind hierbei die sogenannten Einstein-Ringe. Um einen kompakten Galaxienhaufen beobachtet man völlig gleichförmige Lichtbögen von gewaltiger Ausdehnung. Die Bogenlänge überschreitet oft hundertfünfzigtausend Lichtjahre. Solche Lichtbögen können entstehen, wenn Quelle und Linse genau zentral in der Sichtlinie liegen. Die Abbildung (23) gibt dafür ein Beispiel. Gravitationslinsen sind für die Astronomen nicht so sehr interessant, weil sie die Einstein'sche Relativitätstheorie bestätigen, sondern im Wesentlichen aus vier anderen Gründen.

Gravitationslinsenbilder hängen von der Gesamtmasse der Linse – Galaxie, Galaxienhaufen – ab und von der Massenverteilung zwischen dem Quellobjekt, der Linse und dem Beobachter. Schon bei der ersten entdeckten Linse musste zur Erklärung der großen Bildaufspaltung ein hoher Anteil an Dunkelmaterie in dem abbildenden Galaxienhaufen angenommen werden. Ferner kann die Materie zwischen den Galaxien, das ist intergalaktische Materie, Einflüsse auf die gebeugten Lichtstrahlen ausüben. Die Astronomen erhalten also Auskunft über die Massendichte einzelner Galaxien, der Galaxienhaufen und über dazwischen liegende Gaswolken. Gravitationslinsen sind von der Natur geschaffene Teleskope, die sehr ferne Bildquellen vergrößern können. Wenn die Auflösung und die Empfindlichkeit der beobachtenden Fernrohre ausreichen, ist es möglich, in den Kern entferntester Sternsysteme hineinzuschauen. Mit Hilfe des Linseneffektes kann die Ausdehnungsrate des Weltalls genauer bestimmt werden. Helligkeitsvariationen in der Quelle führen aufgrund der verschieden langen Lichtwege zu Laufzeitunterschieden, die sich bei den verschiedenen Bildern in einer zeitlich versetzten Helligkeitsvariation zeigen können. Aus diesen Variationen kann über ein geometrisches Wegemodell auf die Ausdehnungsrate des Universums geschlossen werden.

Licht auf krummen Wegen! Auf seine Schliche und Schleichwege ist man schon gekommen, ob man aus den Schlichen weiteres astronomisches Kapital schlagen kann, das werden die nächsten Jahre zeigen, vor allem, wenn die Teleskoptechniken verbessert werden. Im Bereich der Gravitationslinsen liegt ein Ozean voll ungehobener wissenschaftlicher Erkenntnissen vor uns.

Heutige Astrophysik ist ohne Weltraumastronomie nicht mehr denkbar. Raumfahrt hat nicht nur die Alltagswelt auf der Erde verändert, im Fall der Astronomie wurde das gewaltige Neuland unzugänglicher Spektralbereiche erschlossen. Der Weltraum wurde mit der Raumfahrt ein Teil unserer Umwelt und Kultur. Die Astronomie hat dafür die Grundlage geschaffen; ihre Rechenmethoden erlauben es, Satellitenbahnen festzulegen. Astronomie benützte und benützt aber auch die Satellitentechnik bei ihrer Datengewinnung. In der zweiten Hälfe des vergangenen Jahrhunderts erlebte die Astronomie eine dramatische Erweiterung ihrer Beobachtungsmöglichkeiten. Bis Mitte der vierziger Jahre waren Teleskop, Spektrograf und Fotoplatte die einfachen Beobachtungswerkzeuge. Mit der astronomischen Erschließung der Radiowellenlängen und der damit einhergehenden Einführung der Elektronik öffneten sich ganz neue Beobachtungsdimensionen. Diese Öffnung wurde nochmals erweitert als es gelang, mit mobilen Beobachtungsplattformen das für elektromagnetische Strahlung aus dem Weltraum selektiv arbeitende Filter der Erdatmosphäre zu überwinden.

Der Einsatz der Weltraumastronomie öffnete neue Wellenlängenbereiche für Beobachtungen. Diese Öffnung der Messfenster beruht auf einem Dreierschritt. Zum einen muss ein Messgerät gebaut werden, das in dem angestrebten Messbereich des elektromagnetischen Spektrums eine Empfindlichkeit und Auflösung garantiert, die zur Hoffnung Anlass geben, astronomische Objekte entdecken zu können. Zum anderen muss dieses Messgerät als eine sich selbst versorgende Einheit auf einer mobilen Plattform montiert werden können. Nur so sind die Höhenbereiche der Erdatmosphäre zu erreichen, wo die Filterwirkung der Atmosphäre nicht mehr vorhanden ist. Das Messgerät muss schließlich von der Erdoberfläche aus steuerbar sein, und die gemessenen Datenflüsse müssen kontrolliert zu den Bodenstation gelangen können. Erdsatellitentechnik, Messgerätebau und Empfängertechniken für alle Bereiche des elektromagnetischen Spektrums greifen so Hand in Hand. Heute wird Astronomie vom Erdboden, von Flugzeugen und Ballonen, von Raketen und Erdsatelliten aus betrieben.

Die wichtigsten Entdeckungen durch Beobachtungen gehen auf wesentliche Neuerungen in der beobachtenden Astronomie zurück. Als eine Rakete mit einem Röntgenstrahlungsdetektor eine Höhe von mehr als hundert Kilometern erreichte, wurde die Röntgenstrahlung der Sonne entdeckt.

Nur in wenigen Bereichen des elektromagnetischen und des Teilchenspektrums sind Beobachtungen mit bodenstationierten Empfängern möglich. In den meisten Teilen des Spektrums findet Absorption in den oberen Schichten der Erdatmosphäre statt und der Informationsfluss kann nicht bis zum Erdboden durchdringen. Selbst Beobachtungen auf Meereshöhe im Radiowellenbereich sind nur teilweise befriedigend. Beobachtungen auf Berggipfeln sind im sichtbaren Bereich des Spektrums und teilweise bei den härtesten Gammastrahlen ausreichend. Im fernen Infrarot, bei Wellenlängen von einem Hundertstel Zentimeter, ist der Einsatz von Flugzeugen bei gewissen Beobachtungen hilfreich, doch sind Ballonbeobachtungen besser. Raketen und Satelliten als Träger der Messinstrumente ermöglichen die Durchführung der meisten Messungen außerhalb der Erdatmosphäre. Mit neuen Beobachtungstechniken lassen sich die neuen Visionen astronomischer Forschung neu formulieren.

Über gänzlich neue Klassen kosmischer Objekte ist nicht viel zu sagen, da ihre Entdeckung aussteht. Die Zustandsgleichung der Physik für Materie in allen Dichte- und Temperaturregimen könnte dabei als Leitlinie dienen, neue Objektklassen aufzuspüren. Braune Zwergsterne oder im Sternfeld vagabundierende Neutronensterne und Schwarze Löcher sind in naher Zukunft sicher keine Einzelfälle mehr. Vier Forschungstrends sollen beschrieben werden, die zu neuen Visionen Anlass geben. Wir haben in den vorangegangenen Kapiteln viel Material dazu bereitgestellt.

Unser Sonnensystem und die Suche nach anderen Planetensystemen. Die Entstehung und Entwicklung unseres Sonnensystems wird im Vergleich mit anderen Planetensystemen zugänglich. Andere Planetensysteme beobachten wir in verschiedenen Entwicklungsstufen und unterschiedlichem Ausbildungsgrad. Vergleiche erlauben dann, geeignete Entwicklungsmodelle aufzustellen. Die kometare Materie, die Urmaterie des Sonnensystems, ihre Anreicherung an organischen Substanzen, ist wesentlich für die Ursprünge des Lebens auf der Erde. Hier werden Landesonden auf Kometen Proben entnehmen und Untersuchungen durchführen. Wetter, Wasser und Vulkanismus auf anderen Planeten und Monden sind ebenfalls Bausteine, um mögliche Lebensentwicklungen im Kosmos unter verschiedenen Bedingungen zu studieren.

Die Entwicklungsgeschichte der Sterne wird über ein tieferes Verständnis der Sonnenphysik ihre Schlüsselstellung weiter ausbauen. Solare Magnetfelder und das Neutrinoproblem, die inniglich mit der Energieerzeugung und den Energietransport in den Sternen zusammenhängen, könnten Lösungsansätze bieten. Von großem Interesse ist hierbei auch der Kohlenstoff- Sauerstoff-Stickstoff-Fusionsprozess in Riesensternen bis zur Supernova-Explosion. Chemische Anreicherungen, zeitliche Entwicklungsskalen und Explosionsszenarien liegen heute noch größtenteils im Dunkeln. Das bei solchen Untersuchungen zur Blüte gelangende Beobachtungsverfahren ist die Sternseismologie. Aus den Oberflächenschwingungen eines Sterns kann dessen innerer Aufbau abgeleitet werden. Ganz entscheidend hierbei ist natürlich wiederum das Auflösungsvermögen der Teleskope. Alle Fragen nach der Physik der Sonne stehen in dem großen Zusammenhang, wie sich die unmittelbare kosmische Umwelt auf der Erde auswirkt.

Die Entwicklungsgeschichte der Galaxien ist immer Beschäftigung mit der Strukturbildung in Sternsystemen. Spiralstruktur und Sternenentstehung sind dabei eine Facette. Da zeitlich und räumlich gesehen Quasare die Kerne ferner Galaxien darstellen, stößt man notgedrungen auf das Problemfeld der Energieerzeugung in Quasaren. Der Motor der Quasare sind Schwarze Löcher. Die Physik der Schwarzen Löcher ist ein fast unbeschriebenes Blatt. Hierzu gehören ebenfalls die Gammablitzer. Es sind Objekte, in denen schlagartig Energiemengen freigesetzt werden, die ganze Sternsysteme überstrahlen. Stoßen hier Schwarze Löcher zusammen? Wir stehen gerade am Anfang, Vorgänge dieser Art zu beobachten und zu verstehen.

Die Entwicklung der äußeren Erscheinungsform eines Sternsystems ist vermutlich das Wechselspiel von inneren Sternentstehungsprozessen, Gezeitenwechselwirkungen und Verschmelzung von kleineren Sternsystemen zu größeren Einheiten. Dies wiederum führt zur Entwicklungsgeschichte des Universums, zur Galaxienentstehung und zur großräumigen Materieverteilung. Das brennendste Problem in diesem Zusammenhang ist die kosmische Dunkelmaterie. Über elektromagnetische Strahlung sind uns, optimistisch geschätzt, nur zwanzig Prozent der kosmischen Gesamtmaterie zugänglich. Den Rest müssen wir aus der Dynamik von Sternsystemen und Galaxienhaufen zu erschließen versuchen. Woraus besteht diese Materie? Als Beobachtungsmethode, mit der wir uns dieser zentralen Frage nähern, scheint am geeignetsten die Physik der Gravitationslinsen zu sein. Sie bilden die Materieverteilung um und in Galaxienhaufen ab. Sie werden genauere Entfernungsbestimmungen über Lichtlaufzeiten ermöglichen und so die kosmische Kartografie verbessern. Diese Kartografie ist unabdingbare Voraussetzung, um der Ursingularität, der Entstehung des Universums schlechthin auf die Schliche zu kommen. Möglicherweise ist diese Singularität eine Quantenfluktuation, bei der Raum und Zeit ihre Gültigkeit nach unserem Verständnis verlieren. Die Unendlichkeit wird damit das Zuhause des Kosmos. Mit den neuen Großteleskopen der nächsten Generation ist es möglich, sich an die Nullzeit weiter heranzutasten.

Martin Harwit hat 1983 versucht, die verschiedenen Beobachtungskanäle, die den Astronomen offen stehen, abzuschätzen. Unter der Voraussetzung optimaler, noch sinnvollerer Auflösung und Empfindlichkeit der Messgeräte – energetisch, zeitlich, örtlich – und hinsichtlich der Schwingungsebene der Wellen kommt er zum Schluss, dass wir gegenwärtig über rund fünf Prozent sämtlicher elektromagnetischer Beobachtungsmöglichkeiten verfügen. Wenn wir die anderen Informationskanäle, die uns gegenwärtig zugänglich sind – Meteore, kosmische Strahlungspartikel – in ähnlicher Weise beurteilen und eine vorsichtige Vermutung hinsichtlich der Neutrino- und Gravitationswellenastronomie zulassen, dann stehen uns erst zehn Prozent aller möglichen Beobachtungsverfahren zur Verfügung, um den Kosmos zu beschreiben. Neunzig Prozent aller Beobachtungsverfahren, die wir zur vollständigen Beschreibung des Universums benötigen, fehlen uns noch. Vollständig bedeutet im Wesentlichen räumliche, zeitliche und spektrale Auflösung der bei uns aus dem Kosmos ankommenden Informationsflüsse. Das kann natürlich auch bedeuten, dass wir erst zehn Prozent aller möglichen astronomischen Entdeckungen gemacht haben. Auf der Folie dieses anspornenden Sachverhaltes können wir neun grundsätzliche Fragen stellen, die an den Grundfesten unseres augenblicklichen Weltbildes rühren sollten.

Erstens: Sind die uns bekannten Gesetze der Physik und Mathematik auf allen kosmischen Skalen gültig?

Zweitens: Welcher Zusammenhang besteht zwischen der Struktur der Elementarteilchen und der Struktur des Universums, das aus Elementarteilchen gebildet wurde?

Drittens: Sind der Anfang der Zeit und das Universum selbst in der Nullpunktenergie des Vakuums begründet und somit sich selbst erneuernd?

Viertens: Wie entstanden die Galaxien und wie entwickelten sie sich?

Fünftens: Was ist Dunkelmaterie?

Sechstens: Wie entstehen kosmische Magnetfelder, gibt es magnetische Monopole?

Siebtens: Wird unser Universum auf großen Skalen von Materie oder Antimaterie beherrscht?

Achtens: Was ist und wo liegt der Ursprung des Lebens und gibt es andere intelligente Zivilisationen im Kosmos?

Neuntens: Stellen wir überhaupt heute die richtigen Fragen?

Hoffen wir, dass die Nachgeborenen uns bei der Lösung dieser Fragen übertreffen und aushebeln. Die Astronomie befindet sich zur Zeit in einer von neuen Technologien, im Wesentlichen Messtechniken, angetriebenen Renaissance. Grundlegende Entdeckungen werden überraschend häufig gemeldet. Gemessen an der Zahl der Forscher weltweit ist diese Disziplin der angewandten Physik ein kleines Fach. Astronomische Forschung jedoch hat als ein fast unendliches Labor das gesamte Universum außerhalb der Erde zur Verfügung. In den letzten Jahren haben neue Detektoren im Weltraum, auf der Erdoberfläche und im Erduntergrund unser Wissen und Verstehen des astronomischen Kosmos revolutioniert, wenn die Messergebnisse mit den Rechnerkapazitäten von Großrechnern über Modelle verarbeitet werden konnten.

Trotz allem, der querdenkende Forscher ist der Antrieb für Innovation. Unser offenes Universum hat keinen Platz für ein in sich ruhendes Weltbild. Die stets neuen Umbrüche im Verstehen des Kosmos halten uns wach und erinnern an die undeutbare Endlichkeit unseres Seins. Astronomie, begründet durch nächtliche Beobachtungen, für die Nachtwandler an den Messgeräten mehr als das Nichteinschlafen mit Belästigung, hat heute als wichtige Grundlagenforschung die Funktion einer Leitwissenschaft übernommen, die den Fragen nach Struktur, Sinn und Bedeutung des ganzen Kosmos nachgeht. Der Blick in den Kosmos ist immer auch ein Blick zurück auf die Erde, auf die Menschen, die über ihre Stellung im Weltall nachdenken.

51 Spiralgalaxie NGC 6070

Literatur

Das Literaturverzeichnis soll einerseits bei der weiteren Beschäftigung mit den angeschnittenen Fragen helfen; viele populärwissenschaftliche Werke (*) sind daher aufgeführt. Andererseits gibt es die allerwichtigste zusammenfassende wissenschaftliche Literatur an.

Folgende populärwissenschaftliche Zeitschriften behandeln ganz oder teilweise astronomische Fragen: Astronomie und Raumfahrt im Unterricht; Sterne und Weltraum; Astronomie; Sky and Teleskope; Spektrum der Wissenschaft; Praxis der Naturwissenschaften.

Audretsch Jürgen, Mainzer Klaus (Herausgeber), Vom Anfang der Welt, München, 1990

Bahcall John, Ostriker Jeremiah (Herausgeber), Unsolved Problems in Astrophysics, Princeton, 1997

Bakes Emma, The Astrochemical Evolution, Vledder, 1997

Ball John, The Zoo Hypothesis, Icarus, Vol. 19, 347, 1973

*Breuer Reinhard, Das anthropische Prinzip, Hamburg, 1983

Ehrenfreund Pascal, Organic Molecules in the Universe, Annual Review Astro. Astrophys., Vol. 38, 427, 2000

Encyclopedia of Astronomy and Astrophysics, Vol. 1 - 4, London, 2001

Fahr Hans, Willerding Eugen, Die Entstehung des Sonnensystems, Heidelberg, 1998

*Fahr Hans, Zeit und kosmische Ordnung, München, 1998

Feitzinger Johannes, Galaxien, in: Band 8, Lehrbuch der Experimentalphysik, Sterne und Weltraum, Berlin, 1997

*Gierer Alfred, Im Spiegel der Natur erkennen wir uns selbst, Hamburg, 1998

Gott Richard, Implications of the Copernican Principle for our Future Prospects, Nature, Vol. 363, 315, 1993

Grünbaum Albert, The Pseudoproblem of Creation in Physical Cosmology, Philosophical Science, Vol. 56, 373, 1989

*Guth Allen, Die Geburt des Kosmos aus dem Nichts, München, 1999

*Harwit Martin, Die Entdeckung des Kosmos, München, 1983

Harwit Martin, Astrophysical Concepts, Berlin, 1998

Hawking Stephan, Israel Werner (Herausgeber), 300 years of Gravitation, Cambridge, 1987

*Hawking Stephan, Eine kurze Geschichte der Zeit, Hamburg, 1988

*Heidmann Jean, Bioastronomie, Berlin, 1994

*Kanitscheider Bernulf, Kosmologie, Stuttgart, 1991

*Kanitscheider Bernulf, Von der mechanistischen Welt zum kreativen Universum, Darmstadt, 1993

*Kanitscheider Bernulf, Im Inneren der Natur, Darmstadt, 1996

*Kippenhahn Rudolf, Licht vom Rande der Welt, Stuttgart, 1984

Kuhn Thomas, The Structure of Scientific Revolutions, Chicago, 1970

Lenk Hans, Pragmatische Vernunft, Stuttgart, 1979

Merton Robert, Entwicklung und Wandlung von Forschungsinteressen, Frankfurt, 1985

Melosch Herbert (Herausgeber), Origins of Planets and Life, Palo Alto, 1997

*Pagels Heinz, Die Zeit vor der Zeit, Frankfurt, 1987

*Pickover Clifford, Die Mathematik und das Göttliche, Heidelberg, 1999

Popper Karl, The Logic of Scientific Discovery, New York, 1959

*Rae Alastair, Quantenphysik: Illusion oder Realität, Stuttgart, 1996

Rescher Nicholas, The Limits of Science, Berkely, 1984

*Russel Bertrand, Warum ich kein Christ bin, Hamburg, 1957

*Sagan Carl, Unser Kosmos, München, 1989

*Schneider Reto, Planetenjäger, Basel, 1997

*Time Life Redaktion (anonym), Der Kosmos, Amsterdam, 1989

*Thorn Kip, Gekrümmter Raum und verbogene Zeit, München, 1994

Unsöld Albrecht, Der neue Kosmos, Berlin, 1990

*Wehler Joachim, Grundriß eines rationalen Weltbildes, Stuttgart, 1990

Zuckerman Ben, Hart Michael (Herausgeber), Extraterrestrials, where are they?, Cambridge, 1995

Bilder

STERNE und WELTRAUM, 1998 (2)

E. Slawik, ebd., 1999 (5)

MPI Astronomie, 1995 (6)

NASA, COBE Satellit (9)

NASA, Weltraumteleskop 2dF Galaxiendurchmusterung und STERNE und WELTRAUM, 2000 (11)

NASA, ESA, ESO, 2000 (15)

ASTRONOMY, 1999 (18)

NASA, Erdsatellit COBE und Ballon Boomerang Messungen, NATURE, 2000 (19)

ASTRONOMIE und RAUMFAHRT im Unterricht, 2000 (20)

NASA, Weltraumteleskop, 1995 (23)

NASA, Weltraumteleskop, ESA, 1995, 1998, 1999 (26, 44, 69)

Revised Shapley Ames Catalogue, 1981 (27);

D. Block, Astronomy + Astrophysics. 1994 (29);

3.5 m-Teleskop neuer Technologie, ESO, 1995 (31);

NASA, ESO, Weltraumteleskop, 1995 (32, 35, 47);

Bild der Wissenschaft, 2000 (33)

MPI Radioastronomie, Bonn (34)

D. Block, K. Madsen, ESO, 1990 (36)

ESO 1986 (37)

SKY and TELESKOP, 2001 (38)

PLANETARY REPORT, 2000 (39)

NASA, Mars Global Surveyer Bild, 2000 (40)

NASA, ESA,1996 (41)

PLANETARY REPORT, 2000 (42)

TIME LIVE, 1990 (45)

MPI Radioastronomie, MPI Astrophysik, 2000 (46)

ASTRONOMY, 1990 (48)

SLOAN Teleskop, Neu Mexiko, 1998 (51)